国家社会科学基金项目（12BGL076）
河南省高校人文社科重点研究基地"高等教育与区域经济发展研究中心"资助

国家社会科学基金项目

河南省高校人文社科重点研究基地"高等教育与区域经济发展研究中心"资助

我国农业巨灾风险、风险分散及共生机制探索

邓国取 ● 等著

中国社会科学出版社

图书在版编目（CIP）数据

我国农业巨灾风险、风险分散及共生机制探索/邓国取等
著.—北京：中国社会科学出版社，2015.8
ISBN 978 – 7 – 5161 – 6365 – 8

Ⅰ.①我…　Ⅱ.①邓…　Ⅲ.①农业—自然灾害—风险
管理—研究—中国　Ⅳ.①S42

中国版本图书馆 CIP 数据核字（2015）第 147010 号

出 版 人	赵剑英
责任编辑	李庆红
特约编辑	罗淑敏
责任校对	周晓东
责任印制	王　超
出　　版	中国社会科学出版社
社　　址	北京鼓楼西大街甲 158 号
邮　　编	100720
网　　址	http：//www.csspw.cn
营销中心	010 – 84083685
门 市 部	010 – 84029450
经　　销	新华书店及其他书店
印　　刷	北京君升印刷有限公司
装　　订	廊坊市广阳区广增装订厂
版　　次	2015 年 8 月第 1 版
印　　次	2015 年 8 月第 1 次印刷
开　　本	710 × 1000　1/16
印　　张	22.25
插　　页	2
字　　数	376 千字
定　　价	79.00 元

凡购买中国社会科学出版社图书，如有质量问题请与本社营销中心联系调换
电话：010 – 84083683

前　言

　　农业巨灾是一个全球共同面临的难题，农业巨灾长期深刻地影响着我国社会稳定和经济持续健康发展。2003 年开始，本人在攻读博士学位期间，选择了农业巨灾作为研究对象，是国内最早进入我国农业巨灾研究领域的学者之一。期初的研究集中在农业巨灾保险制度方面，2007 年 11 月在博士论文的基础上，出版了《中国农业巨灾保险制度研究》（中国社会科学出版社）。在后续的研究过程中，发现农业巨灾风险管理的核心是风险分散，关键问题是农业巨灾风险分散机制的建设。基于我国农业巨灾风险特征和分散现状，农业巨灾保险作用其实存在局限，亟须农业巨灾受灾农户、政府、农业保险企业、社会捐赠组织、银行、证券等主体的合作共生。农业巨灾风险分散及共生机制探索在我国建设社会主义新农村的伟大进程中应肩负的重任不仅表现为建立起较为完善的社会保障体系，逐步实现向全社会提供全面完整、运作有效、公平合理、反应迅速、保障有力的风险防范服务，还要建成成熟发达、高效运作、监管有力的农业巨灾风险管理市场，这对于建设社会主义现代化新农村、构建和谐社会都具有重要的现实意义。正是基于这一指导思想，2012 年 6 月中标了国家社会科学基金一般项目——"我国农业巨灾风险分散机制研究"（12BGL076），本书是在该课题结项报告的基础上整理而来。

　　本以为学位和职称等已经解决，可以潜心做好本课题，但在后续的研究过程中发现理想与现实的差距依然很大，日常工作使得研究的时间支离破碎，思路也时断时续，加上本人的能力局限，时常感到心力交瘁，夜不能寐。好在在两鬓逐渐斑白之时，勉强完成了本书，在此，我要特别感谢陪伴我一起度过这段时光的亲人和朋友，尤其是我的研究团队。

　　本书撰写的分工情况是：邓国取撰写了前言、第三章、第五章、第六章、第八章、第九章、第十章和附件，韩红撰写了第一章，康淑娟撰写了第二章和第四章，刘建宁撰写了第七章，最后由邓国取进行了统稿。丁昌龙、柴兵兵、闫扑、孟小雨和尚碧钰等研究生参与了本书调研、数据整理和分析、外文翻译、稿件校对等工作。

邓国取

2014 年 10 月 6 日

摘　要

　　本书主要由农业巨灾风险分散机制相关理论评述、农业巨灾风险影响分析、农业巨灾风险分散研究和农业巨灾风险分散机制设计四个大的部分总计十章构成。

　　第一部分是农业巨灾风险分散机制相关理论评述。农业巨灾是一个全球共同面临的难题，我国农业巨灾长期深刻地影响着社会稳定和经济持续健康发展，尽管我国正在积极探索农业巨灾风险分散管理，但还是存在许多问题。农业巨灾是一个相对事件，结合国内外通行做法，采用专家咨询法，在调研 231 个有效样本后认为，基于受灾农户、农业保险公司或政府的农业巨灾度量标准分别是一次性灾害累计损失超过其总资产、赔付能力和 GDP 的 50%、30% 和 1‰的为农业巨灾，否则就是一般性农业灾害。本书是从宏观视角对农业巨灾风险分散进行研究，所以采用了年度农业自然灾害损失超过当年 GDP 的 1‰就视为农业巨灾。农业巨灾风险分散又称农业巨灾风险转移，是农业巨灾风险处理的一种选择方式。一般情况下，发生农业巨灾后，农户可选择风险降低、风险自留和风险分散三种方式进行风险处理。农业风险分散方式主要有财政救助、社会捐赠、农业保险和再保险、巨灾准备金和巨灾金融衍生产品等。农业巨灾风险分散机制是指涉及政策、市场、风险转移工具等的一系列制度安排，具体地说是农业巨灾风险管理主体为了减轻农业巨灾损失，依照国家政策和市场条件，将农业巨灾风险合理地在保险市场、资本市场和政府之间进行分散的机制。

　　第二部分是我国农业巨灾风险及其影响系统分析。首先对我国农业巨灾情况进行了系统描述，主要包括历年农业巨灾直接经济损失及占 GDP 的比例等情况、历年农业巨灾主要灾种直接经济损失情况、历年农业巨灾其他情况，如受灾人口、死亡（含失踪）人口、紧急转移安置人口、农作物受灾面积和农作物成灾面积等，并且总结我国农业巨灾风险的特征。其次，利用投入产出模型从损失量角度对农业巨灾损失进行评估分析，结果表明：农业巨灾对我国的 GDP 有一定的影响，但影响并不大；农业巨灾的关联损失与直接损失同等重要；由农业巨灾引起的采掘业、制造业、建筑业、服务业等部门总产出的损失占农业巨灾损失的 92.68%，其关联损失与直接经济损失相当；农业总产值损失对采掘业、制造业、建筑业、服务业等产业部门的影响有所差异，对制造业的影响最大。最后，以 GMM 模型为基础，利用我国 1949—2013 年农业巨灾直接损失的数据，在对面板数据处理的基础上，通过相关回归分析，研究了我国农业巨灾对经济发展的影响，得出如下结论：一是教育水平、健康水平、金融发展水平和贸易开放度对经济发展总体为正影响，但影响程度存在一定的差异。政府预算和通货膨胀对经济发展总体为负影响，并且影响显著，唯一有点差异的是政府预算对农业发展的影响不太显著。二是总体看来，我国农业巨灾对 GDP 影响为正但并不显著，旱灾对经济发展存在显著的负影响，洪灾对经济发展存在显著的正影响，地震对 GDP、农业和服务业为负影响，台风对 GDP 和服务业为负影响，但并不显著，台风对工业发展产生正影响，对农业发展产生负影响。

第三部分是我国农业巨灾风险分散研究。首先，对我国农业巨灾风险分散现状进行了分析。刻画了包括我国防灾减灾法律和规划、历年中央一号文件、农业保险和再保险、巨灾准备金和防灾减灾国际合作等在内的政策；总结出了财政主导模式、财政支持模式和多层次分析分散等我国农业巨灾风险分散历史模式演变；在描述我国农业巨灾风险分散情况的基础上，指出我国农业巨灾风险分散存在着农业巨灾损失总体补偿很低、农业巨灾风险分散主体分散比例不尽合理、农业巨灾风险分散主体风险分散方式增长差异较大、农业巨灾风险分散的主体不足等问题。其次，我国农业巨灾风险分散拟合分析及责任测算。根据我国目前农业巨灾风险分散的现状，建立巨灾损失救助金额和农业巨灾损失、财政支出、农业保险和社会救助之间的拟合模型，刻画出它们的数量关系，研究表明：虽然农业巨灾损失的影响较大，但两者也没有呈现明显的线性关系，这说明我国每年财政救灾支出还没有形成一套成熟的稳定机制；社会救助水平与国家经济发展密切相关，只要国家经济保持稳定的增长，再辅以制度的完善和社会文化的引导，社会救助在农业巨灾面前会发挥越来越大的作用；我国农业巨灾保险相对于发达国家，赔付额所占经济损失比例过低，即使在我国农业巨灾总救助金额中也不占主导地位，说明我国的农业巨灾保险业水平很低，但也看到其迅速增长的潜力。假定在目前的理想状态下，对政策性农业保险、再保险和准备金在农业巨灾分散中的责任进行测算，结论是在现在的农业保险政策下，当农作物投保率达到80%、保障水平为70%时，我国农业巨灾的保障水平为：1.6×保费收入+650亿准备金+500亿社会救助。如果保费收入为估算的平均值550亿元，则总体保障水平可达2000亿元，按照2013年的灾害损失总额5000亿元来计算，保障水平为40%。相对于发达国家的80%以上的灾害损失保障水平，我国的保障水平还是较低，但考虑到我国的自然条件、人口总量、人均经济状况等因素，这样的保障水平基本上是一个较为理想的状态。最后，我国农业巨灾风险分散行为分析。本书以三家农业保险企业的72个营销服务部或代办处作为调研样本，实证分析了农业保险企业参与农业巨灾风险分散共生合作动因、共生合作方式、互动关系、共生合作满意度和共生合作效益等，采用二元Logistic模型，研究了农业保险企业参与农业巨灾风险分散共生合作的行为选择的影响因素，研究结果显示：农业巨灾风险分散环境、农业巨灾风险分散意识、农业巨灾风险分散能力和农业巨灾风险分散方式等对农业保险企业参与农业巨灾风险分散共生合作的行为选择有显著的促进作用；合作伙伴特质、互动关系和信用制度等对农业保险企业参与农业巨灾风险分散共生合作的行为选择有影响，但不显著。另外，本书以河南省洛阳市、陕西省咸阳市、湖北省孝感市和浙江省金华市的12个县（市）的36个自然行政村的655个农户作为有效样本，实证分析了受灾农户参与农业巨灾风险分散共生合作的共生合作动因、共生合作方式、共生合作密切程度、共生合作满意度和共生合作效益等，采用二元Logistic模型，研究了受灾农户参与农业巨灾风险分散共生合作行为选择的影响因素，研究结果表明：农业巨灾风险分散环境、受灾农户特征、农业巨灾风险分散能力、互动程度与依赖程度、风险分散方式对受灾农户参与农业巨灾风险分散共生合作的行为选择有显著的促进作用；农业巨灾风险分散意识、农业巨灾风险分散经济效益、合作伙伴特质对受灾农户参与农业巨灾风险分散共生合作的行为选择也有显著的影响。

第四部分是我国农业巨灾风险分散共生机制设计。首先，基于生物学中的"共生"视角，以共生理论为基础，强调应建立农业巨灾风险分散共生系统，农业巨灾风险分散共生系统是由共生单元、共生关系和共生环境三要素所构成。其次，通过对农业巨灾风险分散共生行为模式和组织模式演进分析，指出我国农业巨灾风险共生行为模式除了完善现有的建立在信誉和政策基础之上的财政拨款、社会救济、保险补贴、税收优惠等行为外，更应该通过契约和股权建立农业巨灾风险互惠共生行为模式，并指出演进路径；我国农业巨灾风险分散共生组织模式应该向连续共生模式和一体化模式发展，实现共生组织由"虚拟共生组织"向"实体共生组织"转变。最后，我国农业巨灾风险分散共生机制和路径设计，认为该机制由共生政策机制、共生组织机制、共生行为机制和其他共生机制四个部分构成，强调结合我国农业巨灾风险及分散现状，综合共生理论和路径依赖理论，设计了农业巨灾风险分散实现路径。

关键词：农业巨灾；农业巨灾风险；农业巨灾风险分散；机制设计

目　录

第一章　绪论

　　巨灾是一个全球共同面临的重要问题，不仅因为巨灾给全球造成巨大经济损失、人员伤亡和保险损失，而且，巨灾还直接影响到社会的稳定和经济的健康持续发展。全世界各国已经逐渐认识到巨灾的巨大影响，采取了一些政策和措施，对包括农业巨灾在内的巨灾风险开展分散管理，有效地降低了农业巨灾风险。但是，我国农业巨灾风险分散管理才刚刚起步，需要对农业巨灾风险、农业巨灾风险分散机制等问题进行积极探索。本章主要介绍课题的研究背景、国内外研究现状综述、课题研究的理论和现实意义、研究内容、研究方法、研究的技术路线及创新之处。

第一节　研究背景

一　农业巨灾风险是全球共同面对的难题

　　从澳大利亚的洪水、美国的飓风到智利、日本、新西兰、中国的地震，近些年，整个地球在不断遭受着空前的自然灾害，损失惨重，而且不管是发生的规模还是频率都在增大，这些灾难给世界各地的人民、社会和经济都带来毁灭性的后果，表1-1、图1-1、图1-2和图1-3显示出了近十几年来，全球巨灾对人类的影响。据瑞士再保险公司的历年Sigma研究报告中的数据显示，近些年频频发生的自然灾害，使得全球保险损失有逐步上升的趋势，2011年全球保险损失额创历史新高，2012年全球保险损失额成为有记录以来保险损失第三高的年份，2013年全球范围灾害事件发生次数创历史新高，其中自然灾害居多，多集中于亚洲、北美洲和欧洲中部。根据瑞士再保险公司最新Sigma的研究报告显示，2013年，高频率的灾害导致死亡人数高达25000人，较2012年的14000人有所上升，保持较高水平；2013年因灾害导致的损失达1300亿美元，较2012

年的 1860 亿美元下降 560 亿美元左右；商业保险赔偿额 2013 年为 440 亿美元，较 2012 年下降了 330 亿美元左右。近几年灾害事件造成的经济损失或是保险损失较以往均有所上升，给全人类造成了重大影响。

表 1—1　　　　　　　　　1997—2013 年全球灾害统计

年　份	发生次数	损失（亿美元）	死亡人数（人）	保险损失（亿美元）
1997	216	300	13000	124
1998	342	655	44700	175
1999	326	1000	105423	286
2000	351	380	17400	106
2001	315	344	33000	244
2002	344	420	24000	135
2003	380	700	59500	185
2004	332	1230	300000	490
2005	397	2300	97000	830
2006	349	480	31000	159
2007	335	700	21500	280
2008	311	2690	240500	525
2009	245	680	15000	270
2010	312	2260	30400	480
2011	325	3700	35000	1160
2012	310	1860	14000	770
2013	480	1300	25000	440

资料来源：根据瑞士再保险最新 Sigma 的出版物整理。

说明：表中保险损失数据为自然灾害和人为灾害造成的保险损失。

二　我国农业巨灾风险长期和深刻地影响我国社会经济发展

我国 70% 的国土、占人口 80% 的工农业生产地区，每年承受着农业巨灾事件的冲击，毁灭性的洪水、地震、干旱等农业巨灾的发生频率和强度不断增大。自然灾难频发的趋势导致了我国经济损失重大（见表 1 - 2），特别是进入 21 世纪以来，每年农业巨灾造成的经济损失大多超过 2000 亿元人民币，占 GDP 的 6.57‰—37.42‰，造成粮食减产 100 亿—

200 亿公斤，人员伤亡超过千万人，给我国经济发展和社会稳定带来严重的影响。

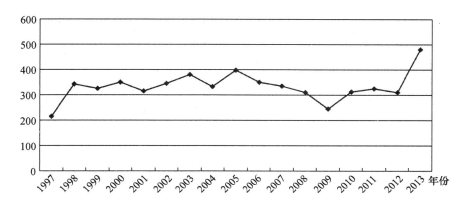

图 1－1 1997—2013 年全球灾害发生次数

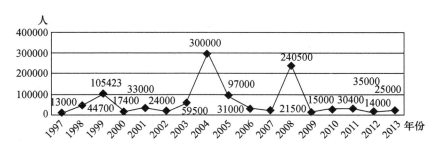

图 1－2 1997—2013 年全球灾害死亡（含失踪）人数

表 1－2   1900—2014 年我国自然灾害概述

灾 种		事件数量	死亡人数	受灾人口	经济损失（千美元）
干旱	干旱	34	3503534	490274000	26080420
	均值		103045	14419824	767071
地震	不明确	1	4	13529	—
	均值		4	13529	—
	地震（地面震动）	141	875665	73460267	104625007
	均值		6210	520995	742021
	海啸	1	47	—	—
	均值		47	—	—

续表

灾　种		事件数量	死亡人数	受灾人口	经济损失（千美元）
疫情	不明确	1	—	1000	—
	均值		—	1000	—
	细菌感染性疾病	5	1561133	842	—
	均值		312227	168	—
	病毒感染性疾病	4	365	7987	—
	均值		91	1997	—
极端气候	寒潮	4	28	4165472	310000
	均值		7	1041368	77500
	冬季极端气候	3	145	77050650	21120200
	均值		48	25683550	7040067
	热浪	6	206	3880	
	均值		34	647	—
洪水	不明确	50	2254492	165018799	16865744
	均值		45090	3300376	337315
	山洪	20	2099	89073073	4493090
	均值		105	4453654	224655
	一般洪水	162	4342086	1718851330	180163562
	均值		26803	10610193	1112121
	风暴潮/沿海洪水	5	391	1000015	—
	均值		78	200003	
虫害	蝗虫	1	—	—	—
	均值		—	—	—
陆地大规模运动	滑坡	7	500	5475	8000
	均值		71	782	1143
湿气大规模运动	雪崩	2	68	554	—
	均值		34	277	
	滑坡	59	5314	2241185	1850400
	均值		90	37986	31363
风暴	不明确	41	2029	39331901	1769963
	均值		50	959315	43170
	局部风暴	68	1784	186663120	6214863

续表

灾　种		事件数量	死亡人数	受灾人口	经济损失（千美元）
风暴	均值		26	2745046	91395
	热带气旋	132	170171	253731641	55819619
	均值		1289	1922209	422876
火灾	森林火灾	5	243	56613	110000
	均值		49	11323	22000
	灌木丛/草原火灾	1	22	3	—
	均值		22	3	—

资料来源：EM – DAT：OFDA/ CRED 国际灾害数据库，www. emdat. be （比利时鲁汶天主教大学）。

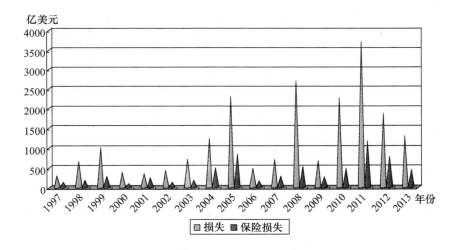

图 1 – 3　1997—2013 年全球灾害损失和保险损失

从历史上来看，个别年份的巨灾影响巨大，受灾人口、死亡人口和直接经济损失特别巨大（见表 1 – 3、表 1 – 4 和表 1 – 5）。

表 1 – 3　　　　　　　　1900—2014 年巨灾中国死亡人数

灾种	时间	死亡人数（人）
洪水	1931 年 7 月	3700000
干旱	1928 年	3000000
洪水	1959 年 7 月	2000000

续表

灾种	时间	死亡人数（人）
干旱	1920 年	500000
洪水	1939 年 7 月	500000
地震（地壳活动）	1976 年 7 月 27 日	242000
地震（地壳活动）	1927 年 5 月 22 日	200000
地震（地壳活动）	1920 年 12 月 16 日	180000

资料来源：Emergency Events Database（EM - DAT）突发事件数据库，http：//www. emdat. be/database，数据截至 2014 年 8 月 5 日。

表 1 - 4 1900—2014 年特大洪灾中国受灾人数

灾种	时间	受灾人数（人）
洪水	1998 年 7 月 1 日	238973000
洪水	1991 年 7 月 1 日	210232227
洪水	1996 年 6 月 30 日	154634000
洪水	2003 年 6 月 23 日	150146000
洪水	2010 年 5 月 29 日	134000000
洪水	1995 年 5 月 15 日	114470249
洪水	2007 年 6 月 15 日	105004000
洪水	1999 年 6 月 23 日	101024000
洪水	1989 年 7 月 14 日	100010000

资料来源：Emergency Events Database（EM - DAT）突发事件数据库，http：//www. emdat. be/database，数据截至 2014 年 8 月 5 日。

说明：对于一些自然灾害（尤其是水灾和旱灾）没有确切的日期或月份的事件，尤其是 1974 年之前的灾难记录并没有提供一个确切的日期或月份。

表 1 - 5 1900—2014 年中国十大自然灾害经济损失

灾种	时间	损失（千美元）
地震（地壳活动）	2008 年 5 月 12 日	85000000
洪水	1998 年 7 月 1 日	30000000
极端天气	2008 年 1 月 10 日	21100000
洪水	2010 年 5 月 29 日	18000000
干旱	1994 年 1 月	13755200

续表

灾种	时间	损失（千美元）
洪水	1996 年 6 月 30 日	12600000
洪水	1999 年 6 月 23 日	8100000
洪水	2012 年 7 月 21 日	8000000
洪水	2003 年 6 月 23 日	7890000

资料来源：Emergency Events Database（EM－DAT）突发事件数据库，http://www.emdat.be/database，数据截至 2014 年 8 月 5 日。

我国大多数年份自然灾害所造成的直接经济损失占 GDP 的比重都大大超过了 10‰，达到了农业巨灾的标准（国际巨灾划分的通行标准，把自然灾害造成的直接经济损失超过当年 GDP 的 1‰的灾害称为巨灾）。最低的是 2011 年，自然灾害所造成的直接经济损失占 GDP 的 6.57‰，最高的是 1991 年，自然灾害所造成的直接经济损失占 GDP 的 52.72‰，特别是进入 20 世纪 90 年代以后，农业巨灾直接经济损失大幅度增加。

"十一五"期间，发生了多起影响较为严重的农业巨灾。2006 年，川渝发生了百年未遇的旱情，严重的高温干旱对农业造成了巨大的经济损失，320 多万公顷的农作物受旱，粮食减产 500 万吨左右。另外，对运输、电力和居民日常生活等也造成了不同程度的危害和影响。2008 年发生的汶川大地震及南方的低温雨雪冰冻灾害、2009 年北方冬麦区发生的大范围的干旱、2010 年西南发生的特大干旱，还有每年沿海地区都会发生的大范围超强台风袭击等。2008 年，我国南方地区遭遇历史罕见的低温雨雪冰冻灾害，直接经济损失达 1516.5 亿元。同年，汶川发生里氏震级为 8.0 的大地震，数千公顷的农作物遭到严重破坏，震后有数百万只农畜死亡，这次地震导致的直接经济损失超过 10000 亿元人民币，当地农业蒙受的经济损失总值约 60 亿元人民币。2009 年，我国各类自然灾害直接经济损失 2523.7 亿元，约 4.8 亿人（次）受灾，死亡和失踪 1528 人；农作物受灾面积 4721.4 万公顷，绝收面积 491.8 万公顷。2010 年，全国各类自然灾害共造成直接经济损失 5340 亿元，4.3 亿人次受灾，3743 万公顷的农作物受灾，绝收面积 486 万公顷，倒塌和损坏房屋 943 万间。2013—2014 年的情况更为突出，典型的农业巨灾有 2013 年的四川雅安 7.0 级地震、甘肃岷县 6.6 级地震、东北洪灾、西南的干旱和洪灾、中东部地区的持续高温，以及 2014 年的新疆于田 7.3 级地震、华南地区洪涝风雹灾害、云南鲁甸 6.5 级地震、中部地区的持续干旱。据民政部发布，截至 2014 年 7 月，2014 年各类自然灾害共造成全国 30 个省（自治区、直辖市）1916 个县（市、区）和新疆生产建设兵团部分团场 1.2 亿人次受灾，533 人死亡，97 人失踪，直接经济损失达 1575.6 亿元。

由此可见，我国农业巨灾发生的频率、破坏程度在逐步增强。无论是传统农业时代还是高速发展的现代社会，农业总是受灾害影响最大的部门，且经济运行越复杂，部门、产业间关联越密切，农业巨灾的传递性就越强，粮食产量下降、农民收入缩减以及政府税收、财政支出、居民消费支出减少等一系列连锁反应所造成总损失就越大。农业巨灾对农民、农村、农业及其他相关者都造成了巨大的损失。农业巨灾不仅给农业稳产增产、农民稳收增收、农村社会稳定和发展带来了极大的挑战，也对我国粮食生产、教育发展、就业、物价、进出口和金融发展等国民经济运行产生了巨大的影响，甚至对整个国家可持续发展都造成不可估量的影响。所以，我国农业巨灾风险分散管理是当前一项非常紧迫和重要的任务。如何进行农业巨灾风险分散是一个系统工程，需要决策者、管理者、产业及广大农民一起努力，以确保灾难性风险管理在世界长期可持续发展。

三　我国农业巨灾风险分散管理存在较大的问题

与农业巨灾长期和深刻地影响我国社会经济发展形成强烈对比的是，我国农业巨灾风险分散管理存在较大的问题，农业巨灾风险的管理需求和供给存在明显的错位，主要表现在以下方面：

一是农业巨灾风险分散主体不足。与国外通过市场主体分散 50% 以上的农业巨灾风险不同，目前我国农业巨灾风险分散主要通过受灾农户、各级政府、农业巨灾保险企业（含再保险企业）、农业巨灾基金、社会救助组织（包括国内外各类社会救助组织）和中介组织等主体进行农业巨灾风险分散，与国外的农业巨灾风险分散主体相比较，缺乏金融组织的参与。保险、证券、期货、银行等金融组织已经成为国外农业巨灾风险分散的主要力量，银行提供紧急贷款甚至无息贷款，更多的是利用巨灾风险证券化分散农业巨灾风险。

二是农业巨灾损失补偿总体水平很低。从农业巨灾损失分散比例历史发展情况来看，总体呈现上升态势，特别是 2007 年以来，我国农业巨灾风险分散比例大幅度提高，其中，2009 年的农业巨灾损失补偿比例达到

30.78%，为历史最高，尽管如此，农业巨灾损失补偿总体水平还是很低。根据测算，1982—2012 年期间，我国农业巨灾风险直接经济损失总量为68890.9 亿元，但总的农业巨灾风险分散额度为 7923.065 亿元，分散比例为 11.5%，农户承担农业巨灾损失的比例高达 88.5%。

三是农业巨灾风险分散主体分散比例不尽合理。目前我国农业巨灾风险分散的主体有受灾农户、政府、社会救助组织、农业保险企业（含再保险企业）等。受灾农户是我国农业巨灾风险分散的最大主体，承担了农业巨灾风险损失的绝大部分；其次是社会救助，其已经超过政府救助，成为我国农业巨灾风险分散的重要主体；尽管各级政府部门和农业保险承担的比例不断增加，但总体比例还是不高；我国农业巨灾基金和福利彩票（从 2011 年开始）也开始承担了部分农业巨灾损失，但目前比例非常低。这种受灾农户承担绝大部分巨灾损失的现实使农户因灾返贫的现象比较突出，正所谓"十年致富奔小康，一场灾害全泡汤"。同时，政府和保险公司压力巨大，甚至不堪重负。

四 我国正在积极探索农业巨灾风险分散管理

不管是国家的减灾防灾政策或措施、每年的政府工作报告或中央一号文件，还是我国的保险业发展规划、国家巨灾财政及税收政策，从政府层面，一直在积极探索农业巨灾风险管理问题，培育了良好的宏观政策环境，这为我国众多学者的研究工作的开展提供了良好的契机。

我国政府历来重视防灾减灾相关法律、法规和防灾减灾规划，目前已经出台的有《中华人民共和国防震减灾法》，还有《中华人民共和国消防法》、《中华人民共和国突发事件应对法》和《道路交通安全法》等。除了突发事件应对法这一基本应急法，目前关于防灾减灾的法律包括水法、防沙治沙法、防洪法、气象法、防震减灾法、森林法等。行政法规有《破坏性地震应急条例》、《地质灾害防治条例》、《防汛条例》、《蓄滞洪区运用补偿暂行办法》、《森林防火条例》、《草原防火条例》等，共计 30余部。同时，针对保险和救助等阶段也完善了专门的规定，已出台的有《自然灾害救助条例》、《灾害事故医疗救援管理办法》、《救灾捐赠管理暂行办法》等。此外，我国还颁布实施了《中华人民共和国减灾规划》、《国家综合减灾十一五规划》、《国家综合防灾减灾"十二五"规划》、《加强国家和社区的抗灾能力：2005—2015 年兵库行动纲领》和《亚洲减少灾害风险北京行动计划》等一些防灾减灾的专项规划，探索建立政府

统一领导、部门分工负责、灾害分级管理、属地管理为主的减灾救灾领导
体制和工作机制。

从 1982 年开始，中央每年把农业问题作为一号文件予以下发，体现
了党和国家对农业问题的高度重视。涉及农业巨灾问题是从 2007 年开始
的，在此后历年的中央文件中都有所体现，逐步明确了我国农业巨灾风险
管理的指导思想、基本原则和政策措施。2014 年中共中央、国务院出台
了《关于全面深化农村改革加快推进农业现代化的若干意见》，明确指出
"完善农业补贴政策"，"强化农业防灾减灾稳产增产关键技术补助"，"鼓
励开展多种形式的互助合作保险。规范农业保险大灾风险准备金管理，加
快建立财政支持的农业保险大灾风险分散机制"。2014 年 7 月 10 日，国
务院总理李克强主持召开国务院常务会议，部署加快发展现代保险服务
业，将保险纳入灾害事故防范救助体系。逐步建立财政支持下以商业保险
为平台、多层次风险分担为保障的巨灾保险制度。

2004 年年初，中国保监会提出了中国保险业具体发展的规划，明确
今后中国保险业大体分巨灾保险、农业保险、洪水和风暴等巨灾保险三步
走的发展战略。《中国保险业发展"十二五"规划纲要》提出："以经济
社会发展和人民生活日益增长的保险需求为基础，紧密围绕国家建设新农
村、扩大内需、建设创新型国家、培育战略性新兴产业等经济社会发展战
略，积极拓宽保险服务领域，挖掘保险服务潜力，扩大保险覆盖面。紧密
围绕国家改善民生目标，积极探索服务'三农'、参加社会保障体系建
设、促进公共管理创新的新途径和新形式。"① 2014 年 8 月 13 日，国务院
印发了《关于加快发展现代保险服务业的若干意见》，明确了今后较长一
段时期保险业发展的总体要求、重点任务和政策措施，首次提出"将保
险纳入灾害事故防范救助体系"。明确提出："要围绕更好保障和改善民
生，以制度建设为基础，以商业保险为平台，以多层次风险分担为保障，
建立巨灾保险制度；研究建立巨灾保险基金、巨灾再保险等制度，逐步形
成财政支持下的多层次巨灾风险分散机制；制定巨灾保险法规；建立保险
巨灾责任准备金制度；建立巨灾风险管理数据库。"这些战略举措，一方
面可以进一步推进保险业持续健康发展，另一方面对于我国农业巨灾风险

---

① 中国保监会：《中国保险业发展"十二五"规划纲要》，《中国保险报》2011 年 8 月
19 日。

管理的研究和实践起到很好的推动作用。

国家的财政和税收政策也给予农业巨灾风险管理以政策支持和优惠。为积极支持解决"三农"问题，促进保险公司拓展农业保险业务，提高农业巨灾发生后恢复生产能力，国家财政部、国家税务总局分别在2009年8月和2012年3月下发了《关于保险公司提取农业巨灾风险准备金企业所得税税前扣除问题的通知》，指导和监督保险公司合理使用农业巨灾风险准备金，支持解决"三农"问题，加强农业巨灾风险的管理。

由于农业巨灾风险的属性和特性与普通自然灾害风险有明显的不同，我们必须考虑到其管理的属性和复杂性。因此，如何有效分散农业巨灾风险是一个严峻的现实问题，创新农业巨灾风险分散机制、实现农业巨灾风险的合理分散就成为我国农业巨灾风险管理必须解决的难题。

第二节 研究目的和意义

一 研究目的

（1）以大量的文献资料为理论指导，结合调研数据和文献历史数据，采取构建模型的分析方法，既从宏观层面分析农业巨灾对我国宏观经济的影响，又从微观层面分析一些巨灾对我国区域经济和微观经济的影响，并具体分析农业巨灾的直接经济损失和间接经济损失。

（2）对现有我国农业巨灾风险分散工具拟合分析。本书以历史数据为基础，运用回归分析方法对我国现有的农业巨灾风险分散工具进行拟合分析，查找分析现有各种分散工具在进行风险分散中存在的问题，找出最优路径。

（3）探索市场经济条件下我国农业巨灾风险分散长效机制的建立。单一的农业巨灾风险管理方式和体系往往很难达到"有效性的评价目标"要求，本书将致力于积极寻求政府与市场机制科学结合的方式，设计我国农业巨灾风险分散机制。本书力图以新的视角——生物学中的"共生"视角，以共生理论为基础，分析我国农业巨灾风险分散共生模式及其演进机理，探讨我国农业巨灾风险分散机制，提出具有一定的可操作性的农业巨灾风险分散路径，实现市场经济条件下我国农业巨灾风险分散长效机制的建立，以提升我国农业巨灾风险管理水平，充分满足农业巨灾风险管理

"社会性"和"市场性"结合的要求。

二 研究意义

1. 现实意义

由于农业巨灾风险具有强大的破坏性和衍生性，农业巨灾不仅造成严重的经济损失，更是破坏大量的生产设施、生态环境、社会秩序以及减弱经济可持续发展能力。日益严重的农业巨灾风险已经成为社会稳定和经济发展的重大安全祸患。因此，本书的研究主要采用实际调查法、模型化方法、比较分析方法、系统分析方法，对我国农业巨灾经济损失、农业巨灾经济发展影响、农业巨灾风险分散现状、农业巨灾风险分散行为、农业巨灾风险分散工具拟合和责任进行定性和定量相结合的分析；最后结合农业巨灾风险分散的国际经验，以共生和和谐准则构建和优化农业巨灾风险管理体系，建立适合我国国情的农业巨灾风险分散机制，为提高我国农业巨灾风险管理水平提供参考依据。

2. 理论意义

我国关于农业巨灾的理论研究相对比较滞后，现行的农业巨灾管理水平不高，本书相关研究的理论意义在于：

（1）基于共生视角探求农业巨灾风险管理理论研究。农业巨灾风险管理的理论研究日益显现出其进展比较滞后的新兴的交叉学科的特点，其理论研究尚在探索和发展之中。相比而言，以传统的自然科学为主的研究方法相对成熟，但是基于生态学中的共生视角作为农业巨灾风险管理的研究方法和体系等确为首创。从生态学共生的角度和社会科学的角度，探讨农业巨灾风险管理的理论研究方法具有重要的学术价值。

（2）运用多学科交叉理论研究农业巨灾风险管理。在中国，灾害理论研究起源于20世纪80年代，在单一种类的灾害研究、区域综合灾害研究、防灾减灾理论研究以及灾害保险等方面都取得了一些有价值的成果。但总的来说，我国农业巨灾风险管理理论的研究主要集中在地理学、工程科学等理工科范畴。而近年来农业巨灾风险管理理论的研究趋势体现为多学科理论交叉和研究相互渗透的特点。本书除了充分借鉴以前的研究成果，更重视基于灾害经济学、风险管理学、社会学、保险学、生物学、行为经济学、计量经济学等众多其他学科领域的研究，以实现农业巨灾风险管理理论研究的创新。

第三节　国内外研究现状

农业巨灾是一个全球性的问题，这是基于农业巨灾在全球的频繁发生，以及由此而造成的巨大的财产损失、人员伤亡和保险公司巨额保险损失而言的。而我国是农业巨灾频繁而又严重的国家，农业巨灾问题尤为突出。由于灾害的不可避免性和损失的必然性，农业巨灾风险损失分散管理是社会发展中的一个需要永久面对的问题，农业巨灾风险损失分散对于灾后恢复、重建和提供基本的生活保障等方面都起到了积极的作用，国内外大量学者基于不同的研究视角对农业巨灾风险及分散进行了合理的尝试性探讨，相关方面研究主要有以下方面。

一　农业巨灾风险分散基础理论

研究巨灾风险管理的基础理论集中在决策论、概率论和数理统计三个方面。决策理论主要是从保险公司、被保险人以及政府方面等对巨灾风险的偏好着手，探索农业巨灾保险市场的特点，如巨灾保险供给和需求、合理的价格以及转让方式等（Epstein. R. A.，1985；Yuri M. Ermoliev etc.，2000；J. David Cummins etc.，2000；J. David Cummins etc.，2004）。根据经典期望效用理论，Eeckhoudt 和 Gollier（1999）认为，较之"明确但较小的损失"，大多数人愿意选择"不明确但较大的损失"，由此得出，在面对巨灾这种小概率事件的风险时，人们大多情况下会选择投保。Howard Kunreuther 等（2004）发现加州地震保险的数据也符合上述结论。虽然巨灾保险业务的数量还不是很多，但这并不是说保险公司没有能力去承担巨灾风险。

J. David Cummins 等（1999）通过对 1991 年和 1997 年保险行业资本水平对灾难性损失的承保能力的研究，发现美国保险公司对巨灾风险承担能力显著提高。Christophe Courbage（2005）发现通过共保机制，越来越多的保险公司开始提供巨灾保险业务。通过对有关巨灾风险信息的传播，人们对巨灾风险的了解程度不断地加深，刺激了巨灾保险需求的增长，而且还能修正巨灾损失模型和定价机制，提高保险公司参与的积极性（Kunreuther、H. Novemsky、N. & D. Kahneman，2001；Ben Beazley，2010）。概率论和数理统计侧重于研究巨灾损失分布的重要类型、巨灾保险中个体保险损失和理赔之间的相关性、渐近理论、破产概率等统计性质（Robert Cx Chambers，1983；Andersen，1998；Knight，1997；Miller，2000）。目前，概率论与数理统计工具依然是预测巨灾风险发生的概率和可能的损失采用的主要方法。这些工具的优点是可以帮助巨灾保险公司确定保险的责任范围，从而制定合理的保险策略，如确定合适的保单价格和数量。其缺点是无法准确估计出巨灾风险的概率分布及损失程度，因为巨灾风险的发生频率不满足大数法则，所以，利用随机事件概率进行预测很难得到准确的结果。

二　农业巨灾损失评估

国内外对农业巨灾风险评估和预测的研究相对比较丰富（Coble K. H. 等，1996；Goodwin B. K. 等，2004；Sherrick B. J.、Zanini F. C.，2004；解强，2008；徐磊等，2011；邹帆等，2011），研究方法也正在逐步趋同，尽管联合国 20 世纪 70 年代早期就公布了《灾难社会、经济和环境影响评估手册》（*Handbook for Estimating the Socioeconomic and Environmental Effects of Disasters*），该评估方法涵盖了直接影响、间接损失和经济影响三方面，其后又经过 30 多年的改进，各国根据自己的情况以及不同的假设，由不同的部门进行评估。我国对农业巨灾损失评估一般是按照社会财产分类，中国重大自然灾害调研组 1990 年编著的《自然灾害与减灾 600 问》按自然灾害的社会属性将损失分为经济损失和人员伤亡损失。著名学者郑功成认为，灾害损失主要是指可量化的经济损失，包括人类生命与健康丧失、人类创造的各种物质资源财富损失。我国学者关于农业巨灾损失评估的评价指标有一定的差异，主要的观点有：孙振凯等（1994）提出的单个度量指标即经济损失。许飞琼（1997）提出的三个度量指标：直接经济损失、死亡人数及重伤人数。张方（2009）提出的直接经济损失、人员伤亡损失及受灾面积三度量指标。也有学者提出四个度量指标：魏庆朝等（1996）提出的综合经济损失、死亡人数、伤害人数及灾害损失持续时间和傅湘等（2000）提出的经济损失、救援损失、人员伤亡以及环境损失。此外，还有学者提出五个度量指标：任鲁川（1996）提出的直接经济损失、死亡人口、受灾人口、受灾面积、成灾面积。谷洪波（2011）把农村巨灾灾后损失度量指标划分为三个层次 17 个指标的评估体系：第一层：农业巨灾造成的直接和间接经济损失。第二层：直接经济损失的指标包括人员伤亡损失、固定和非固定资产损失；间接经济损失的指标包括与农业相关产业的损失和救灾的损失。第三层：属于人员伤亡损失的指标为死亡人数、受伤严重致残人数、重伤未致残及轻伤人数、未受伤的受灾人数，但缺乏实证研究。邹帆等（2011）对1978—2008年间我国的农业自然灾害进行了统计分析，以2008年为例，统计了该年度5类主要农业自然灾害的分类数据，在此基础上分析近年来我国农业自然灾害的分布情况、中东西部地区灾情、抗灾能力的差距，最后根据统计分析的结果构建了灾害损失评估体系：人口损失指标、经济损失指标、生态损失指标。

三 农业巨灾经济发展影响

随着当代社会经济的快速发展，农业、工业和服务业之间联系越来越密切。农业巨灾对农业、工业和服务业的基础设置、电力、交通等造成破坏，将通过农业、工业和服务业关联影响到经济系统之间和其他产业，甚至影响到整个国民经济系统的稳定运行。因此，在灾害预防、应急管理和灾后恢复重建过程中，农业巨灾的宏观经济发展影响量化评估，有助于政府部门准确了解农业巨灾的放大程度。

尽管巨灾的损失稳定增长，但20世纪50年代才开始自然灾害经济学研究，巨灾的经济发展影响研究自20世纪80年代已经开始进入了既研究由自然灾害引起的社会经济影响，又考虑到了在自然灾害发生期间的社会经济条件。巨灾的经济发展影响研究主要集中在以下三个领域：

（1）特定巨灾的区域经济发展影响研究。检查特定情况下的巨灾事件对经济发展影响，如毁灭性的飓风米奇袭击洪都拉斯，以此来估计那些个别事件具体的费用和后果（Benson and Clay, 2004；Halliday, 2006；Horwich, 2000；Narayan, 2001；Selcuk and Yeldan, 2001；Vos et al., 1999）。还包括1953年得克萨斯州韦科的飓风、1955年加州尤巴城市的洪水、1964年的阿拉斯加地震、1970年得克萨斯州卢博克市飓风等。

（2）巨灾微观经济发展影响研究。研究巨灾发生情况下微观主体（比如农户、企业等）的经济影响。Townsend（1994）、Paxson（1992）、Udry等（1994）代表性学者研究了农业巨灾主体（尤其是农户）在巨灾发生情况下，对突如其来的意外收入冲击影响进行了分析，研究了家庭准备和应对方式（比如自己通过投保应对这些冲击）等问题。

（3）巨灾宏观经济发展影响研究。在巨灾宏观经济发展影响研究方面，Albala – Bertrand（1993）开展了开创性研究，开发一组巨灾事件发生的反应分析模型，并收集 26 个国家 1960—1979 年的灾害数据，基于前后统计分析，他观察发现巨灾对 26 个国家的影响是国内生产总值增长、通胀率不变化、资本形成增加、农业和建筑产量增加、双赤字增加（贸易赤字急剧增加）、储量增加，但对汇价没有明显的影响。Rasmussen（2004）定期为加勒比群岛国进行数据收集和分析。Tol 和 Leek（1999）调查的文献可以追溯到 20 世纪 60 年代，他们认为，巨灾对 GDP 的正面影响可以很容易发现，因为巨灾破坏资本存量，而 GDP 指标侧重于新的生产流程，他们强调了鼓励节能并投资于减灾和恢复工作。在所有这些实证研究方面，主要是基于作者选择一小部分巨灾分析事件的一个前后单因素一组宏观经济变量的研究，所以存在一定的局限性。

Skidmore 和 Toya（2002）考察自然灾害对经济增长的长期影响。他们计算了在 1960—1990 年间每个国家自然灾害的频率（按土地面积归一化）和推行这项措施的相关性来进行实证考察经济增长、物质和人力资本的平均措施积累与 30 年间全要素生产率。Skidmore 和 Toya（2002）的论文研究长期趋势（平均数）与短期描述，对比宏观经济灾害发生后的动态变化。

国内学者张显东、沈荣芳（1995）以哈罗落—多马经济增长模型为基础，初步估计了灾害直接损失对经济增长率的影响。路琼（2002）、丁先军等学者（2010）运用投入—产出模型，推导出 ARIO（Adaptive Regional Input Output）模型，对自然灾害造成的农业总产值损失对整个经济系统的影响和汶川地震经济影响等进行了分析。李宏等学者（2010）对我国自然灾害损失的社会经济因素进行了时间序列建模与分析，探究了我国自然灾害损失的演变与经济增长、人口、教育以及医疗等因素的发展变化之间的关系。

四　农业巨灾风险管理

除了对农业巨灾风险管理定义、内涵和重要性等基本理论进行研究以外（庹国柱等，2010；黄英君，2011），较多的研究是从制度和模式层面进行探讨，主张农业巨灾风险管理是一项综合性、多样性、互补性或整合性制度安排，并从不同的视角和模式进行了比较分析和实证研究，也对我国未来农业巨灾管理制度创新进行了探讨（周振等，2009；张喜玲，2011；武翔宇等，2011）。

武翔宇等（2011）提出利用气象指数保险管理农业巨灾；谢家智、周振等学者构建了判定农业巨灾风险下农民风险态度的抽象模型，并通过六省（市）农民的问卷调查佐证了相关研究结论。分析表明，由于农业巨灾风险因为遭到信息不通畅以及外界环境的不确定性等问题的影响，农民对其的认知程度较低，意识不强，因此农民有理性地参与农业巨灾保险意识不强。同时，在代表性法则、非贝叶斯规则、锚定效应、框架效应和从众行为等外界偏差性行为显著作用下，大多数农民都会是非理性的选择行为，很容易出现风险选择集中的现象。同时，在实际调查也发现了农民群体该现象的客观存在。国内外更多的研究集中在农业巨灾风险管理的工具上（Neit A. Donerty，1998；Froot，1999；Paul K. Freeman，2001；John Duncon 等，2004；冯文丽，2011）。也有学者对农业巨灾风险管理的绩效评价体系进行了探讨。周振等（2011）设计了更为全面的符合我国国情的农业巨灾风险管理评价指标体系，对我国目前的巨灾管理体系进行了考察，得出我国当前巨灾风险管理整体上有效性水平偏低，管理效率还有待提高的结论。

五 农业巨灾风险分散方式

农业巨灾风险分散方式主要分为两类：一类是传统农业巨灾风险分散方式，主要包括财政救助、社会捐赠、保险、相互保险、再保险和巨灾基金等（A. D. Roy，1952；Joseph W.，2002；Keith H.，2003；孙祁祥，2004）。另一类是非传统农业巨灾风险分散方式（ART），是利用巨灾风险证券化分散农业巨灾风险，主要包括"四个传统"工具（巨灾期权、巨灾债券、巨灾期货和巨灾互换）和"四个当代"创新工具（或有资本票据、巨灾权益卖权、行业损失担保和"侧挂车"）等（Cox Sammuel H.，2000；Christian Gollier，2005；Dwright M.，2005；J. David，2006；Thomas Russel，2004；田玲等，2007；吕思颖，2008；谢世清，2009）。庹国柱等（2010）分析我国的农业巨灾风险分散情况表明，农业巨灾损失补偿的总体水平非常低，很大一部分损失都是由农户承受的。同时还指出中国目前的主要农业巨灾风险损失补偿机制相对单一，构建多层次、多元化、多主体的整体性巨灾风险损失补偿机制是应对农业巨灾风险的最优路径与策略。傅萍萍（2006）认为我国巨灾损失补偿机制主要是通过政府拨款、社会救济以及灾民自救等形式。谢家智（2005）的研究表明，在巨灾损失补偿中政府的作用十分有限，自1990年以来，在灾害损失中我国财政救灾支出所占的比例仅为 1.57%，并且以后会逐年减少。张志明在 2006 年的研究中指出当前我国的巨灾保险体系还没有得到充分的发展，几乎还是一片空白。姚庆海（2011）认为我国巨灾的绝大部分损失是由受灾者自行承担，而发达国家超过 40% 的巨灾风险损失是由保险公司承担。唐红祥（2005）指出保险和再保险的发展在中国正处于起步时期，因为两者对分散巨灾风险损失均能起到一定的作用，因此需要大力关注。资料表明，在 2007 年南方的冰雪灾害中，我国的保险行业承担的比例还不到 1%，其中农业保险仅赔付 4014 万元，不足已付赔偿总额的 4%。

六　农业巨灾风险分散模式

农业巨灾风险分散模式目前主要有三种，一是美国的市场运作、政府监管的"单轨制"模式；二是墨西哥的个人参与、公私合作模式；三是日本的区域性农业共济组合模式。国内不少学者对世界各国农业巨灾风险分散机制的代表性模式进行了分析和比较，总结其启示和国际借鉴（李永，2007；王国敏，2008；谢家智，2008；马晓强，2007；徐文虎，2008），并对我国到底应该采取什么样的分散模式进行了探讨。

单浙明（2006）指出我国目前尚未建立完备的巨灾保险体系，提出建立强制性巨灾保险制度及巨灾保险基金；实行国家再保险和商业再保险相结合的分保等措施，最终实现政府职能和市场机制的有机结合。高雷等（2006）指出目前我国实行的是由国家财政支持的中央政府主导型巨灾风险管理模式，巨灾保险业务仍只占了较小的比重。今后应加强制度建设，建立巨灾保险的再保险体系；建立巨灾保险风险准备金，提高保险参保率，建立起由国家财政、保险公司、再保险公司、投保人共同参与和负担的体制。周振、边耀平（2009）总结了国外具有代表性的农业巨灾风险管理模式和可借鉴的经验，提出我们应探索适合中国国情的、发挥政府和市场双重作用、兼顾效率和公平的农业巨灾风险管理体系。

七　农业巨灾风险分散机制

对我国目前应该建立的农业巨灾风险分散机制，国内学者的观点主要集中在以下几个方面。

1. 整体性农业巨灾损失补偿机制

庹国柱等学者提出运用系统论的思想指导农业巨灾风险管理体系和

巨灾损失分散机制的构建与完善，建立多层次、多主体、多元化的整体性巨灾损失补偿机制，将政府财政救济机制与市场保险补偿机制有效结合起来，发挥政府与市场在巨灾风险管理及巨灾损失补偿中的作用。姚庆海（2011）认为我国目前迫切需要创新完善灾害损失补偿机制，建立综合风险保障体系，充分发挥政府和市场在灾害风险管理中的作用。

2. 多层次的农业巨灾风险保障体系

丁少群和王信从我国政策性农业保险的研究现状与特点入手，分析了我国政策性农业保险经营技术障碍，提出了现阶段在我国建立三层次的农业巨灾风险保护系统：第一层次，灾难性风险储备系统，保险公司直接承保建立农业巨灾保险业务准备金系统；第二层次，政府主导、政策性农业再保险制度的市场化运作；第三层次，民政或金融部门建立的国家巨灾风险储备系统，并作为最终的保险人。李德峰（2008）指出要建立多样化的农业巨灾保险体系，包括巨灾商业保险业务、巨灾保险基金、政府保险计划、巨灾风险证券化、巨灾再保险。研究表明，政府在减灾中承担的责任越多，人们购买相应保险产品的需求就会越小。因此，政府应将其承担灾后主要损失的职责转换成大力支持巨灾保险体系的建设完善，以促进农业巨灾保险体系的迅速发展。

3. 多元化农业巨灾风险分散机制

谭中明等提出建立政府引导、财政支持、商业运作、再保险与资本市场配套的多元化巨灾风险保险模式，形成政策性与商业性有机结合的农业巨灾风险有效分散机制，提高农业抵抗巨灾风险的能力。刘毅（2007）对农业巨灾风险分散机制提出利用资本市场分散巨灾风险，确立巨灾保险的政策性地位以及科学合理的巨灾保险费率、建立巨灾保险基金和巨灾保险的再保险体系等建议。

总体看来，国外农业巨灾风险分散管理理论研究始于20世纪初期，但大规模的巨灾风险分散管理研究特别是巨灾风险证券化研究开始于20世纪70年代。因此，相对而言，国外巨灾风险分散管理不论是理论探索还是实践证明都比较先进。我国的巨灾风险分散管理理论研究开始得比较晚，主要集中在农业巨灾风险分散的必要性和重要性、困境分析、风险分担和制度模式等方面，对农业巨灾风险分散机制有一定的宏观描述，但缺乏系统和整体的研究，特别是建立在农业巨灾损失评估和农业巨灾分散手段组合拟合分析等微观基础上的可操作性的分散机制研究有待我们去探索，因此，创新农业巨灾风险分散机制，破解我国农业巨灾风险分散困境，是本书研究的出发点。

第四节 研究内容

本书沿用提出问题—分析问题—解决问题的研究路线，首先提出问题，明确本书的研究背景，对国内外研究动向及进展进行综合分析、对相关理论基础进行阐析；然后分析问题，采用定性和定量结合、规范和实证相结合的分析方法；最后解决问题，结合农业巨灾风险分散的国际经验，提出适合我国国情的农业巨灾风险分散机制。具体说来，本书的研究内容包括十章。

第一章，绪论。本章主要介绍本书的研究背景、国内外研究现状、研究的理论和现实意义、本书的研究方法、研究的技术路线及创新之处。

第二章，农业巨灾及风险分散机制概述。本章对农业巨灾、农业巨灾风险、农业巨灾风险分散、农业巨灾风险分散机制等基本概念进行了界定，探讨了农业巨灾风险分散的手段、方式和模式，分析了农业巨灾风险分散机制的宗旨、目标和关键等问题。

第三章，我国农业巨灾风险现状。本章主要对我国历年来发生的农业巨灾直接经济损失及占 GDP 的比例等情况、历年农业巨灾主要灾种直接经济损失情况、历年农业巨灾风险其他情况，如受灾人口、死亡（含失踪）人口、紧急转移安置人口、农作物受灾面积和农作物成灾面积等方面进行总结概括，进而总结我国农业巨灾风险的特征，主要体现在：农业巨灾种类多、农业巨灾地区差异明显、农业巨灾损失严重并呈增长趋势。

第四章，我国农业巨灾经济损失分析。本章利用我国 2010—2013 年经济发展和农业巨灾损失的相关数据，以 2010 年我国投入产出表为基础，运用投入产出表模型，评估 2010—2013 年农业巨灾的经济影响，结果表明：农业巨灾对我国的 GDP 有一定的影响，但影响并不大；农业巨灾的关联损失与直接损失同等重要；由农业巨灾造成采掘业、制造业、建筑业、服务业等部门总产出的损失占农业巨灾损失的 92.68%，其关联损失和直接经济损失几乎相等；农业总产值损失对于各产业部门的影响是不同的，其中对制造业的影响最大。

第五章，我国农业巨灾经济发展影响分析。在借鉴国内外众多学者研究方法的基础上，本章以 GMM 模型为基础，选取一国或地区的教育水平、健康水平、金融发展、政府预算、对外开放程度和通货膨胀率等决定经济发展的指标，利用我国 1949—2013 年农业巨灾直接损失的数据，在对面板数据处理的基础上，通过相关回归分析，研究其对宏观经济发展的影响。结果表明，我国农业巨灾对 GDP 影响为正但并不显著，说明尽管我国历年农业巨灾损失不小，但对我国经济发展产生的影响并不大；旱灾对经济发展存在显著的负影响，特别是对 GDP、农业发展影响很大；洪灾对经济发展存在显著的正影响，特别是对 GDP、农业发展影响很大；地震对 GDP、农业和服务业为负影响；台风对 GDP 和服务业为负影响，但并不显著，对农业和工业发展有一定影响，对农业发展产生正影响，对工业发展产生负影响。

第六章，我国农业巨灾风险分散现状。本章刻画了包括我国防灾减灾法律和规划、历年中央一号文件、农业保险、再保险、巨灾准备金和防灾减灾国际合作等在内的政策；总结出了财政主导模式、财政支持模式和多层次分析分散等我国农业巨灾风险分散历史模式演变；在描述我国农业巨灾风险分散情况的基础上，指出我国农业巨灾风险分散存在着农业巨灾损失总体补偿很低、农业巨灾风险分散主体分散比例不尽合理、农业巨灾风险分散主体风险分散发展情况差异较大、农业巨灾风险分散的主体不足等问题。

第七章，我国农业巨灾风险分散拟合分析及责任测算。本章根据我国目前农业巨灾风险分散的现状，建立巨灾损失救助金额和灾害损失、财政支出、农业保险和社会救助之间的拟合模型，刻画出它们的数量关系。假定在目前的理想状态下，对政策性农业保险、再保险和准备金在农业巨灾分散中的责任进行测算，推导农业保险和再保险的合适分担比例以及巨灾准备金的理想规模。

第八章，我国农业巨灾风险分散行为分析。为了分析农业保险企业和受灾农户两大主体对农业巨灾风险的分散行为，本书采用问卷调查、座谈会和访谈的方式，分别对河南省洛阳市、陕西省咸阳市、湖北省孝感市和浙江省金华市的部分保险公司和农户进行了为期 20 天的调研，并结合文献资料和非参与观察所得数据，对两大主体参与共生合作进行农业巨灾风险分散的行为进行实证分析。本章基于"共生"视角，结合调查数据，对农业保险企业和受灾农户单位关于"共生合作动因"、"共生合作方式"、"互动关系"、"共生合作满意度"、"共生合作效益"进行描述性统计分析；采用二元 Logistic 回归模型，进行建模和计量分析，探讨了农业保险企业和受灾农户参与农业巨灾风险分散共生合作行为选择的影响因素。

第九章，农业巨灾风险分散国际经验及启示。本章对世界各国的农业巨灾风险分散政策进行总结，主要包括农业巨灾风险界定、农业巨灾风险分散法律规定、农业巨灾风险分散政府责任厘定。世界各国在农业巨灾风险分散管理的过程中，目前已经形成了政府主导农业巨灾风险分散模式、市场主导农业巨灾风险分散模式、混合农业巨灾风险分散模式、互助农业巨灾风险分散模式、国际合作农业巨灾风险分散模式五种有代表性的农业巨灾风险分散模式。在传统农业巨灾风险分散工具的基础上，世界各国都在不断创新现代农业巨灾风险分散工具；世界各国政府在农业巨灾风险分散过程中扮演的角色及采取的风险分散各类计划、方案等政策措施；世界各国的农业巨灾风险分散管理经验对于我国农业巨灾风险分散提供了借鉴和启示。

第十章，我国农业巨灾风险分散共生机制。本章以共生理论为基础，分析我国农业巨灾风险分散共生模式及其演进机理，探讨我国农业巨灾风险分散共生机制。本书以"共生理论"为视角，强调应建立农业巨灾风险分散共生系统，农业巨灾风险分散共生系统应当是由共生单元（即受灾农户、政府、农业保险公司、社会救助组织、金融机构、中介机构等）、共生关系（共生组织模式和共生行为模式）和共生环境（外部环境，包括农业巨灾风险分散的政策、经济、技术和社会环境等）三要素所构成的。关于农业巨灾风险分散共生行为模式的演进，本章指出我国农业巨灾风险共生行为模式除了完善现有的建立在信誉和政策基础之上的财政拨款、社会救济、保险补贴、税收优惠等行为外，更应该通过契约和股权建立农业巨灾风险互惠共生行为模式，并指出演进路径。关于农业巨灾风险分散共生组织模式的演进，本章指出我国农业巨灾风险分散共生组织模式应该向连续共生模式和一体化模式发展，实现共生组织由"虚拟共生组织"向"实体共生组织"转变。关于我国农业巨灾风险分散共生机制，本章指出农业巨灾风险分散共生机制是指存在内在的、长期的联系的农业巨灾风险分散单元相互补充、共同生存、协同进化的机制，它们通过组织间在资源或项目上的互补与合作，达到增强分散农业巨灾风险的目的。农业巨灾风险分散机制由共生政策机制、共生组织机制、共生行为机制和其他共生机制四个部分构成，本章对此做了详细的论述。最后，结合我国农业巨灾风险及分散现状，综合共生理论和路径依赖理论，设计了农业巨灾风险分散实现路径。

第五节　研究方法

本书的研究将定性分析与定量分析相结合、理论分析与实证研究相统一；历史分析、现实分析和比较分析有机渗透；同时特别重视实地调查和各类统计数据的运用。具体而言，本书采用的研究方法主要有以下几种。

一　文献研究法

文献研究法是根据本书的研究目的，通过查阅文献获取资料，从而全面地、系统地了解所要研究问题的一种方法。本书通过对大量文献的查阅和分析研究，了解国内和国外课题有关问题的历史和现状，做出关于研究对象的基本定位，得到很多现实情况之间相比较的一些资料，对更进一步深入地分析和探讨问题起到了一定的支撑作用。

二　调查法

本书综合运用调查问卷法、观察法、访谈法等科学方法，分别对河南省洛阳市、陕西省咸阳市、湖北省孝感市和浙江省金华市部分保险公司72家营销服务部或代办处和655家农户进行了为期20天的调研，对调查搜集到的大量资料进行分析、综合、比较、归纳，并结合文献资料和非参与观察所得数据，对农业保险企业和受灾农户两大主体参与共生合作进行农业巨灾风险分散的行为进行实证分析。

三　跨学科研究法

交叉运用多门学科的理论、方法以及成果，多方向地对农业巨灾风险分散机制进行系统研究，是本书研究方法中较为突出的一种。在理论研究中，本书注重灾害经济学、生物学、保险经济学、风险管理学、计量经济学、行为经济学和制度经济学等现代经济学和管理学理论的综合运用，为理论创新提供了坚实的基础。

四 数量研究方法

在本书的研究内容中，我国农业巨灾经济损失分析、我国农业巨灾经济发展影响分析、农业巨灾风险分散行为分析、农业巨灾风险分散组合拟合分析等普遍运用了建模和定量分析的方法。采用了投入产出表模型评估研究了 2010—2013 年农业巨灾的经济发展影响；基于历史数据，采用修正的 GMM 模型利用我国 1949—2013 年农业自然灾害直接损失的数据，研究我国农业巨灾对宏观经济发展的影响；采用二元 Logistic 回归模型探讨农业保险企业和受灾农户参与农业巨灾风险分散共生合作行为选择的影响因素；采用模型 $L = F$（G），说明自然灾害损失与我国国民生产总值之间的关系。

五 系统科学方法

本书研究自始至终以科学的系统观、以系统科学的理论和观点，从整体和全局出发，从系统内部的各种对立统一关系中，对农业巨灾风险分散体系进行考察、分析和研究，以得到最优化的处理与解决问题方法，体现出了系统科学的研究方法。

第六节 研究技术路线

本书的研究思路为：首先明确本书的研究背景，对国内外研究动向及进展进行综合分析，对相关理论基础进行阐析，设计本书研究的总体框架；然后采用实际调查法、模型化方法、比较分析方法、系统分析方法，对我国农业巨灾风险现状、农业巨灾损失、农业巨灾经济发展影响、农业巨灾风险分散现状、农业巨灾风险分散工具拟合分析和责任测算、农业巨灾风险分散行为等进行规范和实证相结合、定性和定量相结合的分析；最后结合农业巨灾风险分散的国际经验，提出适合我国国情的农业巨灾风险分散机制。本书的技术路线见图 1 - 4。

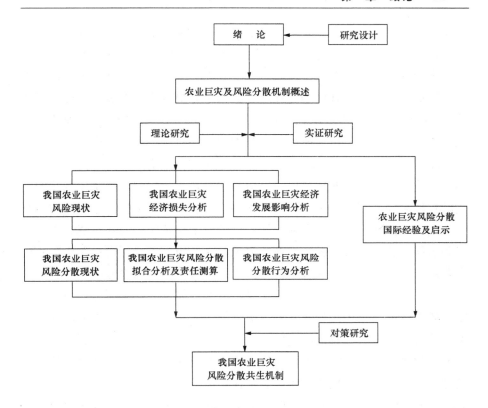

图 1-4　本书研究技术路线

第七节　创新与展望

一　本书创新

1. 全面分析厘清了我国农业巨灾风险及其影响

本书在界定农业巨灾标准的基础上，首先，对我国农业巨灾情况进行了系统描述，主要包括历年农业巨灾直接经济损失及占 GDP 的比例等情况、历年农业巨灾主要灾种直接经济损失情况、历年农业巨灾风险其他情况，如受灾人口、死亡（含失踪）人口、紧急转移安置人口、农作物受灾面积和农作物成灾面积等，总结我国农业巨灾风险的特征；其次，利用投入产出模型从损失角度对农业巨灾影响进行评估分析，利用我国

2010—2013 年经济发展和农业巨灾损失的相关数据，以 2010 年我国投入产出表为基础，运用投入产出表模型，评估了 2010—2013 年农业巨灾损失；最后，以 GMM 模型为基础，选取我国教育水平、健康水平、金融发展、政府预算、对外开放程度和通货膨胀率等决定经济发展的指标，利用我国 1949—2013 年农业巨灾直接损失的数据，在对面板数据处理的基础上，通过相关回归分析，研究了我国农业巨灾对经济发展的影响。

2. 系统刻画了我国农业巨灾风险分散及行为

首先，对我国农业巨灾风险分散现状进行了分析。刻画了包括我国防灾减灾法律和规划、历年中央一号文件、农业保险、再保险、巨灾准备金和防灾减灾国际合作等在内的政策；总结出了财政主导模式、财政支持模式和多层次分析分散等我国农业巨灾风险分散历史模式演变；在描述我国农业巨灾风险分散情况的基础上，指出我国农业巨灾风险分散存在着农业巨灾损失总体补偿很低、农业巨灾风险分散主体分散比例不尽合理、农业巨灾风险分散主体风险分散发展情况差异较大、农业巨灾风险分散的主体不足等问题。其次，我国农业巨灾风险分散拟合分析及责任测算。建立巨灾损失救助金额和灾害损失、财政支出、农业保险和社会救助之间的拟合模型，刻画出它们的数量关系。假定在目前的理想状态下，对政策性农业保险、再保险和准备金在农业巨灾分散中的责任进行测算，推导农业保险和再保险的合适分担比例以及巨灾准备金的理想规模。最后，我国农业巨灾风险分散行为分析。农业巨灾风险分散主体主要包括受灾农户、保险企业、政府、社会捐助组织等，本书采用问卷调查、座谈会和访谈的方式，分别对河南省洛阳市、陕西省咸阳市、湖北省孝感市和浙江省金华市部分保险公司 72 家营销服务部或代办处和 655 家农户进行了为期 20 天的调研，并结合文献资料和非参与观察所得数据，对农业保险企业和受灾农户两大主体参与农业巨灾风险分散的行为进行实证分析，基于共生视角，采用二元 Logistic 回归模型，进行建模和计量分析，探讨了农业保险企业和受灾农户参与农业巨灾风险分散共生合作行为选择的影响因素。

3. 总体设计了我国农业巨灾风险分散共生机制及其实现路径

从生物学中的"共生"视角出发，以共生理论为基础，分析我国农业巨灾风险分散共生模式及其演进机理，设计了我国应建立农业巨灾风险分散共生机制，农业巨灾风险分散机制由共生政策机制、共生组织机制、共生行为机制和其他共生机制四个部分构成，结合我国农业巨灾风险及分散现状，综合共生理论和路径依赖理论，设计了农业巨灾风险分散实现路径。

二　研究展望

我国农业巨灾损失的不可避免性和农业巨灾风险分散现状，决定了农业巨灾风险分散是一个永久的课题，不可能在短期内得到有效的解决，加上课题组成员的能力和水平有限，因此，在研究过程中存在不足乃至错误也在所难免，恳请各位专家批评和指正。

本书主要由农业巨灾风险分散机制基础理论、农业巨灾风险分析、农业巨灾风险分散研究和农业巨灾风险分散机制设计四个大的部分构成。尽管课题组全体投入了大量的时间和精力，做了大量的分析和研究工作，但还需要在以下几个方面继续开展研究。

（1）未来农业巨灾风险分散工具组合最优拟合分析。随着我国社会经济的发展，特别是金融市场和资本市场的发展，未来我国农业巨灾风险分散的工具会不断创新，通过对未来农业巨灾风险分散工具组合最优拟合分析，探索未来我国农业巨灾风险分散在资源既定的情况下，实现其效用最大化。

（2）农业巨灾风险分散机制细化设计。尽管本书设计了我国农业巨灾风险分散的共生机制和实现路径，但其共生政策机制、共生组织机制、共生行为机制和其他共生机制需要进一步细化设计，同时，要根据不同时期、不同区域和不同农业巨灾灾种，进一步细化实现路径设计。

第二章 农业巨灾及风险分散机制概述

农业巨灾理论来源于巨灾基础理论，而巨灾基础理论是以灾害理论为基础的，这样看来，农业巨灾理论源远流长，特别是近 20 年来，农业巨灾理论得到了快速发展，理论体系逐渐完善，但到目前为止，我国农业巨灾理论方面还存在许多有争议的方面，本章试图对有关农业巨灾有争议的问题进行理论探讨和分析，界定农业巨灾以及农业巨灾风险分散，分析农业巨灾风险分散机制相关理论。

第一节 农业巨灾

巨灾在全球范围内高频率发生及其带来的巨大经济损失和人员伤亡，使巨灾风险管理研究及实践应运而生。但长期以来，有一个被人忽视的基本问题，那就是巨灾临界值度量和数量刻画得还不明确，划分的标准不一，差异比较大。研究巨灾临界值的度量和数量刻画为巨灾风险管理特别是保险公司经营巨灾保险业务提供支撑，为政府设立巨灾的管理体制、探寻管理方法和手段等提供依据。本书通过对农业巨灾临界值度量及其数量刻画进行实证研究，明确农业巨灾标准，推动我国农业巨灾风险管理的发展。

一 巨灾标准历史研究

尽管国内外很早就开展了巨灾的研究，但对巨灾至今还没有统一的度量标准，各个国家在不同历史时期，甚至同一时期不同的学者和保险公司对巨灾度量和数量刻画存在很大的差异。

1. 定性研究

（1）因果说。Gilbert（1998）提出巨灾是外部作用的结果，极端的更认为巨灾是上帝的行为，也是社会发展进程的必然结果，是社会发展进程中的回报，巨灾使人类遭到经济与人员损失只是上帝行为的牺牲品。
Y. M. Ermoliev、T. Y. Ermolieva 和 G. J. Macdonald 等（2000）从结果角度
提出巨灾是指对不同区域产生影响，且在时空上交互作用导致重大损失的
事件。

（2）综合说。Anthony Oliver - Smith（1998）将巨灾视为各种因素，
如地理、气候、人口以及经济等演变过程中相互作用的结果，对已形成的
状态，如个人或企业的相对满意和社会制度、社会物质存在等产生负结果
的事件。T. L. Murlidharan（2003）将巨灾视为一次低概率、高损失的事
件，不仅指经济损失也指人员损失，对地区资源和社会经济过程产生制约
作用，使贫穷国家被迫举债或减少储蓄进行灾后建设。Murlidharan 将巨
灾潜在的损失划分为 3 种：直接存量损失、间接的收入损失和次要的产量
损失。

2. 定量研究

J. David Cummins、Neil Doherty 和 Anita Lo 等（2001）提出，巨灾
就是每次给保险业带来超过 100 亿美元的损失事件，美国学者
T. L. Murlidharan（2001）将灾害损失与 GDP 的比例对灾害临界值进行
度量和数量刻画，认为其经济损失大于 GDP 的 1‰以上即为巨灾。各个
保险公司都有自己的标准，比如标准普尔（1999）巨灾标准是导致保
险损失超过 500 万美元。美国保险服务局（ISO）认为巨灾是"导致财产
直接保险损失超过 2500 万美元并影响到大范围保险人和被保险人的事件"。
Swiss Re - insurance Company 把损失超过 6600 万美元以上称为巨灾。

国内早期的研究主要集中在对自然灾害灾度的研究方面，1988 年，
马宗晋、李闽峰等以双因子判定为分级标准即人口死亡数和社会财产损失
值，将灾害分为微灾、小灾、中灾、大灾、特大灾（死亡人数 10 万以
上，直接经济损失 100 亿元以上，后来有不少学者直接称之为巨灾）5 个
等级，其中大灾指死亡人数达 1 万至 10 万人、直接经济损失在 10 亿元至
100 亿元之间，特大灾指死亡人数 10 万以上、直接经济损失 100 亿元以
上，后来被不少学者认定为巨灾。灾度等级划分也存在界限不清的情况，
人口死亡数和社会财产损失值两个标准同时达到构成巨灾还是达到一个标
准即可认定巨灾；灾度等级判别方法也不适用于所有灾种的灾度等级界
定，对此，多名学者提出改进标准。于庆东（1993）提出圆弧判别方法；
冯利华（1993）提出规范化指数定量计算方法；冯志泽等（1994）根据 3

个因子计算出灾害指数改进算法，改进的灾害等级划分定量更加完善，但依然存在着模糊性。

也有学者的研究主要集中在巨灾临界值度量和数量刻画方面。张林源（1996）认为巨灾的界定应考虑人口密度、经济发展程度等因素，认为巨灾专指级别最高或接近最高级别的各种自然灾害，但提出发生在不同区域的巨灾应有不同标准。汤爱平等（1999）将区域划分为国家、省（市）和县（市）三级，以灾害损失占 GDP 的比例以及重大伤亡人数百分比为标准进行界定，具体三级标准见表 2 - 1。冯乃突（2000）提出了与马宗晋、李闽峰等人提出的双因子判定相似的标准，即巨灾具有两个标准：人口直接死亡逾万人和直接经济损失亿元以上。代博洋、李志强等（2009）依据物元理论将可拓学算法引入自然灾害损失等级划分，建立了基于物元理论的自然灾害损失等级划分模型，灾度物元模型的灾害等级划分标准见表 2 - 2，成为灾度等级评估方法的一种补充，并与双因子判定算法、圆弧判别方法、灾害指数改进算法互为验证。

表 2 - 1　　　　　　　　　　　灾害等级划分标准

等级	国家级		省（市）级		县（市）级		
	损失占国内 GDP 比值	重伤和死亡比例（%）	损失占省 GDP 比值	重伤和死亡比例（%）	损失占县 GDP 比值	重伤和死亡比例（%）	
						百万人口级	十万人口级
巨灾	$>2 \times 10^{-2}$	$>8 \times 10^{-4}$	$>1 \times 10^{-2}$	$>5 \times 10^{-2}$	>0.2	$>3 \times 10^{-2}$	>0.1
重灾	10^{-4}—10^{-2}	$\geqslant 3 \times 10^{-4}$	5×10^{-2} ~ 10^{-2}	$>5 \times 10^{-2}$	0.1—0.2	$>5.0 \times 10^{-3}$	0.1—1.0
中灾	10^{-5}—10^{-4}	$>1 \times 10^{-4}$	5×10^{-4} ~ 5×10^{-2}	$>2 \times 10^{-4}$	0.05—0.1	$>1 \times 10^{-2}$	0.01—0.1
轻灾	$<10^{-5}$	$<1 \times 10^{-5}$	$<5 \times 10^{-5}$	$<1.0 \times 10^{-4}$	<0.05	$<1 \times 10^{-2}$	<0.01

资料来源：汤爱平、谢礼立、陶夏新等：《自然灾害的概念、等级》，《自然灾害学报》1999 年第 3 期。

表 2 - 2　　　　　　　　　物元模型的灾度等级划分标准

灾度等级	人口死亡	财产损失
巨灾	> 4	> 4
大灾	3—4	3—4

灾度等级	人口死亡	财产损失
中灾	2—3	2—3
小灾	1—2	1—2
微灾	0—1	0—1

注：人口死亡数和直接经济损失值每降低一个数量级，相应降低一个灾度，对这两项指标分别取以 10 为底的对数，分别记为 lgc1 和 lgc2（c2 以万元为单位），则相应的指标换算为自然数 1、2、3、4。

此外，国内不少学者对我国地震、水灾、台风等自然灾害运用灰色聚类分析法、模糊分析法、综合分析法等方法进行了灾度研究（杨仕升，1997；孙秀玲，2006），提出了灾度度量方法和分级类型，并且进行了实证研究，丰富了我国自然灾害临界值的度量和数量刻画研究。

在我国政府的巨灾管理实践过程中，1993 年初，国家科委、国家计委、国家经贸委自然灾害综合研究组借鉴日本、美国抗灾管理过程中的等级划分标准，利用国内学者们提出的各种自然灾害分级的研究成果，在对我国减灾 40 年经验和气象、海洋、洪水、地震等 7 大类 24 种主要自然灾害的大量历史资料综合分析基础上，把自然灾害划分为 5 级，即由中央管理的特大自然灾害（一级灾害）和重大灾害（二级灾害）、严重灾害（三级灾害）、较重灾害（四级灾害）和较轻灾害（五级灾害）。针对国家、省（市）和县（市）三级区域，确定巨灾的基本标准见表 2-3。

表 2-3　　　　国家、省（市）和县（市）三级区域巨灾标准

灾度等级	县（市）	省（市）	国家
直接经济损失（亿元）	2.5	10	25
倒塌房屋（万间）	1	3.5	5
受旱面积占耕地面积比重（%）	40	35	38
受旱面积（万亩）	150	1800	2000
受洪涝、风雹等灾害面积分别占耕地面积比重（%）	10	16	20
受洪涝、风雹灾害面积（万亩）	500	1000	1200

此外，我国民政部门也采用将自然灾害根据具体损失情况划分为小灾、中灾、大灾和特大灾四个等级的等级分类方法。

二　农业巨灾标准分析

综合国内外对巨灾临界值度量和数量刻画理论和实践，不难得出以下几点结论：

1. 巨灾具有小概率特征

设 P 是灾害发生的概率，S_L 是一次灾害发生所产生的损失，L_i 是灾害发生概率为 P_i 时所产生的损失。根据期望值理论和古典风险理论，可以进行如下推导：

$$S_L^2 = \sum_1^n E[L_i - E(L)]^2 P_i \qquad\qquad (2-1)$$

s. t.

$$L_i - E(L) = \begin{cases} 0, & \text{当 } L_i \geqslant E(L) \\ -[L_i - E(L)], & L_i < E(L) \end{cases}$$

只有当 $E(P) \leqslant P_i$ 且 $E(L) \geqslant E(L_i)$ 时，即发生概率小于预期的灾害性事件，我们才能把它定义为巨灾。

2. 巨灾是大损失的事件

对于巨灾是个大损失事件，国内外理论研究和实践部门都没有什么异议，问题是大损失事件到底是多大才为巨灾，各个国家或地区的标准存在较大的差异，判断标准各不相同，有的国家用直接经济损失进行衡量，有的国家用综合经济损失进行衡量，有的国家用灾种等级进行衡量。

3. 巨灾是一个相对事件

（1）巨灾是相对于一般性灾害的事件，也就是说相对于损失较小的一般性灾害而言，巨灾是一次性损失较大的事件。

（2）巨灾是相对于受灾主体承受能力的事件。由于不同国家或地区的经济社会发展水平不同，巨灾的划分标准存在较大的差异，即使同一国家或地区在不同的历史时期，其巨灾的划分标准也会发生变化，比如我国20世纪八九十年代的划分标准和现在的划分标准就存在很大的差异。

（3）从不同的主体出发，巨灾的度量和数量刻画不尽相同。保险公司对巨灾风险进行度量和刻画，以往很长一段时间采用的经典高斯模型明显低估了巨灾损失的风险。70年代中期以来，基于极值理论（Extreme Value Theory）发展起来的一些新方法和技巧为我们准确描述和预测极值事件提供了新的视角,但该方法是基于保险公司保险损失的厚尾分布进行度量和数量刻画。从国家层面对巨灾进行度量和数量刻画更多倾向于使用GDP等指标与灾害损失进行比较。目前还没有从受灾农户出发进行巨灾的度量和数量刻画。

综合以上分析,可以推导出这样的结论:所谓巨灾就是指小概率发生且一次灾害损失大于预期、累计灾害损失超过承受客体(主要有受灾人、保险人和政府)承受能力的事件。

三　农业巨灾标准

基于前面分析,巨灾具有相对性,因此农业巨灾也具有相对性,尤其是对常见的农业灾害而言是相对的。农业巨灾的特点从表2－4中通过与常见性农业灾害对比可以清楚地看到。

表2－4　　　　　　　　　农业巨灾与常见性农业灾害

类别	农业巨灾	常见性灾害
损失程度	大	小
爆发概率	较小	较大
影响程度	大	小
预测难易度	难	容易

1. 一般农业灾害和农业巨灾临界值度量

一般农业灾害和农业巨灾临界值(A)的确定,是农业巨灾度量和数量刻画的关键要素之一,本书在参考国内外的通行做法的基础上,采用专家咨询法,分别从农业巨灾承灾农户、农业保险公司、政府三方面的客体进行界定。本次调查选取了250个国内外权威人士和典型代表,其样本分布情况如表2－5所示:

表2－5　　　一般农业灾害和农业巨灾临界值(A)调查样本情况

所在单位	样本数	比例(%)	有效样本数	比例(%)
大学和研究院所	100	40	98	42.4
政府部门	50	20	46	19.9
保险公司	50	20	45	19.5

所在单位	样本数	比例（%）	有效样本数	比例（%）
典型农户	50	20	42	18.2
合　　计	250	100	231	100

如上研究所述，农业巨灾临界值（A）是一个相对概念，本书从承灾农户、农业保险公司、政府三个方面对农业巨灾临界值（A）进度度量和数量刻画。

其中：

基于承灾农户的巨灾临界值$(A) = \dfrac{F_s(s)}{T_c} \times 100\%$，其中，$F_s(s)$为一次性灾害承灾农户灾害累计损失，$T_c$为承灾农户总资产，包括固定资产、存款、应收账款和预期收益等。

基于保险公司的巨灾临界值$(A) = \dfrac{F_s(s)}{T_c} \times 100\%$，其中，$F_s(s)$为一次性灾害保险公司灾害累计损失，$T_c$为保险公司赔付能力，包括总资产、总准备金等。

基于政府的巨灾临界值$(A) = \dfrac{F_s(s)}{GDP} \times 100\%$，其中，$F_s(s)$为一次性灾害政府管辖区域内灾害累计损失，$GDP$为当年政府管辖区域内国民生产总值。

根据231份有效样本的调研数据，采用求集中度的均值方法，分别从承灾农户、农业保险公司、政府三个方面对农业巨灾临界值（A）进行分析，其结果如表2-6所示。

表2-6　　一般农业灾害和农业巨灾临界值（A）度量和数量刻画

受灾客体	最小值（%）	最大值（%）	均值（%）	标准差（%）
承灾农户	30	80	50	10.25
农业保险公司	10	100	30	15.32
政　　府	0.005	0.02	0.01	0.0021

2. 基于不同受灾客体的农业巨灾临界值度量和数量刻画

下面结合我国的具体情况，按照三个不同的客体来进行临界值度量和数量刻画。

（1）基于承灾农户的巨灾临界值度量和数量刻画。以我们调研的 30 家典型农户为例，其平均总资产为 81600 元，其中固定资产、存款、应收账款和预期收益分别为 51400 元、13460 元、1240 元和 15500 元，按照承灾农户的巨灾度量标准，农业巨灾为发生一次灾害累计损失超过 40800 元（81600×50%）的农业灾害。

（2）基于经营农业保险的经纪公司的农业巨灾临界值度量和数量刻画。目前，经营农业保险的公司越来越多，但主要是地方特别是省级农业保险公司居多，多为区域性的保险公司，也有部分跨区域的保险公司开始涉足农业保险，但总体实力不够，承保能力十分有限。以安徽国元农业保险有限公司为例，该公司 2008 年成立，注册资本 10 亿元人民币，以服务"三农"为重点，实行农业保险业务和财产保险业务并存发展的模式。到 2012 年年底，公司总资产为 2.807 亿元，巨灾风险总准备金为 1.91 亿元。对于安徽国元农业保险有限公司来说，如果一次农业灾害累计损失大于 1.4151 亿元（4.717×30%）的就可以称为农业巨灾。

（3）基于政府的农业巨灾临界值度量和数量刻画。根据基于政府的巨灾临界值度量方法，把一次性农业灾害累计损失超过当年 GDP 的 1‰ 定性为农业巨灾，该标准也是国际认可的巨灾标准（T. L. Murlidharan，2001）。以 2011 年河南省为例，2011 年河南省的 GDP 是 21165 亿元，如果发生一次性农业灾害累计损失超过 21.165 亿元便可以称为农业巨灾，否则就是一般性农业灾害。该视角可以适用于农业巨灾宏观研究，本书就按照这个标准，展开我国农业巨灾损失、经济发展影响、风险分散组合拟合分析等研究。

四　结论

目前，国内外对巨灾风险的定性度量难以准确描述，为巨灾风险管理中的经营者如管理者、投保人和保险人带来较大麻烦。巨灾绝对临界值的度量标准难以适应社会经济的变化。本书试图探讨一种相对值的度量标准对巨灾进行数量刻画，认为农业巨灾就是指小概率发生且一次灾害损失大于预期、累计灾害损失超过承受客体（主要有承灾农户、农业保险公司和政府）承受能力的事件。综合国内外通行做法，采用专家咨询法，在调研 231 个有效样本后认为，基于承灾农户、农业保险公司和政府的农业巨灾度量标准分别是一次性灾害累计损失超过其总资产、赔付能力和

GDP 的 50% 、30% 和 1‰，否则就是一般性农业灾害。

农业巨灾的相对临界值度量标准，不仅仅明确了一般性灾害和巨灾的区别，更重要的是给我国农业巨灾风险管理（包括管理体制、管理政策、风险分散技术和手段、风险产品及衍生品开发等）提供了依据，以便更加有效地提升我国农业巨灾风险管理能力和水平。

第二节　农业巨灾风险

最近几年全球范围内的农业巨灾风险损失已严重影响到各国的经济发展，因灾引发的保险理赔数额日益增加，巨大的保险理赔使政府、保险经纪公司必须思考如何科学、合理地承担巨灾风险，如何通过承保巨灾风险获得风险收益，维持稳定经营。客观、公正地理解农业巨灾风险是建立农业巨灾风险分散机制的基础。

一　风险、巨灾风险、农业巨灾风险

从广义上看，风险泛指某一时间发生的可能性以及发生后果的各种组合，既包含发生与否也包含发生后的各种可能情况。保险理论风险仅指损失的不确定性，包括发生与否的不确定、发生时间的不确定和导致结果的不确定。由于对风险的理解和认识程度不同、研究的角度不同，即便在保险领域里，学术界对风险的内涵也没有统一的定义，但以下三种观点较为常见。第一，风险指相对结果而言的不确定性。C. A. Williams（1985）认为风险是在限定条件下（时间、地点）结果的不确定性。March 和 Shapiro、Brnmiley、Markowitz 等则认为风险是放置到一定的领域里限定结果，如收益分布的不确定性、证券资产的各种可能收益率的变动等。第二，风险是相对损失而言的不确定性。J. S. Rosenb（1972）与 F. G. Crane（1984）均从损失的角度认为风险即损失的不确定性；段开龄认为风险是指可能发生损失的损害程度的大小。第三，根据风险的形成机理界定风险，认为风险是要素相互作用的结果。一般认为风险要素主要有三个：风险因素、风险事件和风险结果，其中风险因素为必要条件，风险事件为充分条件。

巨灾风险（Catastrophe）出自希腊文 Katasrtophe，即"异常的灾祸"，专指出现概率低但造成损失惨重的重大灾害，如风潮暴、洪涝、泥石流、

干旱等，通常具有突发性、无法预料、无法避免而且危害特别严重的特点，如地震、飓风、海啸、洪水等所引发的灾难性事故。

综上所述，不妨这样理解巨灾风险，即在一定时间内巨灾事件造成的利益损失的不确定性。结合前文对农业巨灾的界定，本书认为农业巨灾风险指小概率且一次损失大于预期或累计损失超过承受客体承受能力的事件。具体地说，农业巨灾风险指一次性灾害累计损失超过承灾农户总资产的50%、农业保险公司赔付能力的30%、政府 GDP 的1‰的农业灾害性事故。

二　农业巨灾风险类别

根据不同的标准，可将农业巨灾风险分成多种不同的类别。比较有代表性的有两种方式。

1. 从风险结果的损失严重程度划分

综合考虑农业巨灾风险的经济损失、人员伤亡、辐射范围、发生频率、周期长短等特点，根据其严重程度，可分为常态农业巨灾风险和异态农业巨灾风险。前者指在一个保险期间发生的、标的之间彼此相容的巨灾风险，如气候性灾害中的暴风雨、冰雹等。常态农业巨灾风险特点是发生概率低，但较为常见，造成的损失很大，保险公司一般不愿意经营此类保险业务。后者是指保险年度内发生概率很小的巨灾风险，如地震、洪水等自然灾害。异态农业巨灾风险的特点是在一个保险期内难以预测其可能性，一旦发生，损失规模就很大，对保险公司常态经营造成严重打击，甚至难以承受这种损失，可能会导致其破产。但二者之间的区别并不是绝对的，如一般情况下地震等灾害认定为异态性巨灾风险，但在活动频繁、震级较小的地带爆发的地震可视为常态性巨灾风险；干旱一般认定为常态巨灾风险，但在某些年份，其造成的损失规模较大时，可视为异态巨灾风险。

2. 从巨灾产生的诱因的角度划分

从巨灾产生的诱因的角度划分，农业巨灾风险也可分为自然灾害风险和人为灾难风险。因自然灾害造成了损失不确定性，如泥石流、旱灾、洪灾、台风等，视为自然灾害风险。虽然是自然灾害但是其损失大小既跟自然力的强度有关，也跟承灾体本身的人为因素有关，也与灾害发生区域特点有关，涉及群体多、补偿额度大。人为灾难风险指因人类活动造成的灾害损失不确定性，如病虫害、重大火灾、交通灾难以及恐怖活动等，通常只是小范围内某一大型标的物受到影响，涉及群体少，风险大。这两种类型的风险也会遇到边缘性问题，如因风暴造成的交通灾难或因人类活动造成的泥石流等，很难将其确切划归为哪一类风险。

三 农业巨灾风险特征

1. 不确定性强

从风险的定义看，风险都具有不确定性，但农业巨灾风险这一特征尤为突出。农业是我国的弱质产业，受自然环境影响最大，而自然环境短时间内相对稳定，但巨灾总是在稳定中发生，远远超出了人类对自然灾害的预测能力和监控能力。同时由于大部分农产品的需求弹性小，在市场经济体制下，农业生产者和经营者对市场依赖性和从属性非常明显，作为典型的价格接受者，对价格的可控性很差，也导致农业巨灾风险高度的不确定性，这也是农业巨灾风险机制难以顺利建立的一大原因。

2. 风险单位大且相关度高

风险单位是指保险标的发生一次灾害事故可能造成的损失范围。在农业巨灾风险中，一个风险单位包含成千上万个保险单位，如洪灾、旱灾、风灾等常见的农业风险常常是受灾区域内全部同类保险对象构成的一个风险单位，通常在同一时间内发生损失。由于风险单位多处于同一时间、同一区域，使农业巨灾风险单位在时间与空间上具有高度的相关性。农业巨灾风险单位之间的高度相关性又反过来制约着风险单位在发生巨灾后的协调能力，使农业巨灾风险分散更加困难。而且，因大量的风险单位聚集在同一风险事件中，加重了农业巨灾风险造成波及损失的乘数效应，不仅是农业，其他行业，如制造业、加工业、服务业等相关行业甚至整个国民经济系统都会受到牵连。

3. 区域性强

农业不同于其他行业，受气候与自然资源条件影响较大，不同区域间农业巨灾呈现出不同的特征，加上农业巨灾受灾对象不同，人口密度、经济发展水平、发展潜力等承灾体特性差异，使农业巨灾风险呈现典型的区域性。农业巨灾风险区域性特征主要体现在灾种分布、抗风险能力两个方面。首先，灾种分布呈现出区域性，处在同一区域尤其是自然区域（非行政区域）的地方因地质地貌、气候气象具有极强的相似形，发生的灾害种类往往是相同的，因灾害造成的损失程度也具有区域性差异。以中国为例，西部区域如四川、西藏、青海、新疆等沙漠、干旱等气候恶劣程度相似的地方，其主要农业巨灾灾种为旱灾、沙尘暴、泥石流等；中部区域主要分布在我国长江、黄河的中游地带，旱灾、地震等灾种较少，但洪灾较为严重；东部区域主要是环海地带，如江苏、浙江、福建等沿东海、黄海的沿海地区，其主要灾害种类为台风、风暴潮。其次，抗风险能力的区域性。我国农业生产经营对象不同，各地农村人口密度分布不均，经济发展水平不尽相同，抗风险能力也表现出很强的区域性。我国西部地区农业灾害直接经济损失值一般较小，但由于抗灾能力较弱，区域经济比较落后，直接经济损失率一般比较大，而东部沿海地区农业灾害直接经济损失值一般较大，但由于抗灾能力强，区域经济发达，直接经济损失率为中等或较小。

第三节　农业巨灾风险分散

农业巨灾风险具有发生频率高、巨额损失、多样性等特征，而且各国农业巨灾是不可避免的，但合理地对农业巨灾进行分散，能够帮助灾后农户、农村、农业渡过巨灾难关，有利于灾后重建工作的顺利开展。

一　风险分散

风险分散又称风险转移，是风险处理的一种选择方式。一般情况下，发生巨灾后，农户可选择风险降低、风险自留和保险三种方式进行风险分散。农户首先可采取一些及时、合适的措施弱化风险，如灾前预防、灾中控制等即为风险降低；如果巨灾发生后农户选择自己承担风险即为风险自留；保险是采取各种方式将巨灾风险向保险市场、资本市场分散的方式，其主要工具是保险、再保险、巨灾衍生工具。

保险是一种合同行为，双方当事人在法律地位平等的基础上，签订合同，将风险转移给保险人而对偶然损失进行共同分担的一种机制。当事人承担各自的义务，享受各自的权利。投保人通过交纳一定的保险费，将本应自行承担的风险损失转嫁给保险人；保险人按照约定的合同有向被保险人进行赔偿的义务。对于投保人来说无论灾害发生与否，都有按期支付保险费的义务，才能获得风险减轻或消化的权利。农业巨灾保险作为农业巨灾风险转移的一种市场化手段，鼓励农户主动购买保险，可使农户在巨灾发生后获得及时的经济补偿，帮助农户灾后重建、恢复生产。

再保险（reinsurance）是保险人进一步化解风险的一种方式，即利用分保合同，再次对其所承保的部分风险和责任在原有保险合同的基础上转嫁给其他保险人进行投保，即保险的保险，又称分保。其中转让业务的一方称原保险人，接受分保业务的一方称再保险人。原保险人一般是承担各类保险业务的保险公司，其承担农业巨灾风险的能力由资本金和公积金数量决定。为提高资本金和公积金数量，原保险公司必须达到一定投保规模和业绩以保持经营连续性，增强财务稳定性和竞争能力。原保险也可以将其承保的风险进一步转移，即原保险人对原始风险的纵向转嫁，即第二次风险转嫁以提高其财务稳定性。农业巨灾带来的风险损失往往非常巨大，发生一次巨灾可能对一个保险公司来说是致命打击，使得保险人无力通过集合大量风险单位来分散风险，但通过保险人的投保活动，寻求较大范围内的保险机制就可以实现将风险分散。国际再保险业出现于14世纪，历经几百年的发展，已相当成熟，形成了多种灵活的分保形式。面临巨灾风险，一般的保险人很难仅凭自身实力承担巨灾损失的赔偿责任，作为保险人化解巨灾风险的手段，再保险对固有的巨大风险进行有效分散，可以有效分散特定区域内的风险，使巨灾风险向区域外扩散，利用巨灾区域外围的资金相互分保，扩大风险分散面，可以有效化解巨灾风险，不至于使原保险公司受到致命打击。

由于保险精算的大数定律在面对发生频率低、不可预测、损失大的巨灾时已不适用，保险市场的融资效率低，累积风险不可行，保险的相对优势丧失。而如果把资本市场里的风险分散工具应用到农业保险里，将资本市场里的巨额资金引入农业保险市场，巨灾损失也相对渺小，因此就产生了巨灾衍生工具。第一个真正意义上的巨灾保险衍生品合同由 CBOT（Chicago Board of Trade）于 1992 年 12 月正式发行，后发展为巨灾期货期权合同。目前已经有 10 多种巨灾保险衍生品，如巨灾债券、巨灾互换、行业损失担保、巨灾风险信用融资和巨灾权益卖权，其中巨灾债券是最为活跃、最具代表性的工具。

二 农业巨灾风险分散手段

农业巨灾风险分散手段主要包括财政、保险、社会捐助和国际支援四种方式，其中财政、保险两种方式是我国农业巨灾风险分散机制的主体，社会捐助和国际支援两种方式因出于自愿原则，受各种因素的影响与制约，具有不稳定性，可作为农业巨灾风险分散的辅助方式。

1. 财政手段

财政手段以政府为主体，依靠财政和行政手段，对农业巨灾风险进行管理、分摊和补偿，具有明显的行政性和计划性，是我国最常见的灾后应急措施。财政手段能够迅速调动全社会资源，能够在最短时间内将分散的社会资源集中调配至救灾前线，再利用行政手段调拨生活必需品和医疗必需品，有序地进行救灾和灾后重建，帮助受灾群体重新获得生产和持续发展的能力，维持社会稳定，实现社会和谐。

财政手段通过政府承担巨灾补偿责任，不需要经过复杂烦琐的审批程序，能够满足巨灾补偿的应急性，而且政府能够在最短时间内建立有预见性的救灾体系，及时有效地调度资金，为灾后建设提供重要的财力、物力保障，政府部门作为农业灾害损失补偿的最后一道防线，具有不可替代的优势。但是财政手段也存在许多的不足。首先，巨灾发生的不规律性与财政年度预算难以调和。巨灾尤其是自然灾害的发生具有不确定性，而政府进行财政拨款受制于当年的财政预算，这种不平衡在实践中影响政府财政补贴的补偿效果。如果为了满足重灾年份的需要，而不得不追加救灾拨款则会造成下一年度收支失衡，阻碍国民经济建设的正常发展。其次，救灾标准呈现的刚性增长与国家财力不足存在冲突。一方面，灾害补偿标准随着物价与人工成本的上涨而不断攀升；另一方面，国家财力虽然也有大幅度增长，但与灾害损失及灾害救济相比，仍然有限。二者之间的冲突使政府分散风险能力难以充分发挥。最后，财政手段限制其他方式发挥作用。财政手段通过政府开展，保护了灾民的利益，但也淡化了农民的风险意识，导致社会化救灾程度和农民风险意识下降，越来越依赖政府救济，这对巨灾频繁的国家形成一种潜在风险。除此之外，财政手段依据地区差异、城乡差异、灾种差异采取无偿给付方式，在实践中，灾民因身份不同，享受补偿会有差异，极易制造新的社会矛盾，不利于灾后建设。

2. 保险与再保险手段

保险手段是利用大数法则，参加保险的各方利益主体通过保险市场机制化解风险的工具。目前世界各国普遍采用这种市场运作的农业风险分散工具。保险手段在中央和地方政府的财政支持和扶持下，聚拢保费组建风险保障基金，以市场方式实现巨灾风险分散，是目前较为有效的分散工具。再保险即"保险的保险"，在原保险合同的基础上，原保险人通过签订分包合同转移其承保的部分风险和责任，再保险人也可以继续寻找保险公司形成"再再保险"。利用保险和再保险手段不仅可以通过国内市场实现风险分散功能，还可通过国际市场利用再保险的方式将巨灾风险在国际范围内进行化解，全球不大可能同一时间内发生同一巨灾，因此，将农业巨灾风险从国内转移至国外是未来保险业务的发展趋向。通过市场机制利用保险手段，使保险赔付相对更及时，对保护农民利益、维护农村稳定、促进农业经济发展有着重要的作用。

保险与再保险手段需要相关法律法规确定农业保险及农业巨灾风险管理的政策性支持。农业巨灾保险与商业保险在保险种类、保险分散、保险经营目的等很多方面不同，农业巨灾保险具有准公共性产品特征，需要政府的干预。政府为农业巨灾保险提供多大程度上的补贴，保险公司进行再保险的份额等相关法律法规规定，会制约保险的分散风险功能。另外，对保险公司及从业人员要求高。农业巨灾多来自自然灾害，涉及气候、地貌、环境，农业保险需要多学科的专业知识，才能准确地衡量和掌握各种自然灾害，如震灾、洪灾、旱灾等造成的经济损失情况，建立精细的、完整的、全面的农业巨灾数据库，保障保险公司开发出适宜于特殊的农业巨灾产品。另外，农业巨灾风险具有系统性和伴生性，产生的严重经济损失导致很高的赔付率，尤其是发生地震、洪水等巨灾时，会给原保险公司带来致命的打击。再保险同样具有其缺陷，作为市场化的风险分散手段，其转移风险能力是有限的。首先，由于再保险是将投保对象放置到更大的资本市场上，聚集了相当多的人力、财力，这使得再保险的组织协调工作变得复杂，管理成本相应提升，规模效应难以发挥，制约了再保险分散风险能力。其次，再保险人能够对资本市场开放的程度受制于其自身的财务状况，能够购买再保险的数量、种类等再保险业务也受外在资本实力的制约，加上再保险人本身对巨灾风险担忧使再保险产品的供给更是低下。典型的实例就是 20 世纪 90 年代，政府将巨灾保险的优惠大幅提升，但仍无法刺激再保险公司进行承保或续保，甚至出现再保险人进一步降低巨灾保险产品的供给，导致再保险产品价格急骤攀升。

3. 援助手段

援助手段有国内社会援助与国际援助。国内社会援助是出于人道主义，借助政府、企业和个人的捐赠对灾区和灾民的一种补偿办法。国际援助是国际组织或外国政府、其他机构提供无偿的财政援助、技术援助、物质援助以及其他援助，促进受援助国发展进而促进世界的发展，给援助赋予了极强的人道主义色彩。

国内社会援助可以通过政府民政部门发起，社会公众广泛参与，为灾区和灾民无偿提供法律援助、财政援助、医疗援助、教育援助、生活援助、住房援助、家庭援助等。社会援助体现着浓厚的人道主义思想，是我国传统的社会保障方式，尤其是近年来，随着公益慈善事业在我国的快速发展，国内社会援助尤其是针对暂时性贫困的临时救济在弥补"市场机制"缺陷、优化资源配置、实现公正、国民安定团结、构建和谐的以人为本的社会方面起着不可或缺的作用。各种组织和公众作为社会援助的主力军，扮演着政府难以取代的角色，在巨灾发生后起到的作用越来越重要，与政府救济并驾齐驱。

国际援助依据援助来源可分官方援助与非官方援助。前者通过外国政府、官方的国际机构等提供的援助，如美国自然灾害援助办公室、加拿大国际发展办公室、英联邦世界发展办公室，联合国人道主义事务协调办公室、世界卫生组织等；非官方援助通过非官方的国际机构、私人慈善机构等提供，如国际红十字会、人道主义援助救援委员会等。目前大多数国家包括我国的人道主义援助一般都是通过国际红十字会进行的。

但社会援助作为一种巨灾风险分散方式在分散风险的功能上也受很多方面的制约。首先，社会各阶层的积极性制约着其分散风险功能的发挥。社会援助化解风险能力的高低取决于严密而强大的社会救助网络，没有救助主体的多元化参与，很难从宏观上达到化解风险的目的。其次，社会援助功能的发挥也受救助方式的影响。受助对象受时间、地点及自身条件等因素影响，社会力量参与救助，既可从物质需求，如经济救助、物质帮助、技术援助，也可从精神层次，如心理疏导、精神抚慰出发，提供多元化方式，实现救助的真正目的。最后，社会援助同样需要程序化、规范化的社会救助体系。社会援助的资金来源和资金去向通常由公益性机构、民间组织如"红十字会"依法建立一套程序对资金进行运作和管理，允许、鼓励社会各界力量监督资金运作与管理，通过中间力量的介入实现社会救助体系多元化，提高社会救助的规范性、透明度和公信力。近年来不断发生的公益组织机构的公信力受到质疑的事件，充分暴露出社会援助管理体制存在的问题与不足。

而国际援助往往具有浓厚的政治色彩，使得一些发展中国家得到经济援助的数额日益减少，而"民主、多党制、私有制"等与西方国家政治体制相似的国家得到的援助越来越多，形成援助国家与被援助国家地理分布相对稳定的局面。如美国主要援助拉美和中东地区，而法国主要援助非洲讲法语的国家，英国将南亚和非洲的英联邦国家视为援助的主要对象，日本则主要援助如缅甸、菲律宾、新加坡、文莱等东南亚国家，而石油输出国组织的成员国则主要援助阿拉伯国家。近些年来，国际援助虽是无偿援助，但附加条件日益增多，越来越多的援助国将援助与采购援助国商品和使用援助国的劳务联系在一起，迫使受援国接受不适用的、过时的技术和设备，严重制约着国际援助的作用。援助方对受援助方的救助幅度既受其经济、地理因素等客观方面的制约，也受其政治取向、价值观、与受援助方的关系等主观因素的影响，通常国际援助金额相对受援助方巨额的损失来说只是"九牛一毛"，且受各方面影响，国际援助的时效性相对较差。

　　4. 巨灾金融衍生工具

　　保险与再保险是农业风险市场化的传统分散工具，但随着巨灾爆发频率的加大，人口密度增加、经济飞速发展，使巨灾造成的损失更为严重，间接地导致再保险价格上涨，使农业保险经纪公司加速探索其他的巨灾金融衍生工具，以达到转移和分散巨灾风险的目的。典型的做法就是将农业巨灾风险转移到资本市场上来，随之出现的转移工具有很多，巨灾债券、巨灾风险互换、巨灾期权等。巨灾债券同普通的公司债券一样，通过公开发行募集资本，定期支付本息，区别之处就在于巨灾债券的本金和利息收益取决于巨灾是否发生，没有发生巨灾时，投资者可获取利息收益，并能收回本金。但若发生巨灾，投资者难以收回本金和利息。巨灾风险互换又称巨灾风险掉期，通过处于不同区域内的保险公司间互相交换其承保的保单获取收益，同时实现在地域上的风险分散。巨灾风险期权则是标准化的期权合同，合同以巨灾损失指数为依据，指数大小与损失程度成正比。巨灾期货"对价格的纯粹的赌博"，利用人们对巨灾风险预期与实际巨灾风险的发生的不同对巨灾进行博弈，为巨灾风险设定合理的价格以实现交易。

　　新时期巨灾金融衍生工具确实能解决农业巨灾保险中资本市场不足的问题，但依然无法克服市场机制下逆向选择、道德风险问题，而且新型金融工具的管理费用、价格、技术、流动性等问题也制约着其功能的发挥，使其难以成为主流风险分散工具，而只能作为辅助工具。

5. 国际合作

随着全球化的深入，国与国之间的交流与合作领域不断开阔，农业巨灾风险分散也可以通过国际合作的形式进行化解。从国际合作的深度、层次看，农业巨灾风险分散的国际合作具有多样性。首先，通过政府之间的推动，利用政治、经济等关系实现农业巨灾国际救助的合作，加强信息交流和共享，防范农业巨灾跨国境蔓延，提高国内国际救援的速度、质量。通过国际合作达到国际援助目的是国际社会的共识，但国际援助受救助距离、政治、协调度等影响，不能保障救灾最佳时机。其次，建立国际巨灾风险基金，将国内公众、企业、非政府组织与国际社会的资本聚拢在一起，组建巨灾风险基金，储备起来防范巨灾风险。再次，通过市场国际化，与境外保险机构、外资保险公司、国际金融机构进行保险与再保险合作，将巨灾损失向国外再保险市场分流，拓宽巨灾损失的承担主体，实现保险业的国际化，促进保险业稳定健康发展。最后，将资本市场与国际市场接轨，引进国际资本，将巨灾风险证券化产品引向国际市场，化解国内巨灾风险。

三　农业巨灾风险分散模式

模式是某种事物的标准形式或使人可以照着做的标准样式。农业巨灾风险分散模式是风险主体根据分散风险的目的，为实现分散风险所确认的价值定位而采取某一类方式方法的总称，包括确定风险主体地位，实现分散风险而规定的业务范围，以及风险主体通过什么途径或方式来分散风险。据此，农业巨灾风险分散模式是指风险主体对农业巨灾风险做出反应的一种范式，这种范式在特定的环境下是有效的。

从世界范围看，农业巨灾风险分散模式纷繁复杂，各国根据本国情况形成了独具特色的模式。

1. 按分散的途径分类

从分散的途径看，农业巨灾风险分散模式主要有五种：①市场主导模式。市场主导模式由商业保险公司直接经营的，巨灾保险体系实施市场化操作，基本上由保险公司承保。像销售其他商业保险一样销售巨灾保险产品，投保人可自行选择时机购买，实行非强制性巨灾保险，政府财政也不对巨灾保险进行任何补贴，不参与巨灾保险的经营管理，也不承担保险风险，主要承担防灾基础工程建设、灾前预警和灾害评估等工作。②政府主导模式。以政府作为主体来承担主要承保责任。受农业巨灾风险分散

"需求"和"供给"的双冷现实，市场机制在某些国家难以发挥作用，政府主导模式是一种必然选择。政府主导模式的典型特征是政府通过立法、行政手段、财政资金等直接干预巨灾保险行业，直接主导本国的农业巨灾风险分散管理，或直接参与农业巨灾风险分散，或选择委托代理人参与农业巨灾风险分散，或者给农业巨灾风险分散参与者大量补贴，总之政府担任着巨灾风险中"最后保险人"的角色。③混合农业巨灾风险分散模式。即市场和政府共同参与的承保人体系。混合农业巨灾风险分散模式以加拿大、墨西哥和美国等为代表。这类模式的主要特点是有机地把市场机制和政府行政机制结合起来，即政府和保险公司、再保险公司以及其他形式的能提供农业巨灾保险的企业共同参与，提供巨灾保险，各司其职，各负其责，彼此补充和完善，形成了一个完整的运作模式。④互助农业巨灾风险分散模式。即在政府的支持下，分级成立互助社，按照农业灾害级别和损失不同，每个级别承担相应的农业灾害风险损失。在每个级别的互助社内部，其成员相互互保。此外，政府还需要承担特殊的农业巨灾风险。⑤国际合作农业巨灾风险分散模式。受经济一体化的影响，在 20 世纪 90 年代以后，各国开始尝试通过国际再保险和资本市场进行农业巨灾风险分散。国际合作农业巨灾风险分散模式可以将一国的农业巨灾风险通过再保险市场和资本市场进行分散，也可以通过政府间组建的合作组织进行分散。

2. 按农业巨灾风险承担的主体分类

按农业巨灾风险承担的主体分，农业巨灾风险分散模式主要有三种：①私营模式。在私营模式下，通过市场机制运作农业保险，保险产品供给方为商业保险公司，如私营保险公司、合作保险公司、相互保险社及中介保险机构，代表国家有德国、南非、阿根廷、荷兰、澳大利亚等。②公营模式。在公营模式下，农业保险业务处于政府的直接控制下，政府取代市场，授权给具有相当规模的国营保险公司全权负责农业保险经营，开展保险和再保险业务，代表国家有加拿大、印度、菲律宾等。③公私合作模式。公私合作模式将"公"与"私"结合起来，既要通过市场运作也要通过政府干预。目前"公"即政府干预方式主要是监管与税收，监管方式主要通过立法、司法、行政等手段建立巨灾保险法规、制定巨灾保险制度、政府监督保险公司制度等，税收方式通过财政税收提供保费补贴、管理费用补贴等政府应急补贴；"私"即市场运作主要是商业保险公司通过市场和价值规律经营农业保险产品。公私合作模式将农业巨灾风险在政府与各类保险公司、保险中介之间分摊，化解风险。在实际操作中，政府干预农业保险市场的深度不同，即便是公私合作模式下也有不同的具体方式，如以韩国为典型的政府垄断模式，政府垄断着某些险种的供应，这些险种在别的国家已为私营保险公司经营。美国与法国同为政府控制的商业经营模式，但美国为政府高度控制的商业经营模式，而法国则为政府低度控制的商业经营模式。

这种分类方法还可以继续细分，按照政府有无进行补贴、保险单位的性质、购买农业保险的意愿三个角度，农业巨灾风险分散模式可细化为五种：私营、非补贴；私营、部分补贴模式；公共、非补贴模式；公共、部分补贴、自愿模式；公共、部分补贴、强制模式。

3. 按政府与商业保险公司之间对农业巨灾风险的分摊角度分

从政府与商业保险公司之间对农业巨灾风险的分摊角度看，农业巨灾风险分散模式主要有三种：①自营模式。自营模式与代办模式相反，农业风险全部或大部分由经营保险的保险公司承担，但由于农业巨灾风险高，一般保险公司无力承担，需要通过其他方式继续分散风险，如利用运转农业保险的收益来抵消农业保险的亏损，即"以险养险"。②委托代办模式。在委托代办模式下，农业风险全部或大部分由政府承担，保险公司只是替政府经营保险产品，通过代办保险提取手续费，但不承担风险控制和赔偿责任，而由政府承担。险种保费由政府通过财政补贴提供一定比例，投保人再承担一定比例。③联办共保模式。联办共保模式由政府与企业按约定比例共担风险、分摊保费，充分发挥政府监管职能和企业经营保险专业化技能。从实践看，保费由农户和政府共同承担，风险则由政府与保险公司共担。保险公司按照农业保险保费总收入的一定比例作为管理经费，将支付赔偿后的剩余部分资金作为巨灾基金，以提高抗拒风险能力，理赔方式也采取商业保险公司与政府按约定比例筹资赔付。

第四节 农业巨灾风险分散机制

农业巨灾风险分散机制的构建，涉及政府、法律、市场、各保险主体等多方面的问题，是一个涉及多部门、多层次的复杂过程。基于农业巨灾风险的超强破坏力，普通风险分散机制很难应对，建立合适的农业巨灾风险分散机制是分散风险的路径选择。

一　农业巨灾风险分散机制的基本内涵

机制原指机器的构造和工作原理，包括两个最基本的内容：其一，机器由哪些部分组成和为什么由这些部分组成；其二，机器是怎样工作和为什么要这样工作。机制已被引申到生物学、医学、经济学、管理学等不同的领域。控制论认为"机制"是推动组织良性循环、自我协调的规则与程序的总和，以保持组织平衡、稳定、有序。系统论认为机制是系统内部各子系统互相联系、互相制约、互相协调的内部运作方式。其内涵基本一致，泛指组织内部各种组成部分的相互关系和运行变化的规律。

机制本身就是一项复杂的系统工程，由制度和体制构成，制度规范体制的运行，体制保证制度落实。不同层次、不同侧面的各项体制和制度必须互相呼应、相互补充，不能孤立，更不能简单地以"1 + 1 = 2"来解决，必须整合起来发挥机制的作用。

针对我国农业巨灾风险分散现实情况，本书结合前文对"农业巨灾"、"风险"、"机制"等有关概念内涵的界定，认为农业巨灾风险分散机制的基本内涵是指涉及政策、市场、风险转移工具等的一系列制度安排，具体地说是风险管理主体为了减少巨灾损失，依照国家政策和市场条件，将巨灾风险合理地在保险市场、资本市场和政府之间进行分散的机制。通过巨灾风险分散机制，使风险主体在灾前就预先进行财务分担，使其生产、生活得到有效保障，实现国家经济政策目标，达到农业稳健经营。巨灾风险分散机制的构建是建立健全的农业巨灾风险管理的保障，是农业保险制度中最重要的一环，在不同的农业保险制度安排下，巨灾风险分散机制也有很大差异。

二　农业巨灾风险分散机制的宗旨

恰当地平衡政府与市场的作用是农业巨灾风险分散机制的宗旨，具体地说，农业巨灾风险分散机制中市场与政府是互助关系、互补关系，不是政府取代市场，也不是政府放任不管。通过政府与市场的合理分工和配合，充分发挥政府和市场各自的优势，这一宗旨是由政府机制和市场机制各自的缺陷和优势决定的。

市场机制基于价格规律刺激供需双方，同时也约束供需双方必须在均衡价格下进行交易，具有更为显著的成本约束和效率优势。但市场机制的这些优势在实践运行中也导致很多问题出现。

　　首先，市场化使农业保险的逆向选择和道德风险相比普通商业保险更加严重。农业保险产品的特殊性体现在其保险产品本身缺少使用价值，投保人在投保时难以像选购普通商品一样通过实地观察、对比就获得相对充足的信息进行理性消费，导致保险市场信息不对称。无论是保险的需求者还是供给者均难以获得完全信息，一旦出现信息在供需双方中占有不对称，就很容易被占优势方投机。从供给者角度看，由于完成信息披露会存在应对相关的商务信息进行分类整理、寻找信息发布渠道而产生的直接成本和由于信息披露结果带来的经营情况及商业秘密的泄露而导致的隐性的成本，甚至信息披露减少了"灰色收入"，保险供给方就不会主动对信息进行披露，使保险公司比投保人更具有丰富的信息，另外，投保人一般为农户，受其知识、能力限制，难以理性地过滤掉信息中的噪声，更加重了投保人与保险公司之间信息不对称程度，使得保险公司往往成为信息占有者。从需求方看，投保人会比保险公司更了解所投保商品的实际情况，尤其是风险较高的区域，投保人会不诚实地披露与真实风险有关信息，更有甚者还会提供、杜撰虚假信息，这种事前机会主义行为即为逆向选择，会导致保险公司因经营农业保险致使高赔付率而亏损。道德风险同样存在：比如农户转变经营方式、投保人因参加了投保而不去主观努力降低风险损失，如农户减少化肥、杀虫剂的使用或者疏于管理等。总之，完全市场化会催化农业保险市场中的逆向选择和道德风险，使农业保险公司风险加重。

　　其次，农业保险市场不同于普通产品市场，其具有供需"双冷"的矛盾特征。从保险的需求角度看，保险需求量受投保者的风险偏好、对风险损失补偿期望等因素影响，农户虽然并不是风险规避者，但其收入限制了购买能力，导致农户对于农业保险低投保率和低保障率，难以满足商业保险公司市场运作的要求。从供给方面看，庞大数额的农业巨灾损失使农业保险的可保性差，加上信息不对称造成的高昂农业保险经营成本，使得商业保险公司难以应对因巨灾造成的高损失率、高赔付率、高保费率，抑制了供给量。

　　农业保险历经一个多世纪，无论是国外发达国家还是国内各个区域，还不存在纯粹利用市场机制运营农业保险。但并不意味着运营农业保险要完全依靠政府机制，因为政府机制也存在很多的缺陷。

　　首先，因政府利用财政补贴为风险单位的损失提供补偿，弱化了农业保险的基本功能。农业保险虽有特殊性，但其基本功能与一般保险相同，即通过聚集众多的、分散的风险单位的资本组建风险基金，为承包对象进行补偿。如果将保险产品由政府机制运作，通过财政补贴，补偿经济损失，会使农业保险原始功能被淡化。

其次，政府的直接经营会抑制保险的创新，降低社会资金的使用效率。因信息不对称，政府直接经营农业保险可能推动投保人把本应投向农业保险产品的闲散资金而转投其他风险保险产品。从美国政府在 20 世纪 90 年代加大农业保险补贴的实际情况可看到，政府提高补贴后，并没有提高农业保险的覆盖幅度和深度。也有研究者得出结论，认为如果政府把对农业保险的财政补贴用于农业相关的科研、建设等，可能资金的社会配置效用更大。

最后，政府经营农业保险加重财政负担。众所周知，农业巨灾赔付率高，加之过重的管理成本，使农业保险长期严重亏损，如果全部由政府承担的话，会是相当大的负担。事实上，全球各国极少有财政资金雄厚的国家能够支付得起因巨灾引发的巨额财政支出。

市场机制和农业保险二者自身的特性造成仅靠市场机制或仅靠政府机制进行农业巨灾风险分散会存在问题，只能通过政府与市场互相干预才能避免。因此，农业巨灾风险分散机制中，如何处理二者之间的关系尤为重要，市场要充分发挥其效率优势才能使农业巨灾风险业务开展下去，政府要为促进农业保险市场的成熟做出应有的干预。

三　农业巨灾风险分散机制的目标

农业保险的市场化经营应该是建立农业巨灾风险分散机制的目标，但这种市场化应该是通过政府机制的引导而实现的。

作为国民经济的基础行业，农业不仅对农户、农民、农村有直接影响，更是对经济可持续发展产生乘数效应，处理好农业保险问题应是农业巨灾风险分散机制的目标，应在农业各领域中广泛推行农业保险，引导农户改变选择自留风险的方式，来分散和降低农业生产风险。农业保险的参保率低已是一个普遍问题，农户面临灾害时，通常会选择传统的分散方式，如靠个人积蓄自我分散，或举债亲朋好友或等待政府救济，但由于农业巨灾时间和空间的高度相关性，在较短的时间内，可能使跨越几个省市的风险单位同时受损，使传统的分散方式受阻，农户会面临"一灾穷一生"困境。

保险经营是以大数法则和概率论为理论基础，跨越时间和空间限制，以"取之于面，用之于点"的方式分散局部风险、补偿风险损失，稳定农业生产，保障农民收入。作为现代农业风险管理的主要方式，农业保险被多数国家和地区采用。但农业巨灾的高度相关性，导致同一区域内的风险单位越大，保险公司承受的损失也越大。因此，单纯通过提高农业保险的风险单位，无法刺激商业保险公司承担农业风险。

农业保险的作用既要通过市场化经营也要通过政府引导。通过市场化有效配置发挥农业保险的基础性作用，让农户主动积极参保、自愿参保、自担风险，创新农业保险产品改变以往农户参保保险覆盖面过小无法分散大面积的巨灾风险的局面，利用准入制引导保险机构进入农保市场，利用价格机制的刺激、约束作用改变农业保险的供需"双冷"局面。农业保险的市场化经营效率高，使社会运行成本大幅度下降，但是农业保险自身特殊性和现实复杂性决定了不能单纯只通过市场机制发展农业保险，因此农业保险的市场化应该是在政府引导下实现的，通过宏观调控对市场进行合理干预，使价格天平恢复平稳，为农业保险市场运行机制创造良好的条件，建立科学合理的引导机制，以实现农业保险走市场化经营目标。

四　农业巨灾风险分散机制的关键

农业巨灾风险的分散机制涉及多层面的问题，建立农业巨灾风险分散机制，关键在于政府引导农业保险的方式和农业保险市场化运作相结合。具体地说，农业巨灾风险分散机制的关键有五个方面。

1. 合作共生

由于我国农业巨灾损失及农业巨灾风险分散现状，决定了单独依靠一个分散主体是无法承担农业巨灾风险的，所以，农业巨灾风险分散主体之间的合作共生是必然的选择。一方面，要做好现有农业巨灾风险分散主体（受灾农户、政府、农业保险企业、社会捐赠组织）合作共生工作，推动其合作共生行为模式和组织模式的演进；另一方面，积极创新农业巨灾风险分散主体，发展包括农业巨灾基金、债券等在内的农业巨灾金融衍生产品，探索新的合作共生行为模式和组织模式。

2. 法律制度

农业保险是稳定农村和发展农业、保护农民的一项重大决策，涉及农民、保险公司、再保险公司、政府，覆盖面相当广泛，容易发生投保人与保险经营者之间的矛盾纠纷、市场机制与政府机制之间的不协调，农业保险要顺利发展，离不开相应的法律法规保障，因此，建立农业巨灾风险分散机制的首要问题就是借助于法律制度的"顶层设计"，对保险公司的目标、保障范围、保障水平、组织机构与运行方式、应得到的政策予以法律支持，对农民的投保方式、强制性、自主性、相关权利应确立法律依据，保险费率的形成机制、农业保险再保险机制等都应当在相应的法律中予以明确，国家应该在立法上给农业保险一定的地位。但农业保险特殊性和复杂性限制着普通《保险法》在农业保险上的应用，因此，需要为农业保险提供专业法律、法规的保障平台，让农业保险经营走上规范化的发展道路，以更好地为农业服务。

3. 政府政策

农业保险商品的特殊性决定了其具有准公共产品性质，既不同于私人物品也不同于典型公共物品，使其发展目的既要考虑保险经纪公司的盈利能力，更要考虑农户、农民、农业的安居稳定和长期发展问题。从实践经验看，发展农业保险需在政府政策的保护下，通过政府主导，制定适应本国、本区域农业保险的财政补贴、金融支持、税收优惠等政策措施，解决农业保险市场化过程中的问题和障碍，规范和保障农业保险的市场化运营，以提高农业生产的抗风险能力。利用其权力保障农业保险相关政策、法规顺利实施，使农业保险业务顺利运行，实现农业保险的计划目标。

4. 工具创新

农业巨灾造成相当严重的经济损失和人员伤亡，有效分散农业巨灾风险是建立农业巨灾风险分散机制中关键的问题。开发出适合本国、本区域农业风险分散工具对提高农户、企业的抗风险能力相当重要。农业巨灾风险分散机制的工具创新应围绕政府、社会、企业进行，其中尤以企业为重点。

首先，政府和社会层面上，创新救助工具是关键。无论是政府救助还是社会救助、国际救助，都应积极创新政府财政、民间募集、国际救济的传统救助工具，如建立政府为主体的农业巨灾损失基金，多渠道筹集资金。

其次，企业层面上，创新保险及金融工具是关键，这是目前分散农业保险工具创新的关键之关键。不断对农业巨灾风险分散工具进行创新，开发丰富多样的农业巨灾保险品种，增强全社会应对农业巨灾风险的能力，缓解投保人对农业巨灾保险产品需求不足与保险公司因经营风险过大供应不足的"双冷"局面。但传统的农业保险工具存在不同程度的缺点，需要在传统的保险管理工具基础上，将保险市场面临的农业巨灾风险通过利用资本市场进行转移是农业巨灾风险分散机制的发展趋势。巨灾债券、巨灾期货、巨灾期权等风险证券化工具的开发，不断创新巨灾再保险产品，促进保险公司与再保险公司的良性合作，保障保险公司的财务稳定，大大拓宽了保险公司的外部融资渠道，增强了转移分散风险的能力。

5. 组织体系

农业巨灾涉及面广，区域经济发展不平衡，风险分布和保险需求均有很大差异，一旦发生农业巨灾，受灾农户、政府、社会救助单位、保险企业、金融机构、社会中介等组织在责任、信誉和政策等作用下，形成各种各样复杂的组织，但这些组织既具有边界模糊、关系松散的虚拟组织特点，又具有边界清晰、关系密切和管理规范等特征的实体组织的特征，健全的组织体系是统一指挥、统一协调的前提，因此巨灾发生时，各类组织如保险公司、金融机构、民间组织等紧密结合、互相协调，才能降低因巨灾造成的损失。

对于因巨灾发生形成的虚拟组织，不存在真正意义上的上下级隶属关系，如受灾农户、政府、社会救助组织、金融机构、中介组织和其他组织之间，因各种原因如责任、信誉、政策、契约、股权、人道主义形成临时的互助、互利的关系，开展政府农业巨灾救助、社会农业巨灾救助、受灾农户互保、银行农业巨灾贷款、农业巨灾基金、农业巨灾保险、农业巨灾再保险和农业巨灾金融衍生品等共生产品开展农业巨灾风险分散。这些虚拟的组织之间如何实现各类信息共享，提高信息及时性和权威性，优化救灾资源合理配置，如何实现农业巨灾风险分散技术共享，如防灾减灾技术、救灾技术、信息技术、金融技术等以更快的速度，更小的风险，更低的成本生产出来，将农业巨灾迅速地分散是这些虚拟组织需要通过数据库、组织沟通、组织协调来实现的。

在农业巨灾这类特殊的风险产品分散组织体系中，建立健全的农业保险公司组织体系也是农业巨灾风险分散机制中重要的内容。政府不仅鼓励商业保险公司发展农业保险产品，还要积极引导组织如农业协会、企业、金融机构参与到市场上来。保险经营者要主动与相关组织进行合作，对巨灾频发区域实地调研、采用先进手段进行巨灾预测与防范，为防范巨灾发生提出预防方案，积极探索创新保险产品，尽力减少受灾农户、政府的损失。保险公司与再保险公司应立足国内、放眼全球，在承保后积极寻求再保险以分散风险，减少因巨灾风险的集中性和损失的巨大性给保险公司和再保险公司带来的巨额的赔偿责任，提高商业保险公司运营能力。对于巨灾发生后，因契约、合同和股权等形成的实体组织，如农业巨灾互保组织、农业巨灾基金组织、农业巨灾保险组织、农业巨灾债券组织、农业巨灾贷款组织、农业巨灾金融衍生品组织、农业巨灾社会中介组织和其他组织等，要通过农业巨灾互保、农业巨灾基金、农业巨灾保险、农业巨灾债券、农业巨灾贷款和农业巨灾金融衍生品等产品实现农业巨灾风险的分散。农业巨灾风险分散的实体组织因为契约、合同和股权等因素会续存，不因巨灾结束而中断，保持这一组织协调、畅顺运作，对救灾、减灾工作有重要意义。

第三章 我国农业巨灾风险现状

我国是农业巨灾风险频发的地区，每年造成了巨大直接经济损失，一般年份占到GDP比重的6‰以上，其中，洪灾、旱灾、台风和地震是我国农业巨灾的主要灾种。受灾人口、死亡（含失踪）人口、紧急转移安置人口、农作物受灾面积和农作物成灾面积等方面的影响不断加大，直接影响到了我国社会稳定和经济健康持续发展。

第一节 农业巨灾直接经济损失情况

一 历年农业巨灾直接经济损失情况

按照国际巨灾划分的通行标准，把自然灾害造成的直接经济损失超过当年GDP的1‰的灾害称为巨灾。按照这个标准，我国历年的农业巨灾直接经济损失、历年GDP和相互比例等总体情况如表3-1所示。

表3-1　　　1950—2013年我国农业巨灾直接经济损失情况

年份	农业自然灾害损失（亿元）	GDP（亿元）	农业自然灾害损失占GDP比重（‰）	是否为农业巨灾
1950—1959	480	9105.19	52.72	是
1960—1969	570	15568.06	36.61	是
1970—1979	590	29667.32	19.89	是
1980—1989	690	91316.21	7.56	是
1990	616	18667.82	33.00	是
1991	1215	21781.5	55.78	是
1992	854	26923.48	31.72	是

年份	农业自然灾害损失（亿元）	GDP（亿元）	农业自然灾害损失占 GDP 比重（‰）	是否为农业巨灾
1993	993	35333.92	28.10	是
1994	1876	48197.86	38.92	是
1995	1863	60793.73	30.64	是
1996	2882	71176.59	40.49	是
1997	1975	78973.04	25.01	是
1998	3007.4	84402.28	35.63	是
1999	1962	89677.05	21.88	是
2000	2045.3	99214.55	20.61	是
2001	1942.2	109655.17	17.71	是
2002	1717.4	120662.69	14.23	是
2003	1884.2	135822.76	13.87	是
2004	1602.3	159878.34	10.02	是
2005	2042.1	184937.37	11.04	是
2006	2528	216314.43	11.69	是
2007	2363	265810.31	8.89	是
2008	11752.4	314045.43	37.42	是
2009	2523.7	340902.81	7.40	是
2010	5339.9	397983.15	13.42	是
2011	3096.4	471564.00	6.57	是
2012	4185.5	519322.00	8.06	是
2013	5808.4	568845.00	10.21	是
合计	68404.2	4586542.00	14.91（平均）	是

资料来源：根据《中华人民共和国减灾规划（1998—2010年）》、《中国统计年鉴》和《中国气象灾害统计年鉴》等整理。

总体看来，按照国际标准，我国历年自然灾害所造成的直接经济损失占GDP的比重都大大超过了1‰，达到了农业巨灾的标准。最低是2011年，自然灾害所造成的直接经济损失占GDP的6.57‰，最高的是1991年，自然灾害所造成的直接经济损失占GDP的55.78‰，自然灾害所造成的直接经济损失平均占GDP的14.91‰，相比较美国

（比例约为6‰）和日本（比例约为8‰）等国家而言，我国自然灾害所造成的直接经济损失占GDP的比重明显偏高。

分析我国农业巨灾直接经济损失变化情况，不难发现，总体呈现快速增长态势（见图3-1）。特别是进入20世纪90年代以后，农业巨灾直接经济损失大幅度增加，其中，1990—1999年农业巨灾直接经济损失比1980—1989年增加2399.04%，2000—2009年农业巨灾直接经济损失比1990—1999年增加76.30%。数据显示随着我国国民经济的快速发展，在经济总量快速增长的情况下，农业巨灾的直接经济损失也在迅速增加。

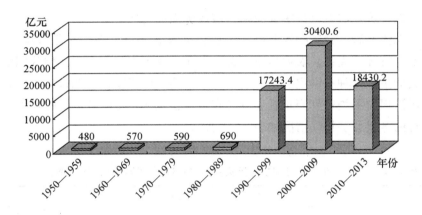

图3-1 我国农业巨灾直接经济损失年代变化

分析不同年代的农业巨灾直接经济损失占GDP的比重情况（如图3-2所示），可以发现，总体呈现下降趋势，20世纪50年代所占比重最高，为52.72‰，60年代、70年代和80年代呈现快速下降趋势，80年代为7.56‰，是历史最低点，进入90年代以后有所上升，并且维持在较高水平。20世纪50年代、60年代和70年代比重之所以较高，一方面是因为农业巨灾造成的直接经济损失较大，另一方面，与国民经济总量不大也有直接关系。进入20世纪90年代以后，农业巨灾直接经济损失不断增加，同时，国民经济总量也在快速增长，所以其比重不太高，但一直在高比重位置徘徊。

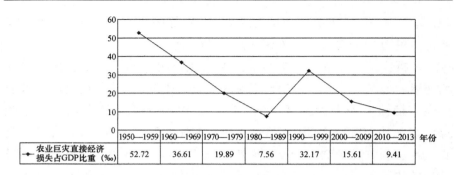

	1950—1959	1960—1969	1970—1979	1980—1989	1990—1999	2000—2009	2010—2013	年份
农业巨灾直接经济损失占GDP比重（‰）	52.72	36.61	19.89	7.56	32.17	15.61	9.41	

图 3 - 2 我国农业巨灾直接经济损失占当年 GDP 比重年代变化图

二 历年农业巨灾主要灾种直接经济损失情况

总体来看，我国的农业巨灾主要包括农业气象灾害、农业海洋灾害、农业生态环境灾害、农业地质灾害和农业生物灾害五个大类。但我国农业巨灾的主要灾种有洪灾、旱灾、台风和地震四种类型，这四种灾害类型直接经济损失平均占到当年农业巨灾直接经济损失的 81.95%，这四类主要灾种的直接经济损失情况如表 3 - 2 所示：

表 3 - 2 1978—2013 年我国农业巨灾主要灾种造成的直接经济损失情况

年份	洪灾		旱灾		台风		地震		合计占农业巨灾直接经济损失比重（%）
	直接经济损失（亿元）	占农业巨灾直接经济损失比重（%）	直接经济损失（亿元）	占农业巨灾直接经济损失比重（%）	直接经济损失（亿元）	占农业巨灾直接经济损失比重（%）	直接经济损失（亿元）	占农业巨灾直接经济损失比重（%）	
1978	156.7	2.02	64.14	40.93	43.1	27.50	0.42	0.27	70.73
1979	138.4	2.67	39.79	28.75	29.6	21.39	2.25	1.63	54.43
1980	206.3	20.07	58.78	28.49	39.4	19.10	0.34	0.16	67.82
1981	188.4	17.80	64.27	34.11	32.6	17.30	16.20	8.60	77.81
1982	219.5	18.69	60.22	27.44	103.8	47.29	0.16	0.07	93.49
1983	149.81	33.18	51.15	34.14	35.11	23.44	4.53	3.02	93.78
1984	163.19	21.05	53.45	32.75	30.72	18.82	20.40	12.50	85.13

续表

年份	洪灾		旱灾		台风		地震		合计占农业巨灾直接经济损失比重（%）
	直接经济损失（亿元）	占农业巨灾直接经济损失比重（%）	直接经济损失（亿元）	占农业巨灾直接经济损失比重（%）	直接经济损失（亿元）	占农业巨灾直接经济损失比重（%）	直接经济损失（亿元）	占农业巨灾直接经济损失比重（%）	
1985	249.86	18.82	79.8	31.94	69.71	27.90	16.80	6.72	85.38
1986	294.98	23.85	82.6	28.00	98.4	33.36	15.60	5.29	90.50
1987	272.54	15.27	127.42	46.75	54.12	19.86	18.30	6.71	88.60
1988	314.5	25.55	125.3	39.84	68.14	21.67	16.20	5.15	92.20
1989	419.09	38.18	131.25	31.32	101.78	24.29	5.20	1.24	95.02
1990	367.08	65.11	57.87	15.76	56.01	15.26	6.74	1.84	97.97
1991	594.45	46.93	106.5	17.92	98.85	16.63	4.42	0.74	82.22
1992	519.85	79.25	48.4	9.31	39.43	7.58	1.60	0.31	96.46
1993	637.65	69.16	46.5	7.29	38.59	6.05	2.84	0.45	82.95
1994	1209.06	14.13	30.24	2.50	109.4	9.05	3.29	0.27	25.96
1995	1127.03	14.67	55.8	4.95	103.8	9.21	11.64	1.03	29.86
1996	1204.29	67.09	78.6	6.53	210.79	17.50	46.03	3.82	94.95
1997	1702.23	54.63	261.4	15.36	334.56	19.65	12.52	0.74	90.38
1998	1510.85	69.83	264.8	17.53	21.95	1.45	18.42	1.22	90.03
1999	1540.85	60.36	286.3	18.58	196.96	12.78	4.72	0.31	92.03
2000	1933.39	36.80	492.5	25.47	176.48	9.13	14.68	0.76	72.16
2001	1942.2	32.08	539.7	27.79	343.27	17.67	14.84	0.76	78.31
2002	1717.4	48.79	325	18.92	196.78	11.46	1.48	0.09	79.26
2003	1884.2	63.18	366	19.42	57.41	3.05	46.60	2.47	88.12
2004	1602.3	30.92	261	16.29	231.04	14.42	9.50	0.59	62.22
2005	2042.1	37.86	223	10.92	762.02	37.32	26.28	1.29	87.38
2006	2528.1	24.09	707.8	28.00	756.3	29.92	8.00	0.32	82.32
2007	2363	35.77	785.2	33.23	290.5	12.29	20.19	0.85	82.15
2008	11752.4	5.48	226.2	1.92	395.68	3.37	8549.96	72.75	83.52
2009	2523.7	25.96	433	17.16	739.86	29.32	27.38	1.08	73.52
2010	5339.9	65.64	388	7.27	16.179	0.30	235.67	4.41	77.62
2011	3096.4	42.02	1028	33.20	230.435	7.44	60.11	1.94	84.60

年份	洪灾		旱灾		台风		地震		合计占农业巨灾直接经济损失比重（%）
	直接经济损失（亿元）	占农业巨灾直接经济损失比重（%）	直接经济损失（亿元）	占农业巨灾直接经济损失比重（%）	直接经济损失（亿元）	占农业巨灾直接经济损失比重（%）	直接经济损失（亿元）	占农业巨灾直接经济损失比重（%）	
2012	4185.5	63.91	244	5.83	684.45	16.35	92.08	2.20	88.29
2013	5808.4	54.16	268.2	4.62	1091.5	18.79	995.36	17.14	94.71
合计	61905.6	38.85	8462.18	13.67	7888.724	12.74	10330.75	16.69	81.95

资料来源：原国家科委国家计委国家经贸委自然灾害综合研究组：《中国自然灾害综合研究的进展》，气象出版社 2009 年版；维基百科，自由的百科全书；国家地震科学数据共享中心（http: //data. earthquake. cn/index. html）。

说明：部分数据缺失，本书采用《中国气象灾害大典》中的受灾面积和伤亡人口，按照当年物价进行估算得出的数据。

　　总体来看，洪灾、旱灾、台风和地震四种类型灾害所造成的直接经济损失占到了总灾害直接经济损失的 81.95%，其中洪灾的直接经济损失最大（38.85%），其次是地震、旱灾和台风（见图 3 – 3）。

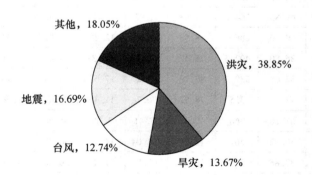

图 3 – 3　1978—2013 年我国主要灾害直接经济损失比例

　　洪灾是我国影响最大的灾害，特别是进入 20 世纪 90 年代，洪灾频发，导致我国洪灾所引发的直接经济损失呈现出明显上升态势，如果按 1990 年的价格来进行计算，50 年代的年均经济损失为 476 亿元，60 年代直接经济损失为 476 亿元，70 年代为 635 亿元，80 年代为 760 亿元，90 年代高达 987 亿元。

进入 21 世纪以来，每年的直接经济损失都在 1000 亿元以上，并且有不断上升的趋势（见图 3 -4），尤其是 2008 年，洪灾直接经济损失达到 11752.4 亿元。

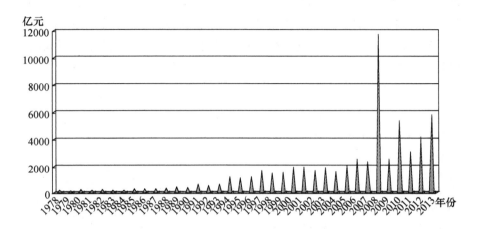

图 3 - 4　1978—2013 年我国洪灾直接经济损失

从 1978—2013 年我国洪灾直接经济损失占灾害直接经济总损失比例图来看，尽管洪灾直接经济损失在所有灾害中所占比例最大，但也在发生着变化，总体呈现上升态势（见图 3 - 5），20 世纪 90 年代达到高峰，最高的是 1992 年，达到 79.25%，此后比例有所下降，但仍然维持在高位。

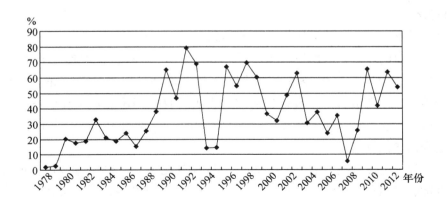

图 3 - 5　1978—2013 年我国洪灾直接经济损失占灾害
直接经济总损失比例

旱灾是我国传统的自然灾害之一，尽管旱灾的直接经济损失总体呈现上升的态势，特别是1997年以后，旱灾的直接经济损失增长很快。进入21世纪以来，旱灾的直接经济损失维持在较高水平，个别年份（如2006年、2007年和2011年）旱灾的直接经济损失很大（见图3-6）。近几年，我国的西南、华北等地出现了连续多年的特大干旱，造成了巨大的直接经济损失。

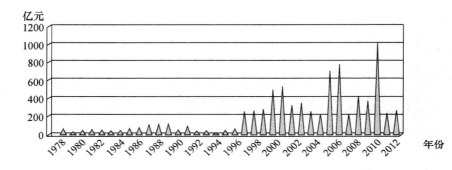

图3-6 1978—2013年我国旱灾直接经济损失

在20世纪90年代以前，旱灾是我国影响最大的自然灾害，一般年份占到整个灾害直接经济损失的30%左右，1987年旱灾的直接经济损失占到了整个灾害直接经济损失的46.75%。20世纪90年代到21世纪，旱灾的整体影响下降，特别是1992—1996年，占比都小于10%。进入21世纪后，旱灾的影响不断增加，2011年达到33.20%（见图3-7）。

台风的直接经济损失总体有所增加（见图3-8），特别是进入21世纪以来，台风的直接经济损失除了个别年份外，损失比较严重。分析1978—2013年我国台风直接经济损失占灾害直接经济总损失比例图可以看出，尽管总体呈现下降态势，但不是太明显（见图3-9），近十年来，上升趋势比较明显。

我国地震直接经济损失在2007年以前变化不大，2007年以后，地震直接经济损失快速增长（见图3-10），特别是2008年地震直接经济损失达到8549.96亿元，2013年地震直接经济损失接近1000亿元，2014年由于发生了新疆和田和云南鲁甸等地震，情况不容乐观。

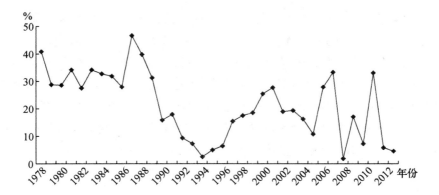

图 3 - 7　1978—2013 年我国旱灾直接经济损失占灾害直接
经济总损失比例

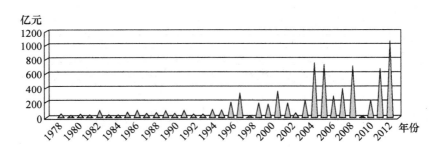

图 3 - 8　1978—2013 年我国台风直接经济损失

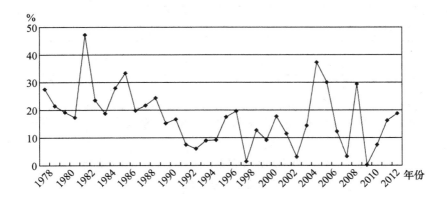

图 3 - 9　1978—2013 年我国台风直接经济损失占农业巨灾直接
经济总损失比例

地震直接经济损失占农业巨灾直接经济总损失比例呈现下降态势（见图3-11），但近年来个别年份（2008年和2013年）地震直接经济损失占比很大。20世纪90年代以前，地震的直接经济损失所占比例为3.17%（1978—1990年均值）。2007年以前，地震直接经济损失和所占比例逐年下降，1991—2007年平均占比为0.69%。2007年以后个别年份地震直接经济损失所占比重很大，其中，2008年地震直接经济损失占比为72.75%，2013年地震直接经济损失占比为17.14%。

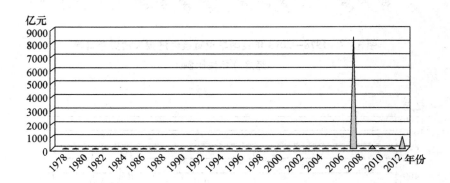

图3-10 1978—2013年我国地震直接经济损失

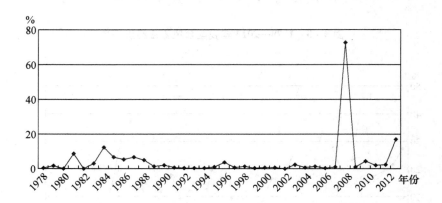

**图3-11 1978—2013年我国地震直接经济损失占灾害
直接经济总损失比例**

第二节 历年农业巨灾风险其他情况

我国农业巨灾除了造成巨大的直接经济损失外，还会产生间接的经济损失，同时还会对我国国民经济各行业（包括农业、工业和服务业）和经济运行（包括 GDP、教育水平、健康水平、金融发展、政府预算、对外开放程度和通货膨胀率等）产生一定的影响，这两方面的影响已经在本书的第四章和第五章分别进行了研究，在此不再涉及。此外，按照我国现行的农业巨灾影响统计口径，我国农业巨灾风险还体现在受灾人口、死亡（含失踪）人口、紧急转移安置人口、农作物受灾面积和农作物成灾面积等方面（见表3－3）。

表3－3 1978—2013年我国农业巨灾风险其他情况

年份	受灾人口（万人次）	死亡人口（人）	紧急转移安置人口（万人次）	农作物受灾面积（万公顷）	农作物成灾面积（万公顷）
1978	—	4965		5079	2180
1979	—	6962	—	3937	1512
1980	—	6821		5003	2978
1981	26710	7422	—	3979	1874
1982	22900.7	7935	—	3313	1612
1983	22439	10852		3471	1621
1984	20894	6927	—	3189	1526
1985	26446	4394	290.5	4437	2271
1986	29928	5410	345.8	4714	2366
1987	23512	5495	348	4209	2039
1988	36169	7306	582.9	5087	2394
1989	34569	5952	365.3	4699	2445
1990	29348	7338	579.2	3847	1782
1991	41941	7315	1308.5	5547	2781
1992	37174	5741	303.6	5133	2533
1993	37541	6125	307.7	4867	2267
1994	43799	8549	1054	5504	3138

年份	受灾人口 （万人次）	死亡人口 （人）	紧急转移安置 人口（万人次）	农作物受灾面积 （万公顷）	农作物成灾面积 （万公顷）
1995	24215	5561	1064	4587	2226.7
1996	32305	7273	1216	4698.9	2123.4
1997	47886	3212	511.3	5342.9	3030.9
1998	35216	5511	2082.4	5014.5	2518.1
1999	35319	2966	664.8	4998.1	2673.1
2000	45652.3	3014	467.1	5469	3437.4
2001	37255.9	2538	211.1	5215	3179.3
2002	42798	2384	471.8	4711.9	2731.8
2003	49745.9	2259	707.3	5438.6	3251.6
2004	33920.6	2250	563.3	3710.6	1629.7
2005	46530.7	2475	1570.3	3881.8	1996.6
2006	43453.3	3186	1384.5	4109.1	2463.2
2007	39777.9	2325	1499.1	4899.3	2506.4
2008	47795	88928	2682.2	3999	2228.3
2009	47933.5	1528	700	4721.4	1430.3
2010	43000	7844	1858.4	3742.6	1147.0
2011	43000	1126	939.4	3247.1	1244.1
2012	29000	1530	1109.6	2496.2	1853.8
2013	38818.7	2284	1215	3134.98	2123.4
合计	1196994	263703	26403.1	158894.1	81114.1
均值	36272.53	7325.08	910.45	4413.72	2253.17
中位数	37174	5536	700	4640.45	2247.65

资料来源：《中国民政统计年鉴》。

一　受灾和紧急转移人口情况

我国农业巨灾受灾人口和紧急转移安置人口总体呈现上升趋势，其中，受灾人口增长不明显（见图 3 - 12），而紧急转移安置人口幅度比较大，特别是 2004 年以后（见图 3 - 13）。另外，如果我们比较一下我国农业巨灾受灾人口和紧急转移安置人口与总人口的比例情况（见图 3 - 14和图 3 - 15），也可以得出同样的结论。

二　死亡（含失踪）人口情况

我国农业巨灾死亡（含失踪）人口总体呈现下降的趋势（见图 3 -
16），首先，受益于我国长期防灾减灾政策和措施的实施，使得我国自然灾
害防灾减灾基础设施得到了加强。其次，随着我国灾害应急能力的提升，
能够对突发的灾害做出比较迅速的反应，减少了人员伤亡。最后，人们对
生命的价值和灾害意识加强了，更加注重在灾害面前加强生命的保护。

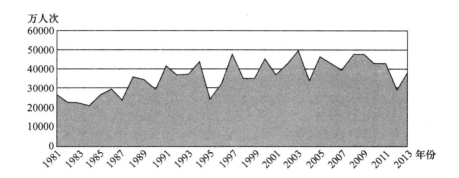

图 3 - 12　1981—2013 年我国农业巨灾受灾人口

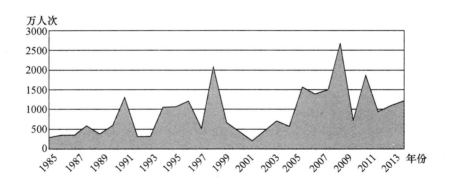

图 3 - 13　1985—2013 年我国农业巨灾紧急转移人口

需要指出的是，从 2008 年以来，每年伤亡的人数有所增加，多数年
份突破了一千人，在特别的年份，比如 2008 年，在发生了汶川特大地震
的情况下，人员伤亡极其巨大，因此，如何避免在极端自然灾害的情况下
减少人员伤亡，是当前和未来应该特别注意的问题。

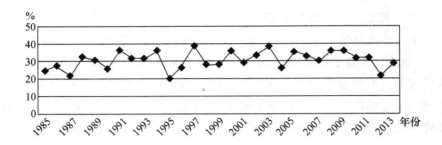

图 3 – 14   1981—2013 年我国农业巨灾受灾人口占总人口数比例

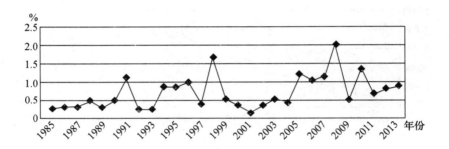

图 3 – 15   1985—2013 年我国农业巨灾紧急转移人口占总人口数比例

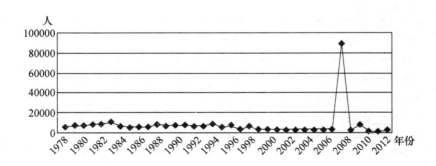

图 3 – 16   1978—2013 年我国农业巨灾死亡（含失踪）人口

三　农作物受灾面积和成灾面积情况

我国每年的农业巨灾农作物受灾和成灾面积总体变化不大（见图 3 – 17），一般年份农作物受灾和成灾面积分别在 3000 万—5000 万公顷和 2000 万—4000 万公顷。分析其原因，一方面，随着农田和水利等农业基础设施建设的增加，抵御农业巨灾的能力大大加强，按照常理来说，农作物受灾和成灾面积应该下降。另一方面，农业巨灾的影响强度也在增加，这样就导致了农业巨灾农作物受灾和成灾面积总体变化不大。这个问题应该引起我们的关注，因为我们无法控制农业巨灾的影响强度，所以我们就应该更加关注农业基础设施建设，增强农业防灾和减灾能力，这将是今后我们长期的一项工作。

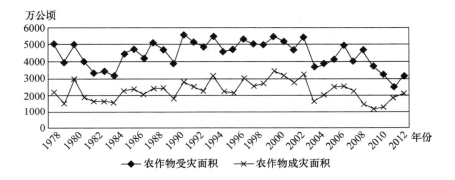

图 3 – 17　1978—2013 年我国农业巨灾农作物受灾和成灾面积

第三节　农业巨灾风险特征

我国 70% 的国土、人口和 80% 的工农业生产地区，每年承受农业巨灾事件的冲击，使得我国成为世界上为数不多的农业巨灾最严重的国家之一，农业巨灾种类多、爆发频率高、影响范围广、持续时间长、造成损失大、时空分布不均。各类农业巨灾每年影响人口达 4 亿人次，造成的经济损失在 2000 多亿元（见表 3 – 4），对我国社会稳定和经济发展产生了直接的影响。

表 3 – 4　　　　　　　　　　1985—2014 年我国自然灾害概述

灾种		事件数量（件）	死亡人数（人）	受灾人口（人）	经济损失（千美元）
干旱	干旱	28	3534	464274000	26053302
	均值		126	16581214	930475

续表

灾种		事件数量（件）	死亡人数（人）	受灾人口（人）	经济损失（千美元）
地震	不详	1	4	13529	—
	均值		4	13529	—
	地震（地面震动）	115	93045	73247195	99025007
	均值		809	636932	861087
疫情	不详	1	—	1000	—
	均值		—	1000	—
	细菌感染性疾病	3	1133	842	—
	均值		378	281	—
	病毒感染性疾病	4	365	7987	—
	均值		91	1997	—
极端气候	寒潮	4	28	4165472	310000
	均值		7	1041368	77500
	冬季极端气候	3	145	77050650	21120200
	均值		48	25683550	7040067
	热浪	6	206	3880	—
	均值		34	647	—
洪水	不详	26	6466	141663559	14405744
	均值		249	5448598	554067
	山洪	19	1652	88263930	4493090
	均值		87	4645470	236478
	一般洪水	153	23986	1711612330	178763562
	均值		157	11187009	1168389
	风暴潮/沿海洪水	5	391	1000015	—
	均值		78	200003	—
虫害	蝗虫	1	—	—	—
	均值				
陆地大规模运动	滑坡	6	223	5475	8000
	均值		37	913	1333
湿气大规模运动	雪崩	2	68	554	—
	均值		34	277	—
	滑坡	55	4620	2241145	1850400
	均值		84	40748	33644

续表

灾种		事件数量（件）	死亡人数（人）	受灾人口（人）	经济损失（千美元）
风暴	不详	40	1960	39331901	1769963
	均值		49	983298	44249
	局部风暴	65	1455	186651957	6214863
	均值		22	2871569	95613
	热带气旋	116	8481	253707341	55819619
	均值		73	2187132	481204
火灾	森林火灾	4	243	56613	110000
	均值		61	14153	27500
	灌木丛/草原火灾	1	22	3	—
	均值		22	3	—

资料来源：EM - DAT：OFDA/ CRED 国际灾害数据库 (www. emdat. be)、比利时鲁汶天主教大学。

说明：对于一些自然灾害（尤其是水灾和旱灾）没有确切的日期或月份的事件，尤其是 1974 年之前的灾难记录并没有提供一个确切的日期或月份。

我国农业巨灾的主要特征如下：

一 农业巨灾种类多

我国是世界上农业巨灾种类最多的国家之一，几乎囊括了所有的农业巨灾种类（见表 3 - 5）。

表 3 - 5   我国农业巨灾种类

类型	灾种	其他
气象灾害	暴雨、雨涝、干旱、干热风、高温、热浪、热带气旋、冷害、冻害、冻雨、结冰、雪害、雹害、风害、龙卷风、雷电、连阴雨、淫雨、浓雾、低空风切变、酸雨等	洪涝、干旱是我国影响最大的气候灾害
海洋灾害	风暴潮、海啸、海浪、海水、赤潮、海岸带灾害、厄尔尼诺等	风暴潮是我国影响最大的海洋灾害
洪水灾害	暴雨灾害、山洪、融雪洪水、冰凌洪水、溃坝洪水、泥石流与水泥流洪水	暴雨灾害是我国影响最大的洪水灾害

续表

类型	灾种	其他
地震灾害	构造地震、隔落地震、矿山地震、水库地震等	构造地震是我国影响最大的地震灾害
农作物生物灾害	农作物病害、农作物虫害、农作物草害、鼠害	蝗虫和稻瘟病是我国影响最大的农作物生物灾害
森林草原灾害	森林草原病害、森林草原虫害、森林草原鼠害、森林草原火灾	森林火灾是我国影响最大的森林灾害
动物疫病灾害	一类动物疫病（17种）、二类动物疫病（77种）、三类动物疫病（63种）	禽流感和口蹄疫是我国影响最大的动物疫病灾害

我国农业巨灾种类繁多，主要是因为我国处于环太平洋沿岸几百千米宽的自然灾害带与北纬20°至北纬50°之间的环球自然灾害带的交界地区。这两个地区是世界上两大自然灾害地带，其中环太平洋沿岸几百千米宽的自然灾害带中，集中了全球4/5以上的地震，3/4以上的火山，2/3的台风以及风暴潮，加上该地区人口密集，经济发达，一旦发生巨灾，损失严重。而北纬20°至北纬50°之间的环球自然灾害带是受台风、水旱、风暴潮灾害影响最严重的地区，该地区拥有极其复杂的地形，而且地势落差很大，使其名副其实地成为世界上最严重的地质灾害区。正好我国就位于这两条自然灾害带的交会的位置。

总之，我国特殊的地理位置、多山的地貌以及强烈的地壳运动，加之不稳定的季风环流控制，且受到夏威夷高压位移速度的快慢和势力强弱的影响，使我国旱涝灾害在不同地区频繁交替发生，使我国成为全球农业巨灾灾种最多的国家之一。

二 农业巨灾区域差异明显

我国农业巨灾呈现出明显的区域差异，王平和史培军等根据我国农业巨灾的时空分布规律，绘制出了我国农业巨灾综合区划方案（见图3-18）。

据王平和史培军等绘制的我国农业巨灾综合区划方案，可以比较出我国农业巨灾的区域差异（见表3-6）。

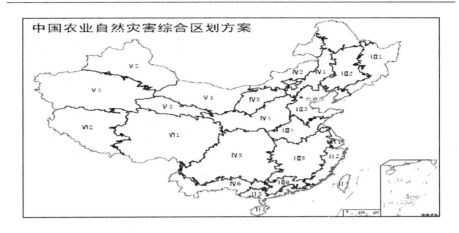

图 3-18   中国农业巨灾综合区划方案

表 3-6   我国农业巨灾区域差异

地　区	概　况	省　份	农业巨灾类型
东部沿海区	该地区面积 40.91 万平方千米，人口为 2.05 亿；包含长江三角洲、两广丘陵、珠江三角洲、浙闽丘陵、海南岛、苏北平原、雷州半岛和台湾岛等；人均耕地面积少，人口密集、有很高的生产力水平，农业主要为集约化经营，是我国主要的农业区域，盛产水稻、油菜、棉花、甘薯等，复种指数高达 200%—300%	苏、粤、浙、桂、琼、闽、沪和台湾等 8 个省市区的 277 个县（市区）	水灾为主，风灾（台风和风暴潮等）、病虫害、旱灾为次。该地区归属于我国农业巨灾重度区
东部地区	该区面积 196.45 万平方千米，人口 5.73 亿。包括华北平原、东北平原、长江中下游平原、武夷山地、长白山地、大别山区和南岭山地等；该地区主要盛产水稻、小麦和棉花、玉米、大豆、高粱、油菜、花生、甘薯等农作物，复种指数由北向南递增，由北方的 90%—110% 到南方的 200%—250%	黑、吉、辽、蒙、冀、京、津、豫、苏、皖、鄂、湘、赣、鲁、闽、浙、粤和桂等 18 个省市区的 916 个县（市区）	水灾与旱灾为主，其中以长江中下游平原的水灾、华北平原的旱灾为主要灾害，频率高，损失大；其次有冻灾、病虫害等。该地区归属于我国农业巨灾极重度区

地　区	概　况	省　份	农业巨灾类型
中部区	本区土壤以岩成土壤、草原土壤、森林土壤为主。地貌主要以高（平）原、山地、丘陵为主。主要包含鄂尔多斯高原、内蒙古高原、呼伦贝尔高原、黄土高原、秦岭山地、关中盆地、四川盆地和云贵高原等。为我国的农业区，盛产小麦、棉花、谷子、玉米等农作物，复种指数由南向北依次降低	黑、贵、蒙、晋、陕、宁、甘、豫、鄂、冀、川、渝、湘、桂和云等15个省市区的914个县（市区）	水灾和旱灾为该区主要灾害。其中滑坡、泥石流等灾害主要在西南山地，雪灾与冻灾主要集中在北部。该地区归属于我国农业巨灾重度区
西北区	本区土壤主要为岩成土壤和草原土壤、荒漠土。包含河西走廊、阿勒泰山、戈壁绿洲、南疆塔里木盆地、阿拉善高原、伊犁谷地、东天山、北疆准噶尔盆地、昆仑山和柴达木盆地等。为我国主要牧业区，而该地区绿洲处农业发达，为主要农业区，农作物主要有小麦、棉花和玉米等	蒙、甘、青和新4个省市自治区的142个县（市区）	水灾、雪灾和冻灾等为该地区主要灾害，该地区归属于我国农业巨灾轻度区
青藏区	本区土壤主要为森林土壤、高山土壤。地貌主要为山地和高平原。本区包含藏南谷地、青海高原和藏北高原，为黄河和长江的发源地。牧业为主，农业为辅，小麦、青稞为主要农作物，与此同时，该地区也种植少量的水稻	青、藏、川和甘4个省市自治区的126个县（市区）	雪灾、病虫害、地质灾害、水灾为该地区主要灾害。该地区归属于我国农业巨灾极轻度区

三　农业巨灾损失严重并呈增长趋势

农业巨灾历年给我国造成了巨大的损失并且有增长的趋势。1950—2013 年，我国农业巨灾直接经济损失达到 68404.2 亿元，平均每年的直接经济损失为 1085.78 亿元。进入 21 世纪，年均直接经济损失达到 3487.91 亿元，较平均直接经济损失增长了 2 倍多，呈现大幅度增长态势。1978—2013 年，农业巨灾受灾人口、伤亡（含失踪）人口和紧急转移安置人口总计分别达到 1150463 万人次、263703 人和 26403.1 万人次，年均受灾人口、伤亡（含失踪）人口和紧急转移安置人口总计分别达到 36272.53 万人次、7325.08 人和 910.45 万人次。进入 21 世纪，农业巨灾受灾人口、伤亡（含失踪）人口和紧急转移安置人口总计分别达到 588681.8 万人次、123671 人和 15379.1 万人次，年均受灾人口、伤亡（含失踪）人口和紧急转移安置人口总计分别达到 42048.7 万人次、8834 人和 1098.51 万人次，21 世纪的受灾人口、伤亡（含失踪）人口和紧急转移安置人口均有较大幅度的增长。1978—2013 年，农作物受灾面积和成灾面积分别达到 158894.1 万公顷和 81114.1 万公顷，年均 2530.68 万公顷和 1387.83 万公顷，进入 21 世纪，达到 58776.58 万公顷和 31222.9 万公顷，年均 4198.33 万公顷和 2230.21 万公顷。

第四章　我国农业巨灾经济损失分析

农业是一个高风险的弱质行业，旱灾、洪灾、地震、台风等各种不同灾种都会对农业造成风险，形成农业巨灾。无论是传统农业时代还是高速发展的现代社会，农业总是受灾害影响最大的部门，且经济运行越复杂，部门、产业间关联越密切，农业巨灾的传递性就越强，粮食产量下降、农民收入缩减以及政府税收、财政支出、居民消费支出减少等一系列连锁反应所造成的总损失就越大。在当前新农村建设中，农业巨灾对农民、农村、农业及其他相关者造成的巨大损失阻碍着新型农村建设，甚至对整个国家的可持续发展都造成不可估量的影响。农业巨灾具有频率高、损失大、波及范围广的特点，是一个十分复杂的系统，由农业巨灾引致的社会资源存量，如农民减产、农业绝收等直接经济损失易衡量，但巨灾不仅会导致需求下降，也会因停产导致生产力下降，行业生产能力剩余，特别是巨大的直接经济损失会造成行业甚至整个经济系统陷入巨大的困境。因此，在了解农业巨灾损失的基础上，研究农业巨灾风险对国民经济的影响，制定相应的减灾措施具有重要的意义。

从目前已有文献看，由于农业巨灾具有自然属性和社会属性，目前直接进行农业巨灾对国民经济影响的定量分析存在的最大困难就是数据的可得性，而投入产出法可依据数据可得情况灵活选择模型中的部门，可作为综合定量评价巨灾对国民经济影响的模型。本书利用投入产出模型，以损失为依据，定量评估农业巨灾对国民经济损失造成的影响，这对准确把握灾害的损失量，并据此制定合理的减灾政策具有重要意义。

第一节　农业巨灾的直接经济损失与间接经济损失界定

一　两种损失在投入产出表中的表达

农业巨灾造成的经济损失可以分为两大类，第一类为直接经济损失，第二类为间接经济损失，二者是利用投入产出模型评估农业巨灾损失时必须首先明确的问题。农业巨灾的直接经济损失指巨灾造成的以存量形式存在的较为直观的各种财产、实物、资源损失，可通过调查直接统计出来，如农产品产量下降、农户住所倒塌、道路及其他设备的破坏等，具有局部性、有限性的特点。我国是一个农业巨灾频发的国家，农业巨灾造成了巨大的人员伤亡和财产损失，给农业稳产增产、农民稳收增收、社会稳定和发展带来了极大的挑战。农业巨灾的间接经济损失指因灾造成的总经济损失中不包含直接经济损失的其他损失，是灾害对经济造成的间接影响，是波及面更广泛的经济损失，具有系统性、隐蔽性和持续性的特点，如政府救济、恢复重建、因灾需要重新投入的资金及对生态环境的破坏和影响等。由于影响农业巨灾间接经济损失的原因十分复杂，统计工作难以开展，加上对于灾害的间接经济损失的理解缺少统一的认识，目前的评估还没有达到实际可操作的程度。通常采用经验系数估算法处理间接经济损失的计算，该方法假设灾害间接经济损失与直接经济损失是固定的比例关系，二者之间的系数关系可通过回归分析归纳总结出来，这种方法数据要求精度较低，在实践中可作快速估算巨灾损失的一种方法，但这种方法较少对间接经济损失进行全面的定量分析。本书所指的间接损失指社会经济关联型损失，指由于农业巨灾引起生产能力的破坏或间断后经由复杂的社会经济系统的网络引致的牵连破坏，包括产业关联型损失、时间关联型损失、区域关联型损失等，如因农业巨灾造成的以种植业、畜牧业、渔业产品等为原料的生产及粗加工、深加工损失及制造业与金融业损失、生态环境损失。

二　农业巨灾直接损失与间接损失投入产出处理方式

科学合理地评价农业巨灾损失的前提是合理地表达直接经济损失和间接经济损失，对二者的不同理解会产生不同的表达方式。目前对农业巨灾的直接损失与间接损失的处理方式主要有三种：第一，把二者均视为最终产品的损失；第二，与第一种处理方式相反，把二者均视为部门总产出的损失；第三，分别处理，即前者视为最终产品的损失，后者视为部门总产出的损失。三种处理方式会产生不同的评估结果，加之数据统计口径本身也存在差异，因此采用投入产出模型评估损失可因承灾体不同采用不同的处理方式。就农业巨灾而言，因其经济损失主要集中在农作物损失、畜牧业损失、水产养殖业损失等非固定资产损失，农业产值的损失是农业巨灾的最主要的表现形式，因此可将其视为农业巨灾造成的直接经济损失，既包括最终产品的损失，也有因灾降低中间消耗引发的机会损失。本书首先将农业巨灾直接经济损失视为总产出损失，利用投入产出模型计算出农业与其他产业的消耗系数进而计算出间接经济损失，因此本书采用第二种处理方式，即将直接损失与间接损失均视为总产出损失。

第二节 基于投入产出模型的农业巨灾损失评估

一 基于投入产出模型的农业巨灾损失评估模型

投入产出法由 Wassail W. Leontief 于 1936 年基于瓦尔拉斯的一般均衡模型创建的一种特殊经济计量模型，该模型将经济体系内不同的部门产出和投入编制成投入产出表，据此建立数学模型。从产出角度看，各部门之间相互提供产品；从投入看，各部门之间又相互消耗产品，由此形成部门间产品生产与消耗的数量依存关系的技术经济联系，因此可通过某一个部门的损失情况估算其他部门的损失，根据获得的数据而选择适量部门的投入产出表，具有较强的灵活性，因此可评估农业巨灾直接经济损失与间接经济损失。

投入产出表所反映的部门之间的联系，是生产技术经济联系。投入产出表有很多类别，按计量单位不同可分为实物型和价值型。实物型投入产出表受实物计量单位的局限，在表达经济数量关系方面形式单调，描述空间、数据表现力太差，难以全面、系统地表现、揭示经济系统的内部关系，因此各国普遍采用价值型投入产出表（见表 4－1）。

表 4－1 价值型投入产出表

产出\投入		投入部门（中间产品）					最终使用	总产品
		部门 1	部门 2	部门 3	…	部门 n	小计	
产出部门（中间投入）	部门 1	x_{11}	x_{12}	x_{13}	…	x_{1n}	$\sum x_{1i}$	F_1	X_1
	部门 2	x_{21}	x_{22}	x_{23}	…	x_{2n}	$\sum x_{2i}$	F_2	X_2
	…	…	…	…	…	…	…	…	…
	部门 n	x_{n1}	x_{n2}	x_{n3}	…	x_{nn}	$\sum x_{ni}$	F_n	X_n
	小计	$\sum x_a$	$\sum x_a$	$\sum x_a$	…	$\sum x_a$	$\sum \sum x_{ij}$	$\sum F_i$	$\sum x_n$

续表

产出 投入		投入部门（中间产品）						最终 使用	总产品
		部门1	部门2	部门3	…	部门n	小计		
最初 投入	固定资产折旧	d_1	d_2	d_3	…	d_n	$\sum d_i$		
	劳动者报酬	v_1	v_2	v_3	…	v_n	$\sum v_i$		
	生产税净额	s_1	s_2	s_3	…	s_n	$\sum s_i$		
	营业盈余	m_1	m_2	m_3	…	m_n	$\sum m_i$		
	增加值	Y_1	Y_2	Y_3	…	Y_n	$\sum Y_i$		
总投入		X_1	X_2	X_3	…	X_n	$\sum X_i$		

表4－1中，产出部门和投入部门的数据是投入产出表的核心，该数据主要反映了各部门之间生产技术的联系。价值型投入产出表受市场价格变动影响较大，需要进行后期处理。投入产出模型包括行模型、列模型、两种消耗系数、感应系数、关联系数等，用数学形式体现投入产出表所反映的经济内容的线性代数方程组。根据投入产出行模型、列模型平衡原理，考虑到后续公式的简化处理，本书将价值型投入产出表简化为表4－2。

表4－2　　　　　　　　简化的价值型投入产出表

产出 投入		中间产品					最终使用	总产品
		部门1	部门2	部门3	…	部门n		
中间 投入	部门1	X_{11}	X_{12}	X_{13}	…	X_{1n}	F_1	X_1
	部门2	X_{21}	X_{22}	X_{23}	…	X_{2n}	F_2	X_2
	…	…	…	…	…	…	…	…
	部门n	X_{n1}	X_{n2}	X_{n3}	…	X_{nn}	F_n	X_n
增加值		Y_1	Y_2	Y_3	…	Y_n		
总投入		X_1	X_2	X_3	…	X_n		

表4－2中 F_i 是部门 i 的最终使用；X_i 是为部门 i 的总产出。根据投入产出行模型，中间产品＋最终产品＝总产出，可得：

$$\sum_{j=1}^{n} X_{ij} + F_i = X_i \quad (i=1,2,3,\cdots,n) \tag{4-1}$$

现在引入系数 a_{ij}，即直接 $a_{ij} = X_{ij}/X_j$ （i, $j = 1$, 2, 3, ⋯, n），根据行平衡关系，那么式（4 – 1）转化为：

$$\sum_{j=1}^{n} a_{ij}X_j + F_i = X_i \quad (i = 1, 2, 3, \cdots, n) \qquad (4-2)$$

令构成的系数矩阵为 A，$X = (X_1, X_2, \cdots, X_n)^T$，$F = (F_1, F_2, \cdots, F_n)^T$，则有：$AX + F = X$，进一步可得：

$$X = (I - A)^{-1}F \qquad (4-3)$$

$$F = X - AX \qquad (4-4)$$

系数矩阵 A_{ij} 在投入产出模型中称为直接消耗系数，指在经济系统中，一部门生产单位产品对其他部门产品的直接使用量，如表 4 – 2 中指 j 部门的总产出需使用 i 部门生产的货物或服务的价值量，可揭示经济系统内部门间的相互依存和相互制约关系。A_{ij} 通常在 0—1 之间，数据大小与依赖性呈正相关性，即 A_{ij} 越强，表明部门 j 对部门 i 的直接依赖性越强。

同理，有列平衡模型：中间投入 + 最初投入 = 总投入，即某部门生产中的转移价值加上新创造价值为该部门总产值，可表示为：

$$\sum_{j=1}^{n} X_{ij} + Y_i = X_j \quad (j = 1, 2, 3, \cdots, n) \qquad (4-5)$$

可得：$Y = (I - \bar{A}_c)^{-1}X$ （4 – 6）

其中：Y_i 是部门 i 的增加值；X_j 是部门 j 的总产出。

投入产出行模型与投入产出列模型具有对偶性，为简化处理，本书选择行模型进行实例模拟，估算农业直接经济损失的波及关联损失。为了能够利用投入产出表的结构比例关系分析农业巨灾造成的损失，需假设农业巨灾发生以前的经济系统运行正常，部门之间构成关系在农业巨灾发生后也无变化，这样就包含了农业巨灾损失影响的投入产出表。结合前文分析，把由巨灾引起的直接经济损失看成最终产品的损失 $\Delta F = (\Delta F_1, \Delta F_2, \cdots, \Delta F_n)^T$，则农业巨灾造成的总产品损失为：

$$\Delta X = (I - A)^{-1}\Delta F \qquad (4-7)$$

如把由农业巨灾造成的损失视为总产品的损失 $\Delta X = (\Delta X_1, \Delta X_2, \cdots, \Delta X_n)^T$，那么最终产品的损失为：

$$\Delta F = \Delta X - A\Delta X \qquad (4-8)$$

间接经济损失为中间投入的减少。

由于统计口径不一致，现有数据中的农业损失，既有最终产品的损失，又有部分中间损失。前文已经指出，由于直接损失与间接损失存在不同的理解，导致模型中农业损失的计算会有不同的结果。当核算的直接经济损失只包括农田、房屋和工程构筑物倒塌以及田园、道路破坏等损失时，可将农业损失视为最终产品的损失；当核算的损失包括了生产和流通、商业金融往来中的合同履约、社会公益事业以及社会服务和管理等方面的缩减、失调减缓和停顿所造成的经济损失，则农业损失应视为总产品的损失。为了更好地体现农业巨灾损失价值，将增量形式式（4－8）表示为：

$$
\begin{bmatrix} \Delta X_1 \\ \Delta X_2 \\ \cdots \\ \Delta X_i \\ \cdots \\ \Delta X_n \end{bmatrix} = \begin{bmatrix} \Delta X'_1 + \Delta X''_1 \\ \Delta X'_2 + \Delta X''_2 \\ \cdots \\ \Delta X'_i + \Delta X''_i \\ \cdots \\ \Delta X'_n + \Delta X''_n \end{bmatrix} = (I - A)^{-2} \begin{bmatrix} \Delta F_1 \\ \Delta F_2 \\ \cdots \\ \Delta F_i \\ \cdots \\ \Delta F_n \end{bmatrix} \qquad (4-9)
$$

其中，$\Delta X'_1$ 可看作农业巨灾造成的间接损失，如灾害对农业生产和农户生活所造成的破坏以及由此所带来的次生影响等；$\Delta X''_1$ 可视为产业关联损失，即因农业巨灾损失而带来工业、建筑业、服务业等部门的损失。由此，可组成 n 元 n 次方程组。考虑到数据的统计口径不同，需分情况处理。当统计数据是部门最终产品的损失 ΔF_i，需求出总产品损失 ΔX_i，则部门间接损失为 $\Delta X_i - \Delta F_i$；如果统计数据既包括部门最终产品损失 ΔF_i，又包括了农业巨灾造成的次生影响损失，则应将该损失数据减去 ΔF_i 得到 $\Delta X'_i$，由此可求出工业、建筑业、服务业等行业的损失对农业的影响 $\Delta X_i''$，而农业总的损失为 $\Delta X_i = \Delta X'_i + \Delta X_i''$，间接经济损失为 $\Delta X_i - \Delta F_i$。

二　农业巨灾损失估算及其关联影响分析

实际统计的农业损失数据，既有最终产品的损失，又有部分间接经济损失，根据前文分析，将统计中的农业损失等同于农业部门（部门1）总产品损失 ΔX_1。各部门最终产品 $F_i (i \neq 1)$ 不变，令 $B = (I - A)^{-1} - I$，$B_{n \times n}$ 则为完全消耗系数，能深刻反映最终产品和中间消耗之间的关系。$(I - A)^{-1}$ 为列昂惕夫逆矩阵，即整个经济系统的产出变动可表述为如下形式：

$$
\begin{bmatrix} \Delta X_1 \\ \Delta X_2 \\ \cdots \\ \Delta X_i \\ \cdots \\ \Delta X_n \end{bmatrix} = \left(\begin{bmatrix} b_{11} & b_{12} & \cdots & b_{1n} \\ b_{21} & b_{22} & \cdots & b_{2n} \\ \cdots & \cdots & \cdots & \cdots \\ b_{n1} & b_{n2} & \cdots & b_{nn} \end{bmatrix} + \begin{bmatrix} 1 & 0 & \cdots & 0 \\ 0 & 1 & \cdots & 0 \\ 0 & 0 & \cdots & 0 \\ 0 & 0 & \cdots & 1 \end{bmatrix} \right) \begin{bmatrix} \Delta FY_1 \\ 0 \\ \cdots \\ 0 \end{bmatrix}
$$

$$
= \begin{bmatrix} \Delta F_2 b_{11} \\ \Delta F_2 b_{22} \\ \cdots \\ \Delta F_2 b_{m1} \end{bmatrix} + \begin{bmatrix} \Delta F_2 \\ 0 \\ \cdots \\ 0 \end{bmatrix} \tag{4-10}
$$

上式中，第 1 个方程为：

$$
\Delta X_1 = b_{11} \Delta F_1 + \Delta F_1 \tag{4-11}
$$

因此 $\Delta F_1 = \dfrac{\Delta X_1}{1 + b_{11}}$ \qquad\qquad (4-12)

ΔF_1 为农业部门最终产品减少，即 $\dfrac{\Delta X_1}{1 + b_{11}}$，$\dfrac{b_{11} \Delta X_1}{1 + b_{11}}$ 可视为由于农业生产能力的降低导致的间接经济损失，二者之和为 ΔX_1。

农业部门最终产品的下降引致相关部门 j 中间消耗的降低，可得关联损失为：

$$
\Delta X_j = b_{j1} \Delta F_1 = \frac{b_{ji} \Delta X_i}{1 + b_{11}} \quad (j \neq 1) \tag{4-13}
$$

根据式（4-3），在投入产出列平衡模型中，有：

$$
\Delta Y = (I - C)^{-1} \Delta X \tag{4-14}
$$

第三节　农业巨灾损失实证分析

为更好地突出农业巨灾与经济体系其他产业部门之间的数量关系，本书对 2010 年投入产出表进行了适当的产业分类调整，将 2010 年我国投入产出基本流量表 40 个部门调整为 6 个部门，即第一个部门为农业；第二个部门为采掘业，由原表中第二个部门即煤炭开采和洗选业到第五个部门的非金属矿及其他矿采选业等合并而成；第三个部门为制造业，由原第六个部门的食品制造及烟草加工业到第21个部门的工艺品及其他制造业（含废品废料）等16个部门合并而成；第四个部门为能源生产和供应业，由原部门的电力、热力的生产和供应业，燃气生产和供应业，水的生产和供应业3部门合并而成；第五个部门为建筑业，仍由原表中的建筑业构成；第六个部门为服务业，由最后16个部门，既包含金融服务也包含社会服务。部门划分重新调整后，能够更好、更简洁地刻画出农业巨灾与相关部门的相关性，总体上也未改变投入产出表的基本数量关系，即中间投入等于中间使用，总投入等于总产出。调整后的投入产出表见表4-3。

表4-3 2010年中国投入产出表 单位：万元

投入\产出	代码	农业	采掘业	制造业	能源生产和供应业	建筑业	服务业
		1	2	3	4	5	6
农业	1	92202499.5836	1624528.389	398468042.6	11154.5263	4491813.547	286017.339
采掘业	2	5620094.476	56380903.37	899870832.8	87924649.18	11139108.9	6327362.816
制造业	3	143045960.3	121262966.4	3707062480	63996038.43	546697337.4	649890336.7
能源生产和供应业	4	7092896.4	36087853.58	156901774.2	8001980.617	8001980.62	43031264.12
建筑业	5	77844.5988	424226.6816	2024378.07	181219.4267	10844130.18	20990991.98
服务业	6	44958634.23	50696901.03	643939643.3	46413590.69	186492971.7	634336111.4
总投入		693198000	486392588.8	6783153831	477306939.8	1023433008	3062964353

资料来源：中国投入产出协会，2010年投入产出表。

在合并后的投入产出表（表4-3）的基础上计算2010年我国投入产出的直接消耗系数矩阵与完全消耗系数矩阵，计算结果分别见表4-4、表4-5。

表4-4 2010年投入产出直接消耗系数矩阵

投入\产出	代码	农业	采掘业	制造业	能源生产和供应业	建筑业	服务业
		1	2	3	4	5	6
农业	1	0.1330103	0.0033400	0.0587438	0.0000234	0.0043890	0.0000934
采掘业	2	0.0081075	0.1159165	0.1326626	0.1842099	0.0108841	0.0020658

续表

投入\产出	代码	农业	采掘业	制造业	能源生产和供应业	建筑业	服务业
		1	2	3	4	5	6
制造业	3	0.2063566	0.2493109	0.5465102	0.1340773	0.5341799	0.2121769
能源生产和供应业	4	0.0102321	0.0741949	0.0231311	0.0167649	0.0078188	0.0140489
建筑业	5	0.0001123	0.0008722	0.0002984	0.0003797	0.0105958	0.0068532
服务业	6	0.0648568	0.1042304	0.0949322	0.0972406	0.1822229	0.2070988

表4-5　　　　　　　　2010年投入产出完全消耗系数矩阵

投入\产出	代码	农业	采掘业	制造业	能源生产和供应业	建筑业	服务业
		1	2	3	4	5	6
农业	1	0.203538	0.067883	0.189109	0.043794	0.118242	0.052721
采掘业	2	0.130236	0.297642	0.439802	0.315965	0.278574	0.129091
制造业	3	0.731840	0.927298	1.765008	0.627366	1.652645	0.767806
能源生产和供应业	4	0.042569	0.124804	0.106214	0.059713	0.076156	0.048187
建筑业	5	0.001935	0.003580	0.004181	0.002617	0.014867	0.009947
服务业	6	0.208853	0.303285	0.418317	0.250794	0.486733	0.382596

　　由于农业巨灾所造成的经济社会损失缺乏准确的数据，结合农业巨灾的性质，通过民政部统计的2010—2013年各类自然灾害损失情况数据，获取受灾面积、绝收面积、自然灾害直接经济损失数据，以绝收面积占受灾面积的比例推算农业巨灾损失占直接经济损失的比例来估算年度农业巨灾经济损失，表4-6为2010—2013年的相关数据。

表4-6　　　　　　　2010—2013年关于农业巨灾损失的相关数据

年份	受灾面积（万公顷）	绝收面积（万公顷）	绝收面积占受灾面积的比例（%）	直接经济损失（亿元）	农业巨灾经济损失（亿元）
2010	3742.6	486.3	12.9936	5339.9	693.8452
2011	3247.1	289.2	8.9064	3096.4	275.7780

年份	受灾面积（万公顷）	绝收面积（万公顷）	绝收面积占受灾面积的比例（%）	直接经济损失（亿元）	农业巨灾经济损失（亿元）
2012	2496.2	182.6	7.3151	4185.5	306.1743
2013	31349.8	3844.4	12.2629	5808.4	712.2793

资料来源：2010—2013 年中国统计年鉴。

基于投入产出表中行平衡关系，利用前文提出的式（4 - 13）、式（4 - 14）以及前文计算出的完全消耗系数，计算结果列于表4 - 7：

表4 - 7　　　　　　　　基于行平衡的部门总产出的损失　　　　　单位：亿元

部门产出损失		2010 年	2011 年	2012 年	2013 年
农业	最终产品	576.51	229.14	254.40	591.82
	中间消耗	117.34	46.64	51.78	120.46
	小计	693.8452	275.7780	306.1743	712.2793
其他产业部门	采掘业	75.0820	29.8422	33.1314	77.0765
	制造业	421.9107	167.6935	186.1767	433.1186
	能源生产和供应业	24.5412	9.7542	10.8293	25.1931
	建筑业	1.1156	0.4434	0.4923	1.1452
	服务业	120.4049	47.8564	53.1311	123.6034
	小　计	643.0544	255.5897	283.7608	660.1369
合　计		1336.9044	531.3697	589.9408	1372.4169

从计算结果，可以得出以下结论：

（1）2010—2013 年因巨灾引起的农业总产值损失分别为 693.8452 亿元、275.7780 亿元、306.1743 亿元、712.2793 亿元。2010—2013 年我国 GDP 分别为 397983 亿元、471564 亿元、519322 亿元、568845 亿元，农业巨灾损失分别占当年 GDP 的 0.17%、0.05%、0.06%、0.13%。按照国际上巨灾的划分界定标准，灾害损失占当年 GDP 的 1‰及以上认定为巨灾，则 2010 年与 2013 年均为巨灾年份，这可由 2010 年和 2013 年分别发生多起自然灾害来解释，数据结论与事实相符；从农业巨灾损失分别占当年 GDP 比重看，我国农业巨灾对 GDP 有影响，但影响并不显著，这与本书其他相关研究结论一致。

（2）由农业巨灾引起的采掘业、制造业、能源生产和供应业、建筑业、服务业 5 个部门总产出的损失在 2010—2013 年分别为 643.0544 亿元、255.5897 亿元、283.7608 亿元、660.1369 亿元，相当于当年农业巨灾损失的 92.68%，说明农业巨灾引起的关联损失与直接经济损失相当；再加上农业总产值的损失，农业巨灾引致的部门总损失合计分别为 1336.9044 亿元、531.3697 亿元、589.9408 亿元、1372.4169 亿元，分别占当年 GDP 的 0.34%、0.12%、0.11%、0.24%，均超过国际上巨灾界定标准，因此考虑间接经济损失后，非巨灾年份也会成为巨灾年份。

（3）农业巨灾对其他各产业部门的影响有差异，对制造业的影响最大，2010—2013 年造成制造业损失分别为 421.9107 亿元、167.6935 亿元、186.1767 亿元、433.1186 亿元，占农业自身以外其他部门总损失的 65.61%，表明农业经济损失与制造业经济损失的关联性较强。此外，对服务业、采掘业、能源生产与供应业，分别为 18.72%、11.68% 和 3.82%，而对建筑业的影响最小，仅占其他产业部门总损失的 1.73%。

第四节　结束语

本书主要从损失量角度，运用投入产出模型，对农业巨灾经济损失进行评估分析。本书根据 2010 年我国投入产出表，运用投入产出模型，评估 2010—2013 年 4 年间农业巨灾造成的农业部门直接损失及对采掘业、制造业、能源生产和供应业、建筑业、服务业 5 个部门的间接损失。从计算结果看，2010 年与 2013 年为巨灾年份，与实际情况吻合。总的来看，农业巨灾所导致的社会经济损失包括农业自身损失，也包括波及其他部门的损失。从 2010—2013 年的数据看，农业巨灾带来的其他损失总是与农业总产值损失即直接损失接近，这一结果反映了农业巨灾所带来的损失是全方位的，既包括农户伤亡、农作物绝收，也包括因巨灾造成的灾后投入的机会损失和农业相关产业的损失等，因此巨灾损失不能单单考虑直接损失，间接损失同样重要。从现有研究结果看，减少间接损失的途径有很多，如农业巨灾灾后的救援、农业巨灾保险理赔以及灾后的恢复重建，科学合理的灾后政策能减少巨灾对农业造成的损失，对于降低农业巨灾经济影响具有重要的意义。投入产出模型较好地突破了农业巨灾间接损失数据缺乏的局限性，为评估巨灾直接损失及对其他部门的关联损失，提供了一种可行性的定量评估灾害经济损失的方法。

第五章　我国农业巨灾经济发展影响分析

我国是一个农业巨灾频发的国家，农业巨灾造成了巨大的人员伤亡和财产损失。2013年我国自然灾害情况明显偏重，各类自然灾害造成了巨大的损失，其中该年自然灾害造成我国受灾人次达38818.7万，死亡人数高达1851人，失踪人数为433人，直接经济损失5808.4亿元。2013年农业巨灾情况较为突出，其中，四川雅安7.0级地震、甘肃岷县6.6级地震、东北洪灾、西南的干旱和洪灾、中东部地区的持续高温等，农业巨灾给农业稳产增产、农民稳收增收、社会稳定和发展带来了极大的挑战，同时，农业巨灾对我国经济发展产生一定的影响。那么，农业巨灾对我国经济发展到底产生怎么样的影响？影响程度如何？不同类型的农业巨灾对我国经济发展产生怎么样的影响？影响程度如何？这些亟须我们进行系统思考和分析，为我国农业巨灾的防灾、抗灾和救灾提供决策参考依据。

第一节　引　言

农业巨灾影响分析一方面可以从农业巨灾造成的损失进行研究，通常分为直接经济损失、间接经济损失和宏观经济损失三个层次。直接经济损失和间接经济损失的评估相对成熟，宏观经济损失研究相对比较薄弱。另一方面，农业巨灾影响分析可以从农业巨灾对经济发展影响进行研究，因为随着当代社会经济的快速发展，包括农业、工业和服务业等国民经济各部门之间联系越来越密切。农业巨灾对农业、工业和服务业的基础设施、电力、交通等造成破坏，将通过农业、工业和服务业关联影响到经济系统之间的其他产业，甚至影响到整个国民经济系统的稳定运行。因此，在灾害预防、应急管理和灾后恢复重建过程中，农业巨灾的宏观经济发展影响量化评估，有助于政府部门准确了解农业巨灾的程度。再者，农业巨灾的宏观经济发展影响评估与防灾减灾规划和中长期社会经济发展规划紧密相关，从可持续发展角度看，有必要定量化分析农业巨灾事件的深层次经济发展影响。

尽管巨灾的损失稳定增长，但20世纪50年代才开始自然灾害经济学研究，巨灾的经济发展影响自20世纪80年代已经开始进入了既研究由自然灾害引起的社会经济影响，又考虑到在自然灾害发生期间社会经济条件。巨灾的经济发展影响研究主要集中在三个领域：

一是特定巨灾区域经济发展影响研究。检查特定情况下的巨灾事件经济发展影响，如毁灭性的飓风米奇袭击洪都拉斯，估计那些个别事件具体的费用和后果（Benson and Clay，2004；Halliday，2006；Horwich，2000；Narayan，2001；Selcuk and Yeldan，2001；Vos et al.，1999），也包括旧金山地震（1906）、得克萨斯Waco的飓风（1953）、加利福尼亚Yuba城的洪水（1955）、阿拉斯加地震（1964）、得克萨斯Lubbock的飓风（1970）等影响后果。

二是巨灾微观经济发展影响研究。研究巨灾发生情况下微观主体（比如农户、企业等）的经济影响。Townsend（1994）、Paxson（1992）、Udry等（1994）代表性学者研究了农业巨灾主体（尤其是农户）在巨灾发生情况下，对突如其来的收入冲击影响进行了分析，研究了家庭准备和应对方式（比如自己通过投保应对这些冲击）等问题。

三是巨灾宏观经济发展影响研究。在巨灾宏观经济发展影响研究方面，Albala - Bertrand（1993）开展了开创性研究，开发一组巨灾事件发生的反应分析模型，并收集26个国家1960—1979年的灾害数据，基于前后统计分析，他观察发现巨灾对26个国家的影响是国内生产总值增长、通胀率不变化、资本形成增加、农业和建筑产量增加、双赤字增加（贸易赤字激增）、储量增加，但对汇价没有明显的影响。Rasmussen（2004）定期为加勒比群岛国进行数据收集和分析。Tol和Leek（1999）调查的文献可以追溯到20世纪60年代，他们认为，巨灾对GDP的正面影响可以很容易发现，因为巨灾破坏资本存量，而GDP指标侧重于新的生产流程，他们强调了鼓励节能并投资于减灾和恢复工作。在所有这些实证研究方面，主要是基于作者选择一小部分巨灾事件的一个前后单因素一组宏观经济变量的研究，所以存在一定的局限性。

Skidmore和Toya（2002）考察自然灾害对经济增长的长期影响。他们计算了1960—1990年期间每个国家自然灾害的频率（按土地面积归一化）和推行这项措施的相关性对经济增长、物质和人力资本的平均措施积累与30年间全要素生产率来进行实证考察。Skidmore和Toya（2002）的论文研究长期趋势（平均数）与短期描述，对比宏观经济灾害发生后的动态变化。

国内学者张显东、沈荣芳（1995）运用哈罗落—多马经济增长模型，初步估计了灾害直接损失对经济增长率的影响。路琮等（2002）、丁先军等（2010）学者运用投入产出模型，推导出ARIO（Adaptive Regional Input Output）模型，对自然灾害造成的农业总产值损失对整个经济系统和汶川地震的经济影响等进行了分析。李宏等学者（2010）对我国自然灾害损失的社会经济因素进行了时间序列建模与分析，探究了我国自然灾害损失的演变与经济增长、人口、教育以及医疗等因素的发展变化之间的关系。

总体看来，一方面，巨灾宏观经济发展影响研究是自然灾害经济影响的主要研究内容，相对于其他两个研究内容，前者更具现实意义和政策含义；另一方面，国内偏重于整体自然灾害对经济的影响，缺乏农业巨灾的经济发展影响研究，因此笔者认为，农业巨灾是我国自然灾害的最主要部分，研究意义更大。此外，我国对自然灾害经济影响研究主要采用的是哈罗落—多马经济增长模型，该模型以古典经济学为基础，以经济学中的一般均衡理论为基础，用一组数学方程的形式反映整个社会的经济活动，比较灾害前后的投入和产出，最大的问题是模型复杂、数据采集困难和维护成本最高。本章以GMM模型为基础，研究我国农业巨灾对宏观经济发展的影响，分析其政策含义，希望以此推动我国农业巨灾风险分散管理的发展。

第二节　农业巨灾与经济发展关系

为了更好地了解农业巨灾通过哪些渠道可能会影响各部门的经济增长，需要重新审查索洛—斯旺（Solow - Swan）增长模型的基本要素。过去这个著名的模型已被广泛使用，该模型明确和清晰地阐明了经济波动如何过渡到一个长期稳定状态的过程，也反映在相关的时间范围内中长期经济增长变量和形式。

假设边际收益递减、规模收益不变、三个生产要素（劳动力、资本和中间投入）和一般生产率参数不变，为简单起见，柯布—道格拉斯（Cobb – Douglas）生产函数为：

$$Y = AK^{\alpha}L^{\beta}M^{1-\alpha-\beta} \qquad (5-1)$$

其中，Y 为产出，A 表示一般的生产力参数，K 是资本，L 是劳动，M 代表材料及其他中间投入，α、β、$1-\alpha-\beta$ 是相应的影响系数（全部在 0 和 1 之间）。每个要素的边际产品是正面的，但是逐步递减。

在给出的索洛—斯旺模型动态方程中，假定生产、资本只是其中一个因素，是有目的地积累，常量输出部分被保存并投资于资本形成。劳动力遵循着一个外生固定的增长率，生产力和中间投入可以随意改变。因此：

$$\Delta K = sY - \delta K \qquad (5-2)$$

$$\Delta L = nL \qquad (5-3)$$

其中，s 是储蓄率，δ 指资本折旧率，n 为人口的速度增长，而 Δ 表示变化。新古典生产函数［式（5-1）］和积累方程［式（5-2）和式（5-3）］完全描述的动态行为经济，其目的是现在沿着特定的资本和产出的增长速度的稳定状态路径，这是经济运行的长期结果。在稳定状态下，定义为常数增长率、资本和每个输出的情况，劳动力将是恒定的（这意味着 K 和 Y 增长速度为 n），出于这个原因，它是方便所有的变量转化为每个劳动力而言。

这样可以给出资本和人均产出的增长率的函数：

$$Gr(K) = \frac{\Delta K}{K} = S\frac{Y}{K}(\delta - n) \qquad (5-4)$$

$$Gr(Y) = \frac{\Delta Y}{Y} = \alpha Gr(K) \qquad (5-5)$$

产量的增长速度与资本的增长速度相关，关键依赖于资本的平均产品（Y / K），这是人均的减函数（K）：

$$\frac{y}{k} = Am^{1-\alpha-\beta}k^{\alpha-1} \qquad (5-6)$$

人均资本和人均产出的增长用给定的两个术语［$S(Y/K)$ 和 $(\delta + n)$］加以区别。为便于说明，他们都是统一称为在图 5-1 中的人均资本（k）的功能。

人均资本 K^* 的稳态水平是两行的交点。当人均资本低于 K^*，资本相对稀缺，因此更富有成效，从而导致人均资本积累和产出增长，但增速逐步变得缓慢，直到人均资本达到 K*，经济增长超过人口增长的速度。如果另一方面，每个劳动力的资本是上述 K*，资本相对丰富，生产力较低，人均生产资本和输出收缩，这种情况发生的速率不断下降，直至达到稳定状态。

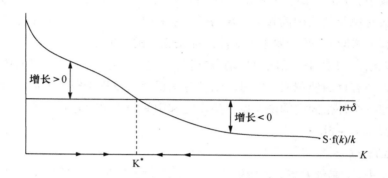

图 5 - 1　经济发展过渡到稳定状态

农业巨灾产生的影响，通过全要素生产率（A）、供应原料和中间投入（M）以及资本（K）和劳动力（L）、相对禀赋三个重要的途径可能会影响经济的发展。发生农业巨灾伤害了一般生产力（减少 A），资本的平均产品和增长预期下降。同样，出现中间投入的供给下降是自然灾害的后果，如果农业巨灾破坏带来比劳动力更多的资金，从而减少 K，在相对于正常的稳定状态下，预计经济增长会增加。

第三节　农业巨灾与经济发展影响因素

一　农业巨灾和经济发展

我国的农业巨灾主要有干旱、洪灾、台风、地震、低温冷害、冰雹、沙尘暴、泥石流等，其中，干旱、洪灾、台风、地震为我国农业巨灾的主要灾种，其损失一般占到当年农业巨灾损失的 80% 以上，所以本书重点研究干旱、洪灾、台风、地震四种主要农业巨灾。其数据主要来源于《中国气象灾害统计年鉴》、自然灾害数据库（http：//www. data. ac. cn/

zrzy/g52. asp）、国家减灾网（www. jianzai. gov. cn）等。

根据通行的国民经济部门划分方法，把国民经济部门划分为农业、工业和服务业三大部门。为了度量农业巨灾对经济发展的影响，本书选取 GDP 增长率、农业平均增长率、工业平均增长率、服务业平均增长率等指标来衡量经济发展状况，以上数据通过《中国统计年鉴》和《中国人口和就业统计年鉴》等获得。

二　农业巨灾与经济发展影响因素

在农业巨灾与经济发展影响因素的选取方面，参考 Norman Loayza、Eduardo Olaberría、Jamele Rigolini 等（2009）与 Levince、Loayza、Beck（2000）、Dollar 和 Kraay（2004）的研究方法，本书选取一国或地区的教育水平、健康水平、金融发展、政府预算、对外开放程度和通货膨胀率等一系列决定经济发展的指标。每一项指标的说明和具体描述见表 5 – 1。

表 5 – 1　　　　　　　　农业巨灾与经济发展影响因素

影响因素	描述	主要评价指标	数据来源
教育水平	一国（或地区）所有人群中的平均文化深度、受教育的高深程度等的综合表现	初中毛入学率（初中在校生数占相应学龄人口总数比例）	《中国教育统计年鉴》、《中国人口与教育统计年鉴》等
健康水平	一国（或地区）全体居民身体、心理和社会适应的完好状态。国民健康水平是一个国家经济社会发展水平的综合反映	婴儿死亡率（每千名活产婴儿死亡人数）	《中国卫生统计年鉴》、《人口统计年鉴》等
金融发展	金融体系和金融政策组合促进经济增长及如何合理利用金融资源以实现金融的可持续发展并最终实现经济的可持续发展	金融效率（提供给非金融私人企业或非金融私人部门的信贷与 GDP 的比率）	《中国金融统计年鉴》等
政府预算	一国（或地区）对年度政府财政收支的规模和结构进行的预计和测算	政府财政负担（政府各类总支出占 GDP 比例）	《中国财政统计年鉴》等

影响因素	描述	主要评价指标	数据来源
对外开放程度	一个国家（或地区）经济对外开放的程度，具体表现为市场的开放程度	外贸依存度（进出口总额、出口额或进口额与国民生产总值或国内生产总值之比）	《中国统计年鉴》、《中国外贸统计年鉴》等
通货膨胀率	物价平均水平的上升幅度	CPI（consumer price index），即居民消费价格指数	《中国物价统计年鉴》等

第四节　估算方法

使用时间序列的面板数据，设计一个标准的估算增长回归方程为：

$$y_{i,t} - y_{i,t-1} = \beta_0 y_{i,t-1} + \beta_1 CV_{i,t} + \beta_2 ND_{i,t} + \mu_t + \eta_i + \varepsilon_{i,t} \qquad (5-7)$$

其中，下标 i 和 t 分别代表国家和时间段；y 代表人均资本产出；CV 是一组增长控制变量；ND 代表农业巨灾；μ_t 和 η_i 分别表示不可观测的时间和特定国家的影响；ε 是误差项。因变量（$y_{i,t} - y_{it-1}$）是实际产出增长的平均速率（即长度期内人均资本产出的对数差）。

回归方程是动态的，即它包括短期内人均资本产出水平（$y_{i,t} - y_{i,t-1}$）与同期内开始的变量。这会造成给定的未观测周期的存在，并用于估算针对具体国家的影响的一个挑战。而列入特定时期虚拟变量可以受到时间的影响，当一个回归是动态的性质，处理特定国家的常用方法效果（即组内或差额估算）是不合适的。

第二个挑战是大多数解释变量很可能是共同的内生经济增长，所以我们需要控制同向或反向的因果关系产生的偏差。虽然农业巨灾是外生变量，如果在该模型中的其余变量的内生性被忽略，它们的影响会被错误地估计，继 Levine、Loayza、Beck（2000）和 Dollar、Kraay（2004）后，Holtz-Eakin、Newey 和 Rosen（1988）开发了 GMM 估计动态模型的通用方法，Arellano 和 Bond（1991）、Arellano 和 Bover（1995）用控制特定国家的影响和加入内生性，从而丰富了面板增长回归模型。这些估计是基于：第一，差分回归来控制（时间不变）未观察影响；第二，关于使用的说明，以前的观察和滞后相关变量作为内部工具。

估算特定时间的影响后，式（5-7）可以改写为：

$$y_{i,t} = \alpha\,(y_{i,t-1} - y_{i,t-2}) + \beta y_{i,t-1} + \eta_i + \varepsilon_{i,t} \tag{5-8}$$

为了消除具体国家的影响，先采取式（5-9）进行处理：

$$y_{i,t} - y_{i,t-1} = \alpha\,(y_{i,t-1} - y_{i,t-2}) + \beta'(X_{i,t} - X_{i,t-1}) + (\varepsilon_{i,t} - \varepsilon_{i,t-1}) \tag{5-9}$$

由结构工具来处理与解释可能的内生性变量的问题，即新的误差项 $\varepsilon_{i,t} - \varepsilon_{i,t-1}$、$y_{i,t-1} - y_{i,t-2}$ 是相关性与滞后因变量 $y_{i,t-1} - y_{i,t-2}$。该工具利用面板设置数据和以前的观察结果的解释变量和滞后因变量。从概念上讲，这种假设影响经济发展（即回归误差），是不可预知的过去给出的值的解释变量。但是，该方法允许对于当前和未来值将受影响发展的解释变量。这是该方法被设计来处理这种类型的内生性。

根据假设的误差项不存在序列相关，并且该说明变量是弱外生（即解释变量是设定为不相关的将来变现误差项），这样会产生以下的短期限制：

$$E[y_{i,t-s}(\varepsilon_{i,t} - \varepsilon_{i,t-1})] = 0 \quad \text{for } s \geq 2;\ t = 3, \cdots, T \tag{5-10}$$

$$E[X_{i,t-s}(\varepsilon_{i,t} - \varepsilon_{i,t-1})] = 0 \quad \text{for } s \geq 2;\ t = 3, \cdots, T \tag{5-11}$$

基于在式（5-10）和式（5-11）的条件下，GMM 估算被称为差额估计。尽管它的优势是简单的面板数据估计，但有重要的统计缺陷。Blundell 和 Bond（1998）、Alonso - Borrego 和 Arellano（1999）研究表明，当解释变量具有长期性，随着时间的推移，这些滞后水平的变量在不同的回归方程工具中变得很小，该工具弱点是影响差异估计对低效的渐近、小样本性能和有偏见的系数估计值。

为减少与差异相关联的潜在偏差和不精确度估计，Arellano 和 Bover（1995）、Blundell 和 Bond（1998）进行了实证研究。他们结合了不同的回归方程并把回归方程作为一个系统。对于不同的方程，该工具通过的滞后差异给出解释变量。这些都是假设条件下适当的工具，该解释变量和特定国家的效果之间的相关性在所有的时间段是相同的。

$$E[y_{i,t+p} \cdot \eta_i] = E[y_{i,t+q} \cdot \eta_i] \text{ 和}$$
$$E[X_{i,t+p} \cdot \eta_i] = E[y_{i,t+q} \cdot \eta_i] \text{对于所有的 } p \text{ 和 } q \tag{5-12}$$

使用这种假设平稳性和未来增长的外生性的影响，在水平回归情况下，系统的第二部分由下式给出瞬间条件：

$$E[(y_{i,t-1} - y_{i,t-2}) \cdot (\eta_i - \varepsilon_{i,t})] = 0 \qquad (5-13)$$

$$E[(X_{i,t-1} - X_{i,t-2}) \cdot (\eta_i - \varepsilon_{i,t})] = 0 \qquad (5-14)$$

在方程给出的条件式（5－10）、式（5－11）、式（5－13）和式（5－14）情况下，可以使用 GMM 模型。基于过程生成参数一致性和有效的估计利益，他们（Arellano and Bond，1991；Arellano and Bover，1995）给出了渐近方差—协方差结构方程式：

$$\hat{\theta} = (\bar{X}'Z \, \hat{\Omega}^{-1} Z' \bar{X})^{-1} \bar{X}'Z \, \hat{\Omega}^{-1} Z' \bar{Y} \qquad (5-15)$$

$$AVAR(\hat{\theta}) = (\bar{X}'Z \, \hat{\Omega}^{-1} Z' \bar{X})^{-1} \qquad (5-16)$$

其中，θ 是利益的参数向量（α，β），$\bar{Y}$ 是差异和水平叠加因变量，$\bar{X}$ 是解释变量、矩阵滞后因变量（$Y_t - 1$，X）的水平差异，Z 是从目前情况派生的工具矩阵，Ω 是一致条件下的方差—协方差矩阵的估计。

潜在的一套工具理论上应该涵盖所有足够的观测滞后值，然而，当截面数据的样本大小是有限的，则建议使用一组限制条件，以避免过度拟合偏差。

GMM 估计量的一致性取决于对滞后值解释变量是否是发展回归的有效手段。两个规范运行测试来验证这一点：第一是过度识别约束的汉森测试，它通过分析当下的样品模拟测试工具的有效性，不拒绝零假设给出了支持该模型。第二是测试考察了原始误差项 [即式（5－8）中的 $\varepsilon_{i,t}$] 是否存在序列相关，无效假设支撑模型不能被拒绝。

第五节　数据来源及处理

由于对我国农业巨灾经济发展影响评估涉及农业巨灾损失、GDP、教育水平、金融发展、政府预算、对外开放程度和通货膨胀率等数据，所以本书的数据来源主要有《中国统计年鉴》、《中国气象灾害统计年鉴》、《中国物价统计》、《中国对外贸易统计年鉴》、《中国教育统计年鉴》、《中国人口和就业统计年鉴》、《中国民族统计年鉴》和自然灾害数据库（http：//www. data. ac. cn/zrzy/g52. asp）、国家减灾网（www. jianzai. gov. cn）等。

在数据处理方面，本书对原始数据进行了如下处理：

首先，通过上述统计年鉴和数据库等，可以得到我国 1949—2013 年农业自然灾害损失的直接数据，这些数据是某年度所有农业自然灾害的损失。本书研究的是农业巨灾的损失问题，所以需要根据国际通行的巨灾度量标准（通常把某年度自然灾害损失超过当年 GDP 总额的 1‰称为巨灾），把农业自然灾害损失没有超过当年 GDP 总额的 1‰的数据进行剔除，这样所得出的有效样本为 56 个。

其次，本书用某一国家或地区 5 年内受灾人口总数除以总人口并取对数来度量自然灾害的程度与规模。用公式表示为：

$$农业巨灾_{i,t} = Log\left(\sum_j \frac{总体损失额_{i,tj}}{总人口数_{i,t}}\right) \qquad (5-17)$$

这里，j 表示第 i 国家或地区 5 年期间发生灾害的数量，t 表示年份。此外，本书还分别度量旱灾、洪灾、台风和地震等自然灾害的影响，并将其作为控制变量放入计量模型中。

再次，因为农业巨灾是一个小概率大损失的事件，其发生具有不确定性，造成的损失在时间上也具有不均衡性，为了消除短期内样本的影响，本书对相关数据进行了处理，以上变量以 5 年期的平均值作为一个观察值，进行了对数转换，并进行回归分析。

总之，通过以上处理办法，所有变量描述性统计如表 5 - 2、表 5 - 3、表 5 - 4 和表 5 - 5 所示。

表 5 - 2　　　　　　　　　经济发展统计数据描述

变量	样本数	均量	中位数	标准差	最大值	最小值
人均 GDP 增长率（%）	56	6.78	7.20	7.16	11.18	- 3.86
农业增长率（%）	56	5.65	8.50	2.05	33.00	- 2.62
工业增长率（%）	56	24.3	17.9	19.41	15.82	- 0.524
服务业增长率（%）	56	17.7	18.7	12.42	24.63	1.80
教育水平	56	69.79	69.7	8.48	98.4	32.41
健康水平	56	6.15	5.10	0.18	6.50	5.10
金融发展水平	56	4.74	5.97	1.15	8.26	0.17
政府预算	56	0.16	0.13	0.01	0.32	0.12
通货膨胀率	56	5.52	6.40	6.58	14.12	- 0.38
对外开放程度	56	0.28	0.134	0.17	0.62	0.09

表 5 - 3 　　　　　　　　　　经济发展统计数据对数值描述

变量	样本数	均量	中位数	标准差	最大值	最小值
人均 GDP 增长率（%）	56	0.831	0.857	0.855	1.048	-0.587
农业增长率（%）	56	0.752	0.929	0.312	1.519	-0.418
工业增长率（%）	56	1.386	1.253	1.288	1.199	0.281
服务业增长率（%）	56	1.248	1.272	1.094	1.391	0.255
教育水平	56	1.844	1.843	0.928	1.993	1.511
健康水平	56	0.789	0.708	-0.745	0.813	0.708
金融发展水平	56	0.676	0.776	0.061	0.917	-0.770
政府预算	56	-0.796	-0.886	-2.000	-0.495	-0.921
通货膨胀率	56	0.742	0.806	0.818	1.150	0.420
对外开放程度	56	-0.553	-0.873	-0.770	-0.208	-1.046

表 5 - 4 　　　　　　　　农业巨灾损失及发生率统计数据描述

变量	样本数	均量	中位数	标准差	最大值	最小值
农业巨灾损失（亿元）	56	1845.34	410.40	1341.89	5808.40	152.00
干旱损失（亿元）	56	270.46	117.87	267.85	1028.00	36.00
洪灾损失（亿元）	56	1065.13	641.00	806.86	3505.00	324.00
地震损失（亿元）	56	3.71	0.36	4.03	8522.87	0.0045
台风损失（亿元）	56	117.65	69.71	203.36	1091.50	2.45
农业巨灾［事件发生率（%）］	56	1.48	1.286	1.42	4.64	0.248
干旱［年事件发生率（%）］	56	23.56	21.38	20.34	63.47	8.65
洪灾［年事件发生率（%）］	56	35.48	34.68	26.26	76.34	10.63
地震［年事件发生率（%）］	56	1.785	2.67	4.79	15.24	0.80
台风［年事件发生率（%）］	56	20.16	10.62	19.55	50.64	8.06

注：农业巨灾事件发生率是指一年中发生的农业巨灾数量占全部观测年份（56 年）内所有农业巨灾总数量的比重。干旱、洪灾、台风和地震年事件发生率是指一年中某种类型的农业巨灾占当年农业巨灾总数量的比重。

表 5 - 5 　　　　　　农业巨灾损失及发生率统计数据对数值描述

变量	样本数	均量	中位数	标准差	最大值	最小值
农业巨灾损失（亿元）	56	3.266	2.613	3.128	3.764	2.416
干旱损失（亿元）	56	2.432	2.071	2.428	3.012	1.723

续表

变量	样本数	均量	中位数	标准差	最大值	最小值
洪灾损失（亿元）	56	3.027	2.807	2.907	3.545	2.780
地震损失（亿元）	56	0.569	-0.444	0.605	3.931	-2.599
台风损失（亿元）	56	2.071	1.843	2.308	3.038	0.431
农业巨灾［事件发生率（%）］	56	0.170	0.109	0.152	0.667	-0.671
干旱［年事件发生率（%）］	56	1.372	1.330	1.308	1.803	1.038
洪灾［年事件发生率（%）］	56	1.550	1.540	1.419	1.883	1.137
地震［年事件发生率（%）］	56	0.252	0.427	0.680	1.183	-0.107
台风［年事件发生率（%）］	56	1.304	1.026	1.291	1.704	1.004

第六节　估算结果

将表5-3和表5-5中的数据代入式（5-9）中，通过Eviews7.0软件进行回归分析，对所得数据进行相应的检验，得出表5-6中的全部数据。

表5-6　　　　　我国农业巨灾与经济发展回归分析结果

变量	因变量			
	（1） GDP增长	（2） 农业增长	（3） 工业增长	（4） 服务业增长
农业巨灾变量：				
所有灾害	0.047			
	［0.634］			
干旱	-0.327 ***	-0.370 ***	-0.124 **	-0.012
	［-0.917］	［-7.247］	［-0.572］	［-0.158］
洪灾	0.064 ***	0.098 ***	0.035 **	0.032 **
	［2.824］	［2.566］	［1.067］	［1.354］
地震	-0.007	-0.008	1.031 ***	-0.002
	［-0.421］	［0.904］	［1.835］	［-0.327］

变量	因变量			
	（1） GDP 增长	（2） 农业增长	（3） 工业增长	（4） 服务业增长
台风	- 0.012	- 0.072 **	0.093 **	- 0.023
	〔 - 0.521 〕	〔 - 3.103 〕	〔 1.825 〕	〔 - 0.245 〕
控制变量：				
教育水平	0.185	1.812 ***	0.351	2.699 ***
	〔 0.408 〕	〔 3.093 〕	〔 0.215 〕	〔 4.143 〕
健康水平	1.203 **	2.042 ***	1.182 ***	1.791 ***
	〔 2.508 〕	〔 2.184 〕	〔 2.247 〕	〔 3.176 〕
金融发展水平	0.5012 ***	- 0.284	0.687 *	0.196
	〔 1.528 〕	〔 - 0.642 〕	〔 1.695 〕	〔 1.538 〕
政府预算	- 3.857 ***	- 1.085 *	- 5.057 ***	- 4.071 ***
	〔 - 6.438 〕	〔 - 1.709 〕	〔 - 5.624 〕	〔 - 6.191 〕
通货膨胀率	- 5.926 ***	- 3.523 ***	- 5.065 ***	- 3.842 ***
	〔 - 4.914 〕	〔 - 4.841 〕	〔 - 2.905 〕	〔 - 3.057 〕
对外开放程度	1.921 ***	- 0.106	3.185 ***	1.661 ***
	〔 3.014 〕	〔 - 0.011 〕	〔 3.823 〕	〔 2.036 〕
观察值	56	56	56	56
AR（2）test（p 值）	0.204	0.151	0.538	0.391
Hansen test（p 值）	0.501	0.303	0.299	0.385

注：〔 〕里面是 t 值；*、**、*** 分别代表 10%、5%、1% 的显著性水平；AR（2）检验的零假设为差分后的误差项不存在二阶序列相关；Hansen 检验的零假设为工具变量与误差项不相关。

通过估算，得出如下结论：

一　控制变量对经济发展的影响

教育水平、健康水平、金融发展水平和对外开放程度对经济发展总体为正影响，但影响程度存在一定的差异。教育水平对 GDP 和工业影响不大，但对农业和服务业影响显著；健康水平对 GDP、农业、工业和服务业都存在显著影响；金融发展水平对 GDP 影响显著，对工业发展有影响，对服务业发展影响不大，但对农业发展存在负影响，主要原因是金融业越发达，农村金融市场被"边缘化"越发严重，大量资金流向其他行业，从而影响农业发展。对外开放程度对 GDP、工业和服务业都存在显著影响，但对农业发展为负影响，说明我国农业还处在发展阶段，与国外发达国家相比较，是一个典型的弱势产业，开发度越高，负面影响越大。

政府预算和通货膨胀率对经济发展总体为负影响，并且影响显著，唯一有点差异的是政府预算对农业发展的影响不太显著，说明我国政府预算对农业发展影响不大，主要原因是我国政府历年的农业政府预算尽管增幅相比其他行业还算不低，但由于基数太小，所以总量有限，难以对农业发展产生大的影响。

二 农业巨灾对经济发展的影响

总体看来，我国农业巨灾对 GDP 影响为正但并不显著，说明尽管我国农业巨灾损失不小，但对我国经济发展产生的影响并不大。这从历年农业巨灾损失占 GDP 的比重也可以看出，一般年份在 1% 左右，以 2013 年为例，农业巨灾损失占 GDP 的 1.02%，最高的 2008 年比重为 3.74%。

旱灾对经济发展存在显著的负影响，特别是对 GDP、农业发展影响很大（-0.327、-0.370），对工业发展影响不小（-0.124），但对服务业发展影响不大（-0.012）。基于微观农户数据的研究，Dercon（2004）、Christiaensen 和 Subbarao 等（2005）学者的研究也得出了类似的结论。说明旱灾对我国经济发展会产生一定的连锁影响，旱灾首先影响农业发展，其次会影响以农业作为原材料的工业（与以非农业作为原材料的发达国家不同），最后影响我国的 GDP。对于为什么旱灾会产生负影响，通常的解释是一旦发生干旱，就意味着一个重要的投入农业生产要素的水将大幅减少，这些负面影响可能是通过提供原材料和中间投入两种机制扩大对工业增长影响，表现在两个方面：一是提供给工业部门的农产品会减少，二是阻碍发电，特别是在电力以水电为主的区域，因减少电力供应，从而影响工业的发展。

与旱灾对经济发展影响相反，洪灾对经济发展存在显著的正影响，特别是对 GDP、农业发展影响很大（0.064、0.098），对工业发展有一定的影响（0.035），但对服务业影响不大（0.032）。洪水将导致水利设施受损、农田冲毁，会产生负面效率影响，如果洪水是长期和严重的情况，会出现水传播疾病的可能，会进一步加剧全要素生产率下降。然而，当洪水局部化和适中的时候，它们通过多种机制使其具有更高相关联的增长，如洪水引发增加未来灌溉水的供应，又通过提高土地肥沃程度得到实现。它们也可能反映了全国降雨较为丰富，洪水对行业增长影响可能会通过提高农产品和电力供应、重要的中间投入工业生产来实现。对服务业增长正面影响的洪水也可能会通过与其他部门的相互联系，例如一个更大商业和零售的电源输入来实现。

地震对 GDP、农业和服务业为负影响（分别为 -0.007、-0.008 和 -0.002），但并不显著。因为地震会破坏农业基础设置和农田，对农业产生负面影响。唯独对工业发展为显著性正影响（1.031），意味着对工业增长产生积极的影响。虽然地震严重影响劳动力和资本供给，尤其是破坏建筑物、基础设施和工厂，但另一方面地震也会导致资本与劳动者比例大幅缩水、投资资本的增加、平均输出和边际产品成长，上述要素一旦进入重建的循环经济，就会促进经济增长。此外，如果破坏了的资本被替换为一个质量更好的要素生产率的增加，将导致进一步推动更高的增长。

与地震对经济发展影响类似，台风对 GDP 和服务业为负影响（分别为 -0.012 和 -0.023），但并不显著。对农业和工业发展有一定影响，只不过对农业发展产生负影响（-0.072），对工业发展产生正影响（0.093）。这样看来，台风可能对农业增长产生负面影响，但是，如果它们不严重时，会产生一个积极的工业增长。台风过后农业增长下降是因为他们摧毁了幼苗、植物（或收获），台风还摧毁了在工业生产中重要的相当数量的物质资本、毁灭性的资金、相对较多致残的劳动力，由于资本劳动者比例下降，这个运行机制会提供一个成长扩张的工业行业。

第七节　结　论

本书通过采集我国 1949—2013 年经济发展和农业巨灾损失数据，运用修正的 GMM 模型，在对面板数据处理的基础上，通过相关回归分析，得出以下结论：

一是教育水平、健康水平、金融发展水平和对外开放程度对经济发展总体为正影响，但影响程度存在一定的差异。政府预算和通货膨胀对经济发展总体为负影响，并且影响显著，唯一有点差异的是政府预算对农业发展的影响不太显著。

　　二是总体看来，我国农业巨灾对 GDP 影响为正但并不显著，旱灾对经济发展存在显著的负影响，洪灾对经济发展存在显著的正影响，地震对 GDP、农业和服务业为负影响，台风对 GDP 和服务业为负影响，但并不显著，台风对工业发展产生正影响，对农业发展产生负影响。

第六章　我国农业巨灾风险分散现状

我国是农业巨灾风险频繁的地区，每年造成了巨大的财产损失和人员伤亡。同时，我国也一直在致力于探索农业巨灾风险分散活动，出台了相关政策和法规，形成了中国特色的农业巨灾风险分散模式，并不断完善农业巨灾风险分散工具，但不可否认的是，目前我国农业巨灾风险分散还存在许多问题。

第一节　我国农业巨灾风险分散政策

基于农业巨灾的特征和我国农业巨灾的现实，党和政府历来高度重视农业巨灾风险管理，采取了包括防灾减灾法律和规划、历年中央一号文件、国民经济和社会发展规划、保险发展规划等在内的一系列政策措施，积极探索农业巨灾风险的有效分散。

一　防灾减灾法律和规划

1. 防灾减灾相关法律

我国政府历来重视防灾减灾相关法律和法规的建设和完善工作，除了突发事件应对法这一基本应急法外，目前已经出台的有《中华人民共和国防震减灾法》、《中华人民共和国水土保持法》、《中华人民共和国森林法》、《中华人民共和国防沙治沙法》、《中华人民共和国气象法》、《中华人民共和国防洪法》、《中华人民共和国草原法》，还有《中华人民共和国消防法》、《中华人民共和国突发事件应对法》和《道路交通安全法》等防灾减灾法律法规。

行政法规有《破坏性地震应急条例》、《地质灾害防治条例》、《防汛条例》、《蓄滞洪区运用补偿暂行办法》、《森林防火条例》、《草原防火条例》等，共计30余部。同时，针对保险和救助等阶段也完善了专门的规定，已出台的有《自然灾害救助条例》、《灾害事故医疗救援管理办法》、《救灾捐赠管理暂行办法》等。

2. 防灾减灾规划

我国还颁布实施了《中华人民共和国减灾规划》、《国家综合减灾十一五规划》、《国家综合防灾减灾十二五规划》、《加强国家和社区的抗灾能力：2005—2015 年兵库行动纲领》和《亚洲减少灾害风险北京行动计划》等一些防灾减灾的专项规划，建立了政府统一领导、部门分工负责、灾害分级管理、属地管理为主的减灾救灾领导体制和工作机制。

1997 年国务院出台了《中华人民共和国减灾规划》（1998—2010年），明确了"要进一步增强全民的减灾意识，在生产生活设施建设中，都要考虑到减灾，要运用多种手段和措施，大力开展减灾建设，发挥各种减灾工程的整体效益，积极推进综合减灾工作"。指出减灾工作的主要任务是："按照国民经济和社会发展总任务、总方针，围绕国民经济和社会发展总体规划，加速减灾的工程和非工程建设，完善减灾运行机制，提高我国减灾工作整体水平，推进减灾事业的全面发展。"提出了农业和农村减灾、工业和城市减灾、区域减灾、社会减灾和减灾国际合作等工作的重要行动。

2007 年 8 月我国出台的《国家综合减灾十一五规划》中明确指出，"要学会综合运用各种手段，包括法律、行政、市场、科技等，努力建立起减灾管理体制与运行机制，并不断对其进行完善，对灾前预警、监测、防备、灾后救助、应急处理以及重建能力进行加强，实现工作重心从减轻灾害的损失程度到灾害风险预警的转变，全面提升灾害风险管理水平和减灾能力，使人们的人身财产安全得到切实的保障，全面推进社会的可持续发展。"确定了"以政府为主导、社会参与、分级管理；区域与部门共同协作、各负其责；灾害风险的降低和社会经济的可持续发展相互配合协调"等基本原则，提升应对巨灾的综合能力。为了达到此目标，在研究巨灾时必须清晰地认识到巨灾活动的规律、其发生的机理，还要了解其与次生灾害的相互关系，从而达到对巨灾的全面认知，除了认知之外，还应进行巨灾应急的仿真实验和重大自然灾害变异模拟。完善应对巨灾的机制体制，制定相应的政策措施，对巨灾风险高发区域和重点城市群（比如"长三角"、"珠三角"、"环渤海"等）要加强巨灾防范演练，以防巨灾来临之际手忙脚乱。保险方面，我们要积极探索适合中国国情的农业再保险体系，进行农业保险试点的积极推进，找到政策性农业保险和财政补助的契合点，建立农业风险防范和救助机制。在巨灾防御工作方面，要加强合作，建立亚洲区域巨灾中心，努力探索出亚洲区域在应对巨灾时应采取何种合作方式，降低巨灾危害。

2011 年国务院出台了《国家综合防灾减灾规划》（2011—2015 年），该规划"是贯彻落实党中央、国务院关于加强防灾减灾工作决策部署的重要举措，该项规划不仅有力地推动了防灾减灾事业的发展、构建了综合防灾体系，而且在综合提高防灾减灾能力方面效果明显，在一定程度上对人民的生命财产安全和社会全面协调发展起到了积极的促进作用，意义重大"。提出了九项主要任务，分别是：加强自然灾害监测预警能力、信息管理与服务能力、风险管理和工程防御能力、区域和城乡基层防灾减灾能力、应急处置与恢复重建能力、科技支撑能力、社会动员能力、人才和专业队伍、文化建设等能力的建设，同时提出了国家救灾物资储备工程、防灾减灾宣传教育、国家综合减灾与风险管理信息化建设工程、环境减灾卫星星座建设工程、国家重特大自然灾害防范仿真系统工程建设、科普工程、全国自然灾害综合风险调查工程、国家自然灾害应急救助指挥系统建设工程、实施综合减灾示范社区和避难场所建设工程九项重大项目，明确了完善工作机制、建立健全法律法规和预案体系、加大资金投入力度、广泛开展国家合作与交流、做好规划实施与评估五项保障措施。

二　历年一号文件相关政策

从 1982 年开始，中央每年把农业问题作为一号文件予以下发，体现了党和国家对于农业问题的高度重视。涉及农业巨灾问题是从 2007 年开始的，在此后历年的中央文件中都有所体现，逐步明确了我国农业巨灾风险管理的指导思想、基本原则和政策措施。

三　农业保险、再保险和巨灾准备金政策

自从 1982 年恢复农业保险开始，我国农业保险得到了健康发展，特别是在 2004 年开展农业保险补贴试点工作以来，农业保险发展迅猛，保险区域逐渐扩大，保险品种迅速增加，保费收入大幅度提高，保险密度和保险深度得到很大的提升，2013 年，全国农业保险费的收入达到 306.6 亿元，同比增长了 27.4%，承保的农作物面积超过 10 亿亩，占主要农作物播种面积的 42%，为农业巨灾风险分散奠定了良好的基础。

表6-1　　　2007—2014年中央一号文件农业巨灾风险管理相关内容

年份	文件名称	相关内容
2007	中共中央国务院关于促进农民增加收入若干政策意见	要求建立与完善农业风险防范机制，对自然灾害预测预报体系与预警应急体系的建设要加强。提高农业防灾减灾能力，完善农业巨灾风险转移分摊机制，建立中央和地方财政支持下的再保险体系
2008	关于切实加强农业基础建设进一步促进农业发展农民增收的若干意见	要求对农业再保险体系进行建立和完善，慢慢形成农业巨灾风险转移分担机制
2009	中共中央　国务院关于促进农业稳定发展农民持续增收的若干意见	要求加快建立农业再保险体系和财政支持的巨灾风险分散机制
2010	中共中央　国务院关于加大统筹城乡发展力度　进一步夯实农业农村发展基础的若干意见	要积极扩大农业保险保费补贴的品种和区域覆盖范围，健全农业再保险体系，建立财政支持的巨灾风险分散机制
2011	中共中央　国务院关于加快水利改革发展的决定	要积极扩大农业保险保费补贴的品种和区域覆盖范围，对农业再保险体系进行逐步的建立和完善，建立财政支持下的巨灾风险分散机制
2012	关于加快推进农业科技创新持续增强农产品供给保障能力的若干意见	大力支持在关键农时、重点区域开展防灾减灾技术指导和生产服务，加快推进农作物病虫害专业化统防统治，完善重大病虫疫情防控支持政策 丰富农业保险的险种，扩大农业保险的覆盖面，开展设施农业保费补贴试点，对森林保险保费补贴的试点范围进行进一步的扩大，对优势农产品生产保险的开展，地方政府要多加鼓励和支持，完善农业再保险体系，一步一个脚印地建立起在中央财政支持下的农业大灾风险转移分散机制
2013	关于加快发展现代农业，进一步增强农村发展活力的若干意见	要对政策性保险制度、农业保险保费补贴政策进行完善，对生产大县、中西部地区的保险保费补贴要逐步加强，可根据需要提高部分险种的保费补贴比例。要进行对农房保险、农机、渔业、农作物制种的试点以及重点国有林区森林保险保费补贴的试点；推进建立财政支持的农业保险大灾风险分散机制
2014	关于全面深化农村改革加快推进农业现代化的若干意见	完善农业补贴政策；强化农业防灾减灾稳产增产关键技术补贴；鼓励开展多种形式的互助合作保险，规范农业保险大灾风险准备金管理，加快建立财政支持的农业保险大灾风险分散机制

资料来源：2007—2014年中央一号文件。

表 6-2 我国保险费补贴的农业保险标的一览表

保费补贴来源	保费补贴标的
中央财政补贴保费的种植业保险种类	水稻、小麦、玉米、棉花、青稞（青海）、大豆、油菜、花生、土豆（甘肃）、橡胶树（海南）、甘蔗、甜菜、森林
地方财政补贴保费的种植业保险种类	大棚蔬菜及大棚、香蕉、苹果、梨、西瓜、葡萄、柑橘
中央财政补贴保费的养殖业保险种类	能繁母猪、奶牛、育肥猪、藏系羊（青海）、牦牛（青海、西藏）
地方财政补贴保费的养殖业保险种类	鸡、鸭、鹅、淡水鱼、虾、蟹、海水（网箱）养鱼、海参
地方财政补贴保费的涉农保险种类	农房、渔船、农业机械、渔民（人身意外伤害）

资料来源：庹国柱：《中国农业保险的政策及其调整刍议》，《保险职业学院学报》2014 年第 2 期。

1995 年 6 月 30 日第八届全国人民代表大会常务委员会第十四次会议通过了《中华人民共和国保险法》，2009 年 2 月 28 日中华人民共和国第十一届全国人民代表大会常务委员会第七次会议修订通过新修订的《中华人民共和国保险法》。2012 年 11 月 12 日颁布了《农业保险条例》，以行政法规的形式予以强制执行。以上法律直接为我国农业巨灾保险提供了基本法律依据。

在 2004 年 3 月的全国"两会"上，全国政协委员戴凤举领衔呼吁，应对巨灾保险，必须尽快建立起我国的巨灾保障制度。2004 年开始，保监会已经开始着手研究地震保险制度、农业保险制度，明确农业巨灾保险是我国保险业工作的重点，通过努力把我国巨灾保险制度的框架建立起来，使保险业服务于国民经济、服务于社会稳定、服务于改革开放，这是中国保险业一个总的目标。

从 2004 年至今，党中央国务院多次提出要加强农业巨灾风险管理制度建设。中共十六届三中全会明确提出要探索建立政策性农业保险制度，2006 年将农业保险作为支农方式的创新，纳入农业支持保护体系。

2007 年，中央首次对江苏、吉林、湖南、四川、新疆和内蒙古六个省自治区提供农业保险补贴，开始了我国政策性农业保险试点。四川和内蒙古将农业保险经营的结余转为巨灾准备金，江苏由财政按照当年农业保险保费的一定比例拨付专门的巨灾风险基金。

2008 年中央扩大了财政保费补贴的试点区域，新增了辽宁、河北、河南、山东、湖北、江西、安徽、陕西、浙江、广东、海南 11 个省。各省进行了农业巨灾风险分散的探索，大部分省开始建立农业巨灾风险准备金，其中，河南、安徽等省按照保费收入的一定比例提取巨灾风险准备金，江西按照农业保险独立核算账户会计年度经营盈余的 50% 提取巨灾风险准备金，江苏出台了《江苏省农业保险试点政府巨灾风险准备金管理办法（试行）》，建立了省市县三级巨灾风险准备金。

北京试水政府购买农业再保险转移农业巨灾风险。2009 年 7 月 30 日北京市政府部门与瑞士再保险、中国再保险签约，购买相关农业再保险产品。据了解，此类由政府直接购买农业再保险的情况在国内尚属首次，这表明，政府正欲通过市场化手段转移农业巨灾风险。目前，北京市已基本形成较为完善的三个层次的政策性农业保险风险转移机制，三个层次的风险转移包括：赔付率在 160% 以下的风险，由承保的保险公司承担；赔付率在 160%—300% 部分的风险，由政府直接购买农业再保险来解决；赔付率超过 300% 以上的风险，由政府每年按照农业增加值的 1% 提取农业巨灾风险准备金来解决。

2012 年国务院出台了关于转发《财政部、国家税务总局关于保险公司农业巨灾风险准备金企业所得税税前扣除政策的通知》，对保险公司计提农业保险巨灾风险准备金企业所得税税前扣除问题通知如下：对于补贴险种，即保险公司保险经营财政给予保费补贴的种植业险种，在计提巨灾风险准备金时，要求不得高于补贴险种当年保费收入的 25%，准予在企业所得税前据实扣除。具体计算公式如下：本年度扣除的巨灾风险准备金 = 本年度保费收入 × 25% - 上年度已在税前扣除的巨灾风险准备金结存余额。如果经过计算，发现数额为负数，那么对应纳税所得额应予以增加；补贴险种的定义：根据财政部关于种植业保险保费补贴管理的相关规定来进行确定，而且要求对于各级财政部门的补贴的比例之和不得低于保费 60% 的种植业险种；对于建立完善巨灾风险准备金的管理与使用制度，保险公司的原则应为：专款、专项、专用。在向主管税务机关报送时必须同时报送企业所得税纳税申报表与巨灾风险准备金提取与使用的相关说明的报表。

2013 年财政部印发了《农业保险大灾风险准备金管理办法》（以下简称"管理办法"）的通知，旨在进一步完善农业保险大灾风险分散机制，规范农业保险大灾风险准备金管理，促进农业保险持续健康发展。"管理办法"明确了大灾准备金管理应该遵循独立运作、因地制宜、分级管理、统筹使用等原则，详细规定了大灾准备金的计提办法，对大灾准备金的使用和管理进行了明确规定。

2014年5月，上海市政府办公厅关于转发市农委等四部门制定的《上海市农业保险大灾（巨灾）风险分散机制暂行办法》的通知，明确进一步完善本市政策性农业保险制度，逐步建立财政支持的农业保险大灾风险分散机制，多层次分散本市农业大灾（巨灾）风险，促进农业保险持续健康发展。规定由于遭受台风、特大暴雨、重大病虫害（疫病）等不可抗拒灾害，造成某一公历年度政策性农业保险业务赔付率超过90%的情况。一旦出现赔付率超过150%的情况，视为农业保险巨灾风险。每年从农业保险保费收入和超额承保利润中，分别按照一定比例，计提大灾准备金，逐年滚存，专户管理，独立核算。规定在公历年度内政策性农业保险业务赔付率在90%以下的损失部分，由农业保险机构自行承担。赔付率在90%—150%的损失部分，由农业保险机构通过购买相关再保险的方式，分散风险。赔付率超过150%以上的损失部分，由农业保险机构使用对应区间的再保险赔款摊回部分和农业保险大灾（巨灾）风险准备金承担。如仍不能弥补其损失，差额部分由市、区县财政通过一事一议方式，予以安排解决。市级财政对农业保险机构购买有关政策性农业保险业务赔付率在90%—150%损失部分的再保险，给予保费补贴。年度补贴标准为上年度农业保险机构购买相关再保险保费支出的60%，最高不超过800万元。再保险保费补贴，由市农委安排列入部门预算。

2014年7月10日，国务院总理李克强主持召开国务院常务会议，部署加快发展现代保险服务业，将保险纳入灾害事故防范救助体系。逐步建立财政支持下以商业保险为平台、多层次风险分担为保障的巨灾保险制度。

2014年8月12日，国务院印发《关于加快发展现代保险服务业的若干意见》（以下简称《意见》），明确今后较长一段时期保险业发展的总体要求、重点任务和政策措施，提出到2020年，基本建成保障全面、功能完善、安全稳健、诚信规范，具有较强服务能力、创新能力和国际竞争力，与我国经济社会发展需求相适应的现代保险服务业，努力由保险大国向保险强国转变。《意见》提出了9方面29条政策措施，提出"完善保险经济补偿机制,提高灾害救助参与度。将保险纳入灾害事故防范救助体系,建立巨灾保险制度";强调大力发展"三农"保险,创新支农惠农方式。积极发展农业保险,拓展"三农"保险的广度和深度。

四 农业巨灾风险分散国际合作

中国政府积极参与农业巨灾风险分散国际合作,实施区域协同农业巨灾风险分散战略,探索我国农业巨灾风险分散新途径。

从 2005 年 9 月起,在中国等政府的倡导下,截至 2014 年,连续举办了六届亚洲部长级减灾大会,其中,中国政府在北京主办了第一届亚洲部长级减灾大会,此后分别在印度的新德里、马来西亚的吉隆坡、印度尼西亚的日惹市、韩国仁川和泰国曼谷主办了 5 届亚洲部长级减灾大会。6 届大会成果颇丰,通过了多项文件,分别是《亚洲减少灾害风险北京行动计划》、《2007 亚洲减少灾害风险德里宣言》、《2008 亚洲减少灾害风险吉隆坡宣言》、《亚太 2010 年减轻灾害风险仁川宣言》、《适应气候变化减轻灾害风险仁川区域路线图》、《仁川行动计划宣言》、《亚太 2014 年减轻灾害风险曼谷宣言》等合作文件。会议采用多样化的形式,包括部长对话形式、圆桌会议形式、技术会议形式、专题会议形式、全体会议形式和边会形式,对亚太地区灾害风险形势进行了深入分析,交流和分享了各国政府和相关利益攸关方减轻灾害风险的工作进展和经验教训,围绕制定 HFA2 进行了深入探讨和磋商。呼吁各国政府及各利益相关方从以下方面加强防灾减灾工作:提高基层社区的减灾能力,增加投入,加强与私营机构之间的合作,进一步发展科技,提高减灾资金使用的透明度等。同时强调要坚持以人为中心的发展模式,重视儿童、青少年、残疾人、妇女、私营机构、媒体、红会等各类组织机构的作用,要将防灾减灾、气候变化与可持续发展目标紧密结合。同时呼吁各国政府加强减灾法律框架建设,加强对各国红会的支持,加强对小型灾害的关注。地区内 37 个国家红十字会(红新月会)向大会承诺,进一步加强基层社区减灾能力,加强投入,加强与私营机构在减灾方面的合作。

中国政府在推动上海合作组织成员国政府之间的救灾协作方面做出了巨大的贡献,2002 年 4 月在俄罗斯圣彼得堡,上海合作组织成员国紧急救灾部门领导人进行首次会晤。2003 年在北京,针对《上海合作组织成员国政府间救灾互助协定》问题,上海合作组织进行了专家级会议,对该问题进行磋商,最终,2005 年 10 月在莫斯科签署了《上海合作组织成

员国政府间救灾互助协定》。2006 年 11 月，在北京，上海合作组织成员
国紧急救灾部门领导人的第二次会议如期召开，在本次大会上，通过了
《上海合作组织成员国 2007—2008 年救灾合作行动方案》，构造了上海合
作组织成员国边境区域救灾、人员研修、救灾联络、信息交流和技术交流
的行动框架。

减少灾害问题世界会议于 2005 年 1 月 18 日至 22 日在日本兵库县神
户市举行，通过了《2005—2015 年行动纲领：加强国家和社区的抗灾能
力》（以下简称《兵库行动纲领》）。会议为促进从战略上系统地处理和减
轻危害、风险提供了一次独特的机会。它突出了加强国家和社区抗灾能力
的必要性，并为此确定了各种途径。2005 年，中国加入《2005—2015 年
兵库行动纲领：加强国家和社区的抗灾能力》，自中国政府积极推动实施
《兵库行动纲领》（HFA）以来，结合中国国情加大减灾工作力度，完善
组织体系，健全工作机制，强化工作措施，综合减灾工作成效显著。

第二节　我国农业巨灾风险分散模式历史演变

尽管有很多学者对我国农业巨灾风险分散模式理论界进行了长期的探
索，并提出了许多建设性意见。但笔者认为：回顾和分析我国农业巨灾风
险分散的发展历程，根据不同时期的农业巨灾风险分散机制、手段和工具
等特征，可以把我国农业巨灾风险分散模式划分为三类：

一　财政主导模式（1949—1981）

在 1981 年我国农业保险恢复之前，我国农业巨灾风险分散主要是依
靠国家财政救灾，农业保险和社会捐赠微不足道。这个时期，国家财政主
导了农业巨灾风险分散，政府财政救助几乎成为唯一的农业巨灾风险分散
工具。

二　财政支持模式（1982—2013）

1982 年我国开始恢复农业保险，特别是从 2004 年以后，我国对农业
保险开始进行财政补贴，也制定了一系列农业保险的税收优惠政策和措
施，使得农业保险得到了快速发展，农业保险成为农业巨灾风险分散的一
个重要手段和工具。

与此同时，随着我国人民收入水平的增长，公民的公益意识逐渐提

高，各类公益组织不断发展壮大，国家捐赠活动的日益活跃，使我国社会捐赠规模大幅度增长，成为农业巨灾风险分散的有效路径。

此外，在我国政府政策的引导下，各地区的巨灾风险准备基金不断壮大，为我国农业巨灾风险分散增加了一个有效路径。

尽管这个时期我国农业巨灾风险分散主要依靠财政救助，但已经探索出和形成了在我国财政和税收等政策手段支持下的越来越多的农业巨灾风险分散路径，政府财政救助不再是风险唯一的分散工具。

三　多层次风险分散模式（2014年至今）

2014年7月9日，国务院总理李克强主持召开国务院常务会议，表示要加快发展保险服务行业，将保险运用到灾害防范，将其纳入救助体系。其明确指出要建立起在国家财政的支持下，以商业保险为平台，多层次的风险分担为保障的巨灾保险制度。

该模式的主要特点：一是政府财政支持。因为农业巨灾风险的特殊性，任何国家农业巨灾风险分散管理都离不开政府财政的支持。二是强调了商业保险未来的重要性。在农业巨灾风险分散过程中将扮演主导作用，农业巨灾保险和再保险是未来商业化运作的重点。三是多层次性。多层次性不仅仅强调政府、市场和私人（主要是互助保险）等农业巨灾风险分散主体的多元性，也强调包括财政救助、社会捐赠（含国际捐赠）、保险、再保险、巨灾基金和巨灾证券化等农业巨灾风险分散路径的多元化，这是我国未来农业巨灾风险分散模式的最重要特征。

第三节　我国农业巨灾风险分散手段及使用情况

本书对农业巨灾风险分散现状主要是从分散的主体进行研究的。农业巨灾风险分散主体是指承担农业巨灾损失的公民或法人组织。从历史上看，我国农业巨灾风险分散的主体包括受灾农户、各级政府、农业巨灾保险企业（含再保险企业）、农业巨灾基金、社会救助组织（包括国内外各类社会救助组织）、金融机构和中介组织等。从国外农业巨灾风险分散的发展情况来看，金融机构（包括银行、证券、期货等）应该成为农业巨灾风险分散的重要主体。

目前我国农业巨灾主要通过受灾农户、各级政府、农业巨灾保险企业

（含再保险企业）、社会救助组织等主体进行风险分散。不论是从农业巨灾损失补偿总体水平，还是从农业巨灾风险分散的主体承担比例来看，都存在一定的问题（见表6-3）。

表6-3　　　　　　　　　我国农业巨灾损失分散现状　　　　　　单位：亿元

年份	农业巨灾损失	政府救灾	社会救助	农业保险	其他
1982	169.5	7.64	—	0.0022	—
1983	260.9	8.45	—	0.0233	—
1984	361.4	7.4	—	0.0725	—
1985	410.4	10.25	—	0.5266	—
1986	384.2	10.64	—	1.06	—
1987	326.3	9.91	—	1.26	—
1988	438.6	10.64	—	0.95	—
1989	525.0	10.90	—	1.07	—
1990	616.0	5.20	—	1.67	—
1991	1215.1	20.90	—	5.42	—
1992	853.9	11.30	—	8.18	—
1993	933.2	14.90	—	6.47	—
1994	1876.0	18.00	—	5.38	—
1995	1863.0	23.5	—	3.55	—
1996	2882.0	30.8	15.8	4.15	0.05
1997	1975.0	28.7	14.02	4.29	0.05
1998	3007.4	83.3	113.21	5.63	15.13
1999	1962.4	35.6	17.78	4.92	—
2000	2045.3	47.5	16.3	3.21	—
2001	1942.0	41.0	20.0	2.93	—
2002	1717.4	55.5	20.8	2.91	1.35
2003	1884.2	52.9	43.4	3.98	0.68
2004	1602.3	40.0	35.1	3.52	0.45
2005	2042.1	43.1	61.9	3.0	0.50
2006	2528	49.4	89.5	6.0	—
2007	2363	79.8	148.4	29.8	—

续表

年份	农业巨灾损失	政府救灾	社会救助	农业保险	其他
2008	11752.4	1500	790.2	64.1	20.00
2009	2523.7	174.5	507.2	95.2	44.52
2010	5339.9	113.4	596.8	100.7	54.42
2011	3096.4	86.4	490.1	81.8	0.80
2012	4185.5	112.7	578.8	148.2	1.30
2013	5808.4	102.7	566.4	208.6	2.60
合　计	68890.9	2846.93	4125.71	808.5746	141.85

资料来源：《中国民政统计年鉴》、《社会服务发展统计公报（2001—2012）》、《中国统计年鉴（2001—2012）》。

一 农业巨灾损失补偿总体水平很低

从农业巨灾损失分散比例历史发展情况来看，总体呈现上升态势（见图6-1），特别是2007年以来，我国农业巨灾风险分散比例大幅度提高，其中，2009年的农业巨灾损失补偿比例达到30.78%，为历史最高，尽管如此，农业巨灾损失补偿总体水平还是很低。根据测算，1982年到2013年期间，我国农业巨灾风险直接经济损失总量为68890.9亿元，但总的农业巨灾风险分散额度为7923.065亿元，分散比例为11.5%，农户承担农业巨灾损失的比例高达88.5%。

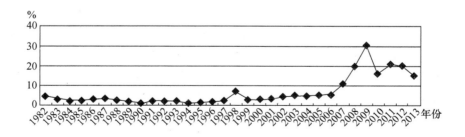

图6-1 1982—2013年我国农业巨灾风险分散比例

二 农业巨灾风险分散主体分散比例不尽合理

目前我国农业巨灾风险分散的主体有受灾农户、政府、社会救助组织、农业保险公司等。受灾农户是我国农业巨灾风险分散的最大主体，承担了农业巨灾风险损失的绝大部分；其次是社会救助，已经超过政府救灾，成为我国农业巨灾风险分散的重要路径；尽管各级政府部门和农业保险承担的比例不断增加，但总体比例还是不高（见图6-2）；我国农业巨灾基金和福利彩票（从2011年开始）也开始承担了部分农业巨灾损失，但目前比例非常低。这种受灾农户承担绝大部分巨灾损失的现实使农户因灾返贫的现象比较突出，正所谓"十年致富奔小康，一场灾害全泡汤"。同时，政府和保险公司压力巨大，甚至不堪重负。

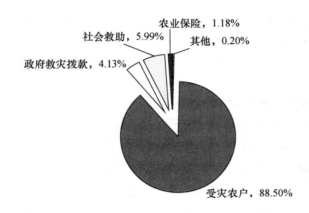

图6-2　1982—2013年我国农业巨灾风险分散主体累计分散比例

三　农业巨灾风险分散主体风险分散方式增长差异较大

政府救灾是我国传统的农业巨灾风险分散方式，尽管历年都在增长，但增长的幅度并不是很大。相比较而言，社会救助发展迅猛，已经成为农业巨灾风险分散最大的主体。农业保险也在快速发展，特别是从2004年政府实施农业保险补贴以来，快速成长为重要的农业巨灾风险分散主体。农业巨灾基金和福利彩票从无到有，正在为我国农业巨灾风险分散做出较大的贡献（见图6-3、图6-4、图6-5）。

四　农业巨灾风险分散的主体不足

目前我国农业巨灾风险分散主体有受灾农户、各级政府、农业巨灾保险企业（含再保险企业）、农业巨灾基金、社会救助组织（包括国内外各类社会救助组织）和中介组织。与国外的农业巨灾风险分散主体相比较，缺乏金融组织的参与，保险、证券、期货、银行等金融组织已经成为国外农业巨灾风险分散的主要力量，银行提供紧急贷款甚至无息贷款，更多的

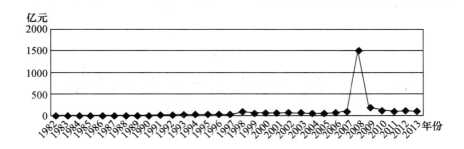

图 6 - 3　1982—2013 年我国农业巨灾风险分散政府救灾投入

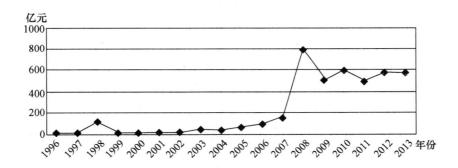

图 6 - 4　1996—2013 年我国农业巨灾风险分散社会救助投入

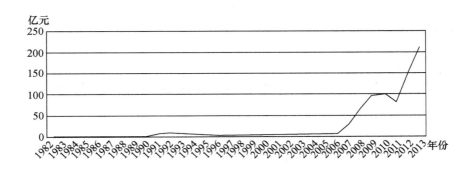

图 6 - 5　1982—2013 年我国农业巨灾风险分散农业保险投入

是利用巨灾风险证券化分散农业巨灾风险，承担了 50% 以上的农业巨灾风险损失。因此，积极培育和发展农业巨灾风险分散主体，优化农业巨灾风险分散机制，具有非常重大的理论意义和现实意义。

第七章　我国农业巨灾风险分散拟合分析及责任测算

　　农业巨灾的分散主体通常包括受灾农户、政府、保险公司、社会救助组织和资本市场等。在发达国家，保险公司、资本市场是农业巨灾补偿的主体，但由于我国历史、经济、社会文化和体制等原因，政府在灾害救助中扮演着最主要的角色。但随着近年来农业巨灾的经济损失日益严重，财政救助占巨灾损失的比重也越来越低，已经难以有效弥补农业巨灾所造成的巨额经济损失，需要借助其他的巨灾风险分散工具来进行分担。如何实现农业巨灾风险在政府、保险公司、社会救助组织和资本市场之间合理地分散，最大限度地降低和弥补巨灾所造成的经济损失，是目前农业巨灾风险分散研究中的一个困境。学者对这个问题的定性研究相对较多，而定量研究不足。本章通过建模首先对我国目前的巨灾分散的主要工具进行拟合分析和研究，其次在理想的条件下测算出农业巨灾风险主要分散主体之间各自应承担的责任。

第一节　我国农业巨灾分散工具拟合分析

　　我国现有的农业巨灾风险分散工具主要有政府财政救灾、农业保险、社会救助等，救助金额的多少受到许多因素的影响，本节通过对政府财政救灾、农业保险、社会救助等分散工具的拟合分析，找出影响我国巨灾救助金额的主要因素，为国家农业巨灾的研究和发展提供借鉴，以便更好地实现农业巨灾风险的合理分散。

一　国家财政救灾支出拟合分析

1. 国家财政支出与农业巨灾财政救助的拟合分析

国家财政救灾支出受到许多因素的影响，其中因灾直接经济损失大小是影响国家财政救灾支出的直接因素，农业巨灾损失越大、救助金额就越多，比如 1998 年南方大洪水、2008 年汶川地震导致巨大经济损失，相应的财政救助金额明显多于往年（数据如表 7-1 所示）；同时国家财政救灾支出还受制于国家的财政收入。下面分别对因灾直接经济损失、年度财政支出（因为量入为出，所以本书使用财政支出数据代替财政收入数据）和国家财政救灾支出的相关程度进行拟合分析。

表7-1　　　　　　我国农业巨灾损失与国家财政救济支出情况　　　　单位：亿元

年份	农业巨灾直接经济损失	财政总支出	财政救灾补偿	财政救济占财政支出比重（%）	财政救济占总损失比重（%）	国民生产总值	灾损率（%）
1990	616	3083.59	13.30	0.43	2.16	18667.82	3.30
1991	1215	3386.62	20.90	0.62	1.72	21781.50	5.58
1992	854	3742.2	11.30	0.30	1.32	26923.48	3.17
1993	993	4642.3	14.90	0.32	1.50	35333.92	2.81
1994	1876	5792.62	18.00	0.31	0.96	48197.86	3.89
1995	1863	6823.72	23.50	0.34	1.26	60793.73	3.06
1996	2882	7937.55	30.80	0.39	1.07	71176.59	4.05
1997	1975	9233.56	28.70	0.31	1.45	78973.03	2.50
1998	3007	10798.18	83.3	0.77	2.77	84402.28	3.56
1999	1962	13187.67	35.60	0.27	1.81	89677.05	2.19
2000	2046	15886.5	47.50	0.30	2.32	99214.55	2.06
2001	1942	18902.58	41.1	0.22	2.12	109655.20	1.77
2002	1717	22053.15	35.6	0.16	2.07	120332.70	1.43
2003	1884	24649.95	43.8	0.18	2.32	135822.76	1.39
2004	1602	28486.89	44.8	0.16	2.80	159878.34	1.00
2005	2042	33930.28	52.90	0.16	2.59	184937.37	1.10
2006	2528	40422.73	51.02	0.13	2.02	216314.43	1.17
2007	2363	49781.35	65.60	0.13	2.78	265810.31	0.89
2008	11752	62592.66	603.31	0.96	5.13	314045.43	3.74
2009	2524	76299.93	140.40	0.18	5.56	340902.81	0.74
2010	5339.9	89874.16	113.40	0.13	2.12	397983.15	1.34
2011	3096.4	109247.79	86.40	0.08	2.79	473104.05	0.65
2012	4185.5	125952.97	112.70	0.09	2.69	519470.10	0.81
2013	5808.4	139743.9	102.70	0.07	1.77	568845.00	1.02

资料来源：参见历年《中国统计年鉴》。

注：灾损率 = 因灾直接经济损失/国民生产总值。

使用 SPSS 软件分析工具，根据数据的特点分别采用立方函数、S 函数、幂函数和 Logistic 函数等进行曲线拟合。拟合结果如图 7 - 1 和表 7 - 2 所示，可看到四种函数拟合的效果都不好，幂函数拟合相对较好，其 R^2 为 0. 690，F 值等于 48. 901，Sig. 等于 0. 000。这说明政府的农业巨灾救助金额受政府财政支出的影响，但相关性不是很明显。实际上从表 7 - 1 中也可看到我国财政支出一直保持持续增长，尽管国家财政救灾支出也在增长（近几年徘徊在 110 亿元），但增长缓慢，值得特别关注的是国家财政救灾支出占国家总财政支出的比例呈明显的下降趋势（2008 年除外），因此可以认为国家财政支出不是影响国家财政救灾支出的主要因素。

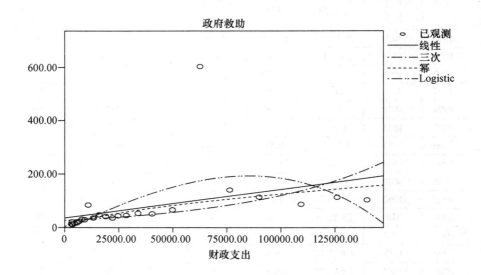

图 7 - 1   财政支出与国家财政救灾支出的不同函数拟合图

表 7 - 2   财政支出与国家财政救灾支出拟合各参数值

方程	模型汇总					参数估计值			
	R^2	F	df1	df2	Sig.	常数	b_1	b_2	b_3
三次	0. 294	2. 774	3	20	0. 068	- 8. 564	0. 004	$-6. 478E - 9$	$-1. 250E - 13$
幂	0. 690	48. 901	1	22	0. 000	0. 107	0. 614		
S	0. 597	32. 638	1	22	0. 000	4. 497	- 7112. 193		
Logistic	0. 488	20. 953	1	22	0. 000	0. 038	1. 000		

2. 因灾直接经济损失与国家财政救灾支出的拟合分析

这里使用了线性函数、立方函数、幂函数和 Logistic 函数对其进行拟合分析，其结果见图 7 - 2 和表 7 - 3。

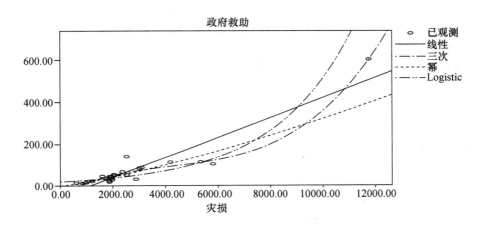

图 7 - 2　因灾直接经济损失与国家财政救灾支出的不同函数拟合图

表 7 - 3　　因灾直接经济损失与国家财政救灾支出拟合各参数值

方程	模型汇总					参数估计值			
	R^2	F	df1	df2	Sig.	常数	b_1	b_2	b_3
线性	0.858	133.434	1	22	0.000	-55.344	0.048		
三次	0.965	186.111	3	20	0.000	-38.930	0.063	-1.149E-5	9.146E-10
幂	0.817	98.355	1	22	0.000	0.002	1.284		
Logistic	0.722	57.163	1	22	0.000	0.053	1.000		

可见模型拟合得较好，即直接经济大小与国家财政救灾支出相关性较强，是影响国家财政救灾支出的主要因素。

综上所述，可以构建出国家财政救灾支出与因灾直接经济损失、国家的财政支出两影响因素之间的拟合模型，公式如下：

$$\ln Y_1 = a_1 + b_{11} \times \ln L + b_{12} \times \ln E \tag{7-1}$$

其中，Y_1 表示国家财政救灾支出，L 表示因灾直接经济损失，E 表示财政的总收入，a_1、b_{11}、b_{12} 为系数。使用 SPSS 软件拟合计算结果如表 7 - 4 和表 7 - 5 所示。

表 7 - 4　　　　　　　　　　　　模型汇总

R	R^2	调整 R^2	标准估计的误差
0.947	0.897	0.887	0.231637

表 7 - 4 显示了回归方程的拟合情况，可见模型的复相关系数为 0.947，判定系数为 0.897，模型拟合的效果较好。表 7 - 5 给出了回归方程的方程分析结果及检验结果，F 值为 83.158，Sig. 值为 0.000，可见模型整体而言是显著的。

表 7 - 5　　　　　　　　　　　　方差分析

模型		平方和	均方	F	Sig.
1	回归	8.924	4.462	83.158	0.000
	残差	1.019	0.054		
	总计	9.943			

根据表 7 - 6 中计算出的各系数值，得出拟合模型为：

$$\ln Y_1 = -3.714 + 0.561 \times \ln L + 0.318 \times \ln E \qquad (7-2)$$

表 7 - 6　　　　　　　　　　　　模型相关系数

模型	非标准化系数		试用版	t	Sig.
	B	标准误差	标准系数		
（常量）	-3.714	0.769		-4.832	0.000
财政支出	0.318	0.072	0.554	4.406	0.000
灾损	0.561	0.160	0.441	3.507	0.002

同时根据历史统计数据，国家财政救灾支出最多的一年为 2008 年，其救助金额与国家财政总支出之间的比例不到 1%，而近三年这一比率已经低于 1‰，因此可以假设国家财政救灾支出的上限为财政总收入的 1%，即 $Y_1 < 0.01 \times E$。

二　农业保险拟合分析

影响我国保险赔付的主要因素有受灾损失程度、农业保费收入以及赔付的标准等，本书进行简化，只考虑前两个因素对保险赔付的影响。与以上研究方法相同,先分别分析农业巨灾损失、农业保费收入与保险赔付的相关性,数据来源见表7-2,其拟合结果见表7-7和表7-8。

表7-7　　　　　保费收入与保险赔付拟合模型汇总和参数估计值

方程	模型汇总					参数估计值			
	R^2	F	df1	df2	Sig.	常数	b_1	b_2	b_3
线性	0.971	505.485	1	15	0.000	0.225	0.616		
三次	0.985	277.108	3	13	0.000	-2.035	1.083	-0.005	$1.269E-5$
幂	0.994	2549.106	1	15	0.000	0.896	0.921		
Logistic	0.862	93.753	1	15	0.000	0.207	0.985		

表7-8　　　　　灾损与保险赔付拟合模型汇总和参数估计值

方程	模型汇总					参数估计值			
	R^2	F	df1	df2	Sig.	常数	b_1	b_2	b_3
线性	0.257	5.179	1	15	0.038	4.290	0.012		
三次	0.671	14.567	3	13	0.000	-51.052	0.019	$7.259E-6$	$-6.850E-10$
幂	0.572	20.017	1	15	0.000	$2.017E-7$	2.282		
Logistic	0.359	8.416	1	15	0.011	0.241	1.000		

从表7-7中看到农业保险赔付和保费收入的拟合效果非常好,说明两者密切相关,农业巨灾损失与保险赔付的拟合效果较差,其主要原因是由于我国保险赔付额所占总损失之比非常少,农业巨灾损失变化对保险赔付变化的影响不是特别明显,所以两者之间的相关性较弱。

根据以上分析,下面构建保险赔付和灾损、保费收入的拟合方程:
$$\ln Y_2 = a_2 + b_{21} \times \ln I + b_{22} \times \ln L \qquad (7-3)$$
其中,Y_2表示保险赔付额,I表示保费的收入,L表示灾损,a_2、b_{21}、b_{22}为相应系数。

选择使用SPSS软件进行分析,其中分析方法选择逐步进入,这样可以将相关性不强的变量排除,进而简化模型。分析结果如表7-9所示,其中L与Y_2的偏相关系数为0.112,Sig.值为0.68大于0.05,所以排除变量L。

表7－9   模型已排除的变量

模型		Beta In	t	Sig.	偏相关	共线性统计量容差
1	灾损	0.013	0.427	0.68	0.112	0.134

而保险赔付与保费收入高度相关，具有如下的线性关系：

$$\ln Y_2 = -0.11 + 0.924 \times \ln L \qquad\qquad (7-4)$$

其中，R^2 为 0.994，F 值为 2549.106，P 值为 0.000，方程是显著的。其拟合效果如图 7－3 所示。

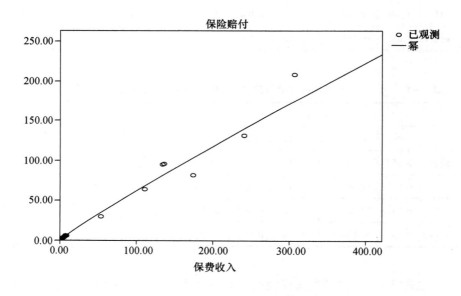

图7－3　保险赔付与保费收入拟合图

三　社会救助拟合分析

虽然我国农业巨灾的社会救助金额有很大的不确定性，但仍会与农业巨灾的损失程度、社会经济的发展程度相关。如千年一遇的汶川地震，社会捐助高达 744.5 亿元，比之前历年捐助的总和还多，等同时也看到近几年的社会捐助都在 490 亿元以上，并呈现递增的趋势，这与我国社会经济发展程度相吻合，人民更富裕，社会责任心更强，帮助受灾民众的意愿也越来越强。因此，选择农业巨灾损失（L）和国民收入（G）作为与社会救助（Y_3）相关的变量来进行模型的构建，根据表 7－2 的数据，通过

SPSS 软件分析，得出其拟合方程：

$$\mathrm{Ln}Y_3 = -26.8 + 0.913 \times \mathrm{Ln}L + 1.962 \times \mathrm{Ln}G \qquad (7-5)$$

其中，R^2 为 0.896，F 值为 60.182，P 值为 0，方程整体而言是显著的。

四　总救助金额拟合分析

通过以上的拟合分析，可建立每年农业巨灾总救助金额 Y（$Y = Y_1 + Y_2 + Y_3$）的拟合模型：

$$\mathrm{Ln}Y = a + b_1 \times \mathrm{Ln}L + b_2 \times \mathrm{Ln}I + b_3 \times \mathrm{Ln}E + b_4 \times \mathrm{Ln}G \qquad (7-6)$$

使用 SPSS 软件进行拟合，分析方法还是采用逐步进入的方式，得出 R^2 值为 0.947，方差分析结果如表 7 - 10 所示。

表 7 - 10　　　　　　　　　　方差分析结果

模型	平方和	df	均方	F	Sig.
	回归	23.557	3	7.852	76.744	0.000^c
1	残差	1.330	13	0.102		
	总计	24.887	16			

可以看出拟合的效果很好，方程明显显著，其中排除变量为 G（分析结果如表 7 - 11 所示），即国民生产总值，其偏相关为负值，说明随着变量的增多，变量之间产生了影响，这种影响改变了一些原来不算强的相关性的方向。在实际中，国家财政收入和国民生产总值高度相关，所以两变量选一即可。

表 7 - 11　　　　　　　　　　已排除变量

模型		Beta In	t	Sig.	偏相关	共线性统计量容差
1	G	-0.200^c	-0.198	0.847	-0.057	0.004

最终的拟合模型如下：

$$\mathrm{Ln}Y = -6.859 + 0.806 \times \mathrm{Ln}L + 0.464 \times \mathrm{Ln}E + 0.280 \times \mathrm{Ln}I \qquad (7-7)$$

综合以上拟合分析，可以得出以下结论：首先，我国每年财政救灾补偿金额总体上相对稳定，不会随着财政收入的增加而明显增加，相对于农业巨灾损失，我国财政救灾支出是非常有限的，虽然农业巨灾损失的影响较大，但两者也没有呈现明显的线性关系，这说明我国每年财政救灾支出还没有形成一套成熟稳定的机制。其次，社会救助水平与国家经济发展密切相关，只要国家经济保持稳定的增长，再辅以制度的完善和社会文化的引导，社会救助在农业巨灾面前会发挥越来越大的作用。最后，我国农业巨灾保险相对于发达国家，赔付额所占经济损失比例过低，即使在我国农业巨灾总救助金额中也不占主导地位，说明我国的农业巨灾保险业水平很低，但也要看到其迅速增长的潜力。

第二节　我国农业巨灾保险偿付能力度量

在西方发达国家，保险公司在农业巨灾赔付中占据着重要的地位，保险赔偿通常能占到农业巨灾损失的 30% —40%，甚至高达 60% —70%，起到了很好的农业巨灾风险分散作用。而我国农业巨灾保险还处在很低的发展水平，要实现巨灾救助从政府主导型向以市场为主或混合型转变，就需要对我国农业巨灾保险现状进行研究，进而推动我国农业巨灾保险的发展。以下从两个方面对我国农业巨灾保险进行分析：一是通过定性的研究，对我国农业巨灾保险现状进行描述和分析；二是通过定量的研究，对我国保险市场的农业巨灾风险承受能力进行分析。

一　我国农业巨灾保险现状分析

政策性农业保险作为我国应对农业巨灾损失的主要巨灾险种，特别是在 2007 年中央财政首次列支 21.5 亿元进行农业保险保费补贴试点之后，取得显著发展，整体呈指数化增长态势（如图 7 - 4 所示）。到 2009 年，我国农业保险保费收入仅次于美国，成为全球第二大农业保险市场。中国保监会 2014 年 7 月 8 日首次发布的《中国保险业社会责任白皮书》称，2013 年我国农业保险保费收入达 306.6 亿元，实现主要农作物承保面积 11.06 亿亩，向 3177 万受灾农户支付赔款 208.6 亿元。

虽然我国农业保险发展势头良好，但由于基础薄弱，仍存在许多问题，比如在保险赔付率、承保品种和巨灾保障等方面与发达国家相比仍存在着较大的差距，农业巨灾损失补偿机制还比较滞后等。其存在的问题可以归为以下几个方面：

1. 我国保险赔付额所占经济损失比例过低

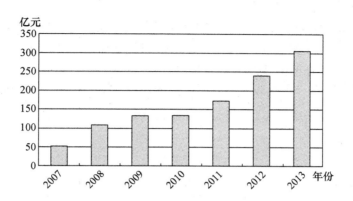

图 7 - 4　2007—2013 年我国农业保费收入情况

巨灾保险赔付在国际上的平均水平为 36%，而我国平均不到 4%（如表 7 - 12 所示）。这些数据表明，在应对农业巨灾风险损失时，我国农业保险市场补偿机制严重缺位。

表 7 - 12　　2007—2013 年我国农业保险保费收入与理赔额基本情况

年份	保费收入（亿元）	保费增长率（%）	赔付（亿元）	简单赔付率（%）	农业损失（亿元）	保险赔付占直接经济损失比重（%）
2007	53.33		29.75	55.78	2363	1.26
2008	110.7	107.58	64.14	57.94	11752	0.55
2009	133.9	20.96	95.2	71.10	2524	3.77
2010	135.9	1.49%	96	70.64%	5339.9	1.80%
2011	174.03	28.06	81.78	46.99	3096.4	2.64
2012	240.6	38.25	131.34	54.59	4185.5	3.14
2013	306.6	27.43	208.6	68.04	5808.4	3.59

2. 赔付比例（保险赔付占保险收入）过高

国际上平均不超过 70%，而我国 2009 年和 2010 年简单赔付比超过了收入的 70%，再加上 20%—30% 手续费和管理成本，实际上农业保险已经出现亏损。

3. 我国农业保险的深度与密度很低

保险深度和保险密度是衡量一国或地区保险业发展程度的重要指标，农业保险深度是农业保险的保费收入与农业 GDP 之比，农业保险密度是农业保费收入与农业人口之比。从表 7 – 13 中可以看出，我国农业保险的深度和密度都处于很低的水平，2013 年，美国农业保险保费收入规模在130 亿美元左右，美国农业保险的保险深度为 7.471%，而 2013 年中国农业保险的保险深度仅为 0.595%，说明我国农业保险的渗透度不强，自我发展程度低。

表 7 – 13　　　　　2007—2013 年我国农业保险深度与密度

年份	农业收入 （亿元）	农业人口 （万人）	保费收入 （亿元）	农业保险 深度	农业保险密度 （元/人）
2007	24658.17	71496	53.33	0.002163	7.459159
2008	28044.15	70399	110.70	0.003947	15.72466
2009	30777.48	68938	133.90	0.004351	19.42325
2010	36941.11	67113	135.90	0.003679	20.24943
2011	41988.64	65656	174.03	0.004145	26.50634
2012	46940.46	64222	240.60	0.005126	37.46380
2013	51497.40	62961	306.60	0.005954	48.69681

4. 保险覆盖面不足，保障水平低

首先是农业保险覆盖率低，2013 年达到历史最高水平，覆盖面达到11.06 亿亩，占全国主要农作物播种面积的 45%，而美国农业保险覆盖率已经达到 80% 以上。其次是我国的农业保险只保物化成本，而美国则既保产量又保收入。国务院发展研究中心金融研究所保险研究室副主任田辉指出，目前保险品种比较少，保障水平比较低，只保障直接投入成本的三分之一，使农民对农业保险失去兴趣，也就影响不到生产行为。这也可以解释为什么即使我国有农业巨灾出现，农业保险行业也很少出现超赔的现象。所以说我国现有的农业保险产品不能充分满足农业生产需求，保险产品的创新空间巨大。

二　我国农业巨灾保险赔付能力度量

面对农业巨灾损失风险，有必要分析我国保险市场的农业巨灾风险承受能力，这有助于健全和完善我国农业巨灾保险制度，而且也能为我国农业保险的研究提供相应的思路。在 Cummins 等人研究的基础上，构建我国保险业对农业巨灾风险的承受能力模型，从而测算出我国农业巨灾保险赔付能力。

1. 基本思想与假设

Cummins（2002）等人对农业巨灾保险偿付能力进行了定义，认为农业巨灾保险偿付能力是指在给定农业巨灾损失发生时每个保险人以及整个保险市场的反应能力和反应效率，此外，Cummins 等人在度量模型中，构建保险行业应对巨灾损失的反应函数（Response Function）来表示保险业的实际赔付能力。这一函数的含义如图 7-5 所示：

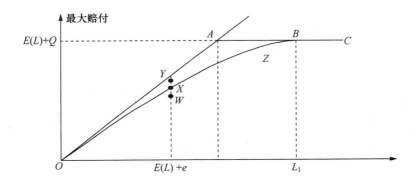

图 7-5 保险市场应对农业巨灾损失的风险偿付能力度量函数

在图中 X 轴表示保险行业面临的损失值，$E（L）$ 表示保险公司的期望损失，根据保险定价基本原理其值等于保险人的保费纯收入；Q 表示公司的前期累积盈余，$E（L）+Q$ 就是保险人所具有的最大赔付值；e 表示不可预测的超额损失，$E（L）+e$ 就是实际面临的损失额；折线 OAC 表示保险赔付的最大上限，直线 OA 斜率等于1，其含义表示损失在赔付能力范围内，可实现全赔；W 与 Y 点分别表示两种极端情况下的偿付情况，当损失的地域性和时间性十分集中而无法有效分散时，行业预期赔付效率就较低，赔付能力在 W 点，反之预期赔付为 Y 点；曲线 OZ 上点 X 就表示处于两种极端情况之间的赔付点。如果偏离 OA 的距离越大，说明保险人所面临的损失就越大，偿付能力不足的情况就越严重。当损失达到 L_1 时，表示偿付能力达到上限，之后其偿付效率会明显降低。

假定损失 L 服从正态分布，Cummins 等学者根据正态分布的性质，推导出给定损失 L 下的反应函数：

$$R \mid L = E(L) + Q - \int_0^Z [E(L) + Q - L]f(L)\,\mathrm{d}L \qquad (7-8)$$

其中，$Z = E(L) + Q$，$f(L) = \dfrac{1}{2\pi\sigma L}e^{-\frac{1}{2}\left(\frac{\ln L + \mu}{\sigma}\right)^2}$。

由此看出，反应函数与 σ 呈反方向变化。

2. 样本数据的选取

选取 2007 年至今的农业保险业务数据作为样本，其原因是我国 2007 年会计准则发生变更，之前的数据无法使用，所需数据由《中国保险年鉴》整理而来。

3. 度量过程

首先对变量参数 σ 估计：

$$\sigma = \frac{1}{T-1} \sum_{t=1}^{T} (L_t - \overline{L})^2 \qquad (7-9)$$

其中，$\overline{L} = \dfrac{1}{T} \sum_t L_t$，$t$ 为年份，根据可使用的数据（2007—2013年），这里 t 取值 1—7，T 表示样本个数，L_t 为第 t 年损失，根据对数正态分布假设特征建立如下公式回归，获取 Detrended 参数：

$$\ln(L_t) = \beta_0 + \beta_1 t + \omega \qquad (7-10)$$

其中，ω 为方程残差，使用其方差代替 σ^2 就得到去除时间趋势后的 Detrended 参数。根据历年农业保险数据计算后，回归分析检验结果如表 7-14 和表 7-15 所示：

表 7-14　　　　　　　　　　　回归估计结果

均值	区间估计	标准差	
		Raw	Detrended
100.973	(40.76，187.58)	56.81	51.77

表 7-15　　　　　　　　　　　回归估计检验

R^2	F 检验	Sig.
0.789	23.383	0.005

现使用 Matalab 软件编程，计算不同农业巨灾损失的情况下我国农业巨灾保险业的承受能力，结果如表 7－16 所示：

表 7－16　　　　　　　　　我国农业巨灾保险最大赔付能力

既定巨灾损失 L	赔偿期望 E（L）	赔偿区间		赔付能力 E（L）/L%	比率区间	
		Raw	Detreaded		Raw/L%	Detreaded/L%
300	179.72	158.22	196.30	59.91%	52.74%	65.43%
400	205.03	185.25	237.94	51.26%	46.31%	59.49%
500	243.86	222.45	258.85	48.77%	44.49%	51.77%
600	278.81	252.51	295.21	46.47%	42.09%	49.20%
800	344.89	291.81	357.92	43.11%	36.48%	44.74%
1000	421.73	363.17	426.40	42.17%	36.32%	42.64%
1200	455.14	420.68	485.15	37.93%	35.06%	40.43%
1400	490.35	452.35	536.74	35.03%	32.31%	38.34%
1600	524.62	471.73	561.49	32.79%	29.48%	35.09%
1800	547.20	501.15	588.91	30.40%	27.84%	32.72%
2000	571.17	520.08	617.23	28.56%	26.00%	30.86%
2200	609.32	547.24	650.14	27.70%	24.87%	29.55%
2400	628.19	564.83	668.00	26.17%	23.53%	27.83%
2600	657.26	586.70	668.00	25.28%	22.57%	25.69%
2800	668.00	615.26	668.00	23.86%	21.97%	23.86%
3000	668.00	641.17	668.00	22.27%	21.37%	22.27%
5000	668.00	668.00	668.00	13.36%	13.36%	13.36%

目前我国农业平均每年遭受 1000 亿元左右的成本损失，根据农业保费"物化成本"的原则，农业保险市场最多能提供 420 亿元左右的补偿，赔付比率不到 50%，当巨灾直接经济损失达到 5000 亿元时，最大赔付能力只有 13% 左右，相比美国高达 75% 的农业巨灾损失赔偿，我国目前赔付能力严重不足，赔付缺口较大。因此，需要从以下几个方面来提高我国农业巨灾的承受能力：一是提高政策性农业保险的覆盖面积和赔付水平，以及开展相应的商业保险；二是通过再保险、资本市场等其他途径进一步转移风险。

第三节 我国农业巨灾风险分散责任测算

我国农业巨灾损失正在逐年快速增长，单纯依靠政府救助和政策性保险已经远远不能分散农业巨灾的损失，这就需要构建相应的巨灾风险分散机制，引入新的农业巨灾分散工具如再保险、准备金等。由于我国目前资本市场不够成熟，巨灾债券化等 ART 分散工具并不适用于我国。本书借鉴一些学者的研究方法，在承保能力最大化的条件下，对我国政策性农业保险、再保险和巨灾准备金的承担比例以及农业巨灾准备金的规模进行测算。合理的农业巨灾风险分散机制，有利于各种资源的整合、优化，实现对农业灾损的最大限度的补偿。

一 政策性农业巨灾保险风险分散责任测算

1. 测算说明

由于缺乏实际相应的数据，本书将利用农作物损失模拟数据，借鉴庹国柱等学者的研究方法对我国再保险、准备金等分散比例及规模进行分析，并作相应假设和测算。

（1）基本假设。以下是根据现实数据做出的相对合理的假设。

假设1：由于我国农业灾害信息中并没有统计成灾面积的损失率，所以本书将设定55%、65%和75%三个等级损失率分别进行估算，而绝收面积按照100%损失率计算；

假设2：假设我国农业保险绝对免赔率为损失的30%，则与假设1中各损失程度相对应的保险赔付水平分别为25%、35%、45%；

假设3：由于我国保险机构对处于不同生长期的农作物赔付标准有差异，本书统计设定其保险保障水平为每亩500元，即每公顷7500元；

假设4：保险费率为7%；

假设5：亚洲风险中心（ARC）预测中国2017年农险总保费将达到80亿美元，再基于近年中国农业保险市场快速增长，参照美国现在的投保率，设定我国投保率为80%。

（2）测算思路。首先，根据1983—2013年我国农业自然灾害的统计数据分析，分别计算出每年农作物的成灾率和绝收率；其次，依据以上假定的赔偿标准和费率，计算出农业损失赔偿金额；最后，测算出政府和保险机构各需承担的赔付比率。

涉及的测算公式有：

①农作物保费收入＝每公顷赔偿标准×农作物播种面积×投保率×保险费率

②农作物赔付金额＝（成灾面积－绝收面积）×每公顷赔偿标准×损失率×投保率＋绝收面积×每公顷赔偿标准×投保率

③简单赔付率＝农作物赔付金额总和/农作物保费收入总和

2. 农业巨灾再保险风险分散责任测算

根据《中国统计年鉴》和《中国农业统计年鉴》得到的数据，计算出假设条件下我国农作物保费理想收入和农作物保险应赔付额等。

表 7－17　　　　　　　成灾面积和绝收面积及其比重　　　　单位：千公顷

年份	受灾面积	成灾面积	绝收面积	成灾面积占受灾面积的比重（％）	绝收面积占成灾面积的比重（％）
1983	34713	16209	1382.98	46.69	8.53
1984	31887	15607	1586.77	48.94	10.17
1985	44365	22705	1670.93	51.18	7.36
1986	47135	23656	1847.83	50.19	7.81
1987	42086	20393	2106.99	48.46	10.33
1988	50874	24503	2444.59	48.16	9.98
1989	46991	24449	2733.72	52.03	11.18
1990	38474	17819	3406.00	46.31	19.11
1991	55472	27814	5658.70	50.14	20.34
1992	51332	25893	4399.00	50.44	16.99
1993	48827	23134	5463.00	47.38	23.61
1994	55046	31382	6533.00	57.01	20.82
1995	45824	22268	5618.00	48.59	25.23
1996	46991	21234	5358.00	45.19	25.23
1997	53427	30307	6429.33	56.73	21.21
1998	50145	25181	7614.00	50.22	30.24

续表

年份	受灾面积	成灾面积	绝收面积	成灾面积占受灾面积的比重（%）	绝收面积占成灾面积的比重（%）
1999	49980	26734	6796.80	53.49	25.42
2000	54688	34374	10148.00	62.85	29.52
2001	52215	31793	6420.00	60.89	20.19
2002	46946	27160	6559.00	57.85	24.15
2003	54506	32516	8546.00	59.66	26.28
2004	37106	16297	3994.00	43.92	24.51
2005	38818	19966	4597.00	51.43	23.02
2006	41091	24632	5409.00	59.95	21.96
2007	48992	25064	5747.00	51.16	22.93
2008	39990	22283	4032.00	55.72	18.09
2009	47214	21234	4918.00	44.97	23.16
2010	37426	18538	4863.20	49.53	26.23
2011	32471	12441	2891.70	38.31	23.24
2012	24960	11470	1826.30	45.95	15.92
2013	31350	14303	3844.00	45.62	26.88

表 7 – 18　　　　　　　　1983—2013 年农作物赔付情况汇总　　　　　单位：亿元

年份	保费收入（亿元）	25%赔付水平		35%赔付水平		45%赔付水平	
		赔付额	赔付率（%）	赔付额	赔付率（%）	赔付额	赔付率（%）
1983	518.38	324.95	62.69	413.91	79.85	502.87	97.01
1984	519.20	319.01	61.44	403.13	77.64	487.25	93.85
1985	517.05	448.79	86.80	575.00	111.21	701.20	135.61
1986	519.13	470.16	90.57	601.01	115.77	731.85	140.98
1987	521.84	417.64	80.03	527.36	101.06	637.07	122.08
1988	521.53	499.72	95.82	632.07	121.20	764.43	146.57
1989	527.59	505.69	95.85	635.98	120.54	766.27	145.24
1990	534.10	402.49	75.36	488.96	91.55	575.44	107.74
1991	538.51	636.46	118.19	769.39	142.87	902.32	167.56
1992	536.43	571.65	106.57	700.61	130.61	829.58	154.65
1993	531.87	547.52	102.94	653.55	122.88	759.58	142.81

年份	保费收入（亿元）	25%赔付水平		35%赔付水平		45%赔付水平	
		赔付额	赔付率（%）	赔付额	赔付率（%）	赔付额	赔付率（%）
1994	533.67	721.67	135.23	870.76	163.17	1019.86	191.10
1995	539.57	535.66	99.28	635.56	117.79	735.46	136.31
1996	548.57	510.804	93.12	606.06	110.48	701.32	127.84
1997	554.29	699.83	126.26	843.10	152.10	986.36	177.95
1998	560.54	635.99	113.46	741.40	132.26	846.80	151.07
1999	562.94	644.34	114.46	763.96	135.71	883.58	156.96
2000	562.68	862.28	153.25	1007.64	179.08	1153.00	204.91
2001	560.55	726.35	129.58	878.59	156.74	1030.83	183.90
2002	556.69	646.30	116.10	769.90	138.30	893.51	160.50
2003	548.69	790.39	144.05	934.21	170.26	1078.03	196.47
2004	552.79	389.20	70.41	463.02	83.76	536.84	97.11
2005	559.76	469.72	83.91	561.93	100.39	654.14	116.86
2006	547.74	573.19	104.65	688.53	125.70	803.87	146.76
2007	552.47	589.08	106.63	704.98	127.61	820.88	148.58
2008	562.56	497.86	88.50	607.37	107.97	716.87	127.43
2009	571.01	500.24	87.61	598.14	104.75	696.04	121.90
2010	578.43	450.40	77.87	532.45	92.05	614.50	106.24
2011	584.22	293.34	50.21	350.63	60.02	407.93	69.82
2012	588.30	250.29	42.55	308.15	52.38	366.02	62.22
2013	592.66	349.71	59.01	412.46	69.60	475.22	80.18

（1）农业保险70%的水平下，农作物损失率为55%时，整理的计算结果见表7-19：

表7-19　　　　　　　损失率为55%时的赔付率层次

简单赔付率	一定赔付率区间的年数比例		总赔款占保费总收入的比例	
	年数（年）	占比（%）	保费收入（亿元）	占比（%）
100%以下	18	58.06	9856.68	47
100%—160%	13	41.94	7147.06	53
160%—200%	0	0	0	0
200%以上	0	0	0	0

（2）农业保险70%的水平下，农作物损失率为65%时，整理的计算结果见表7 – 20：

表7 – 20 　　　　　　　　**损失率为65%时的赔付率层次**

简单赔付率	一定赔付率区间的年数比例		总赔款占保费总收入的比例	
	年数（年）	占比（%）	保费收入（亿元）	占比（%）
100%以下	8	25.81	4468.07	17.14
100%—160%	20	64.52	10890.63	68.57
160%—200%	3	9.68	1645.04	14.29
200%以上	0	0	0	0

（3）农业保险70%的水平下，农作物损失率为75%时，整理的计算结果见表7 – 21：

表7 – 21 　　　　　　　　**损失率为75%时的赔付率层次**

简单赔付率	一定赔付率区间的年数比例		总赔款占保费总收入的比例	
	年数（年）	占比（%）	保费收入（亿元）	占比（%）
100%以下	6	19.35	3355.54	12.03
100%—160%	18	58.06	9793.13	57.36
160%—200%	6	19.35	3292.39	25.61
200%以上	1	3.23	562.68	5.00

从以上3个表中可以看出，赔付率100%—160%的赔款额占保费总收入的比率分别为53%、68.57%和57.36%，虽然损失率不一样，但三者大部分赔付都发生在100%—160%区间，因此这里可以简单地设定我国农业再保险的区间为100%—160%，即对50%—60%的风险进行再保险。事实上，美国既定年份中也是对大约50%的风险进行了再保险，同时对其中近20%进行了再分保。

以下部分将在农业保险70%的水平下，农作物损失率为75%时，即假定在自然灾害损失较大时，对我国农业巨灾保险准备金分散责任进一步进行测算。

二　国家农业巨灾准备金分散责任测算

1. 模型的构建

本部分采用非参数信息扩散模型对农业保险准备金的超赔比例进行计

算。非参数信息扩散模型结合了非参数统计方法与模糊数学方法，在小样本条件下具有较好的估计效果。

设农作物生产损失率为 l，$l \in [0, 1]$。为了计算和描述方便，将 l 分成若干等份，即 $0 = l_1 < l_2 < l_3 < \cdots < l_n = 1$。设 x_t 为第 T 年农业的实际生产损失样本观测数据，$t = 1, 2, 3, \cdots, T$。设 x_t 按正态分布规律扩散给样本空间 $[0, 1]$ 中的每个样本点 l_i，其信息扩散模型为：

$$g_{x_t}(l_i) = \frac{1}{n\sqrt{2\pi}} e^{\frac{(x_t - l_i)^2}{2h^2}} \qquad (7-11)$$

在式（7-11）中，$g_{x_t}(l_i)$ 为 l 的概率密度函数，h 为信息扩散系数。则实际生产损失率的样本观测值 x_t 落在区间 $[l_{i-1}, l_i]$ 中的概率为：

$$\mu_{x_t}(l_i) = \frac{g_{x_t}(l_i)}{\sum\limits_{i=1}^{n} g_{x_t}(l_i)} \qquad (7-12)$$

$p(l_i)$ 为实际损失率的样本观测值 x_t 落在区间 $[0, 1]$ 中的累积概率分布，即：

$$p(l_i) = \frac{1}{T} \sum_{t=1}^{T} \mu_{x_t}(l_i) \qquad (7-13)$$

而扩散系数 h 由下面的经验公式计算出，其中 m 为样本数据中样本的个数，b 为样本最大值，a 为最小值。

$$h = \begin{cases} \dfrac{1.6987(b-a)}{m-1} & 2 \leq m \leq 5 \\[2mm] \dfrac{1.4456(b-a)}{m-1} & 6 \leq m \leq 7 \\[2mm] \dfrac{1.4456(b-a)}{m-1} & 8 \leq m \leq 9 \\[2mm] \dfrac{1.4456(b-a)}{m-1} & 10 \leq m \end{cases} \qquad (7-14)$$

2. 农作物巨灾风险评估

首先根据表7-21计算出农作物保险综合赔付率在不同区间的发生频数，如图7-6所示。其中农业保险综合赔付率在0—100%区间的数有6年，在100%—160%区间的有18年，160%以上的有7年，呈现出明显的"中间多、两端少"的分布特点。

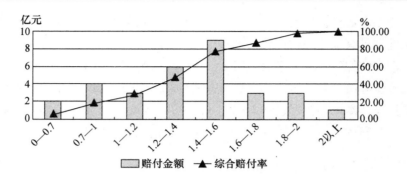

图7-6 农业保险综合赔付频数即累积赔付率

根据模拟分析的需要，本书对综合赔付率进行相应的转换，使其值属于［0，1］。具体转换规则如下：若综合赔付率（设为Y）小于B（这里B分别取100%、120%、140%和160%），则转换后的综合赔付率X值为0；若综合赔付率大于（B+100%），则X值为1；若综合赔付率在B到（B+100%）之间，则X值为Y值减1。表7-22为转换后的农业保险综合赔付率的累计概率，实际赔付率(Y)=赔付率(X)+B。

表7-22　　　　　不同处理组在各赔付率点时的累积概率　　　单位:%

赔付率X ╲ B	100%处理组	120%处理组	140%处理组	160%处理组
0.00	19.25	34.27	56.68	76.78
10.00	26.88	44.31	73.20	84.46
20.00	35.63	57.52	80.83	89.17
30.00	44.59	73.25	84.02	94.19
40.00	57.79	80.99	89.54	96.51
50.00	73.13	84.32	94.08	97.01
60.00	80.97	89.26	96.36	98.36
70.00	84.50	94.21	97.18	99.98
80.00	89.17	98.42	98.46	100.00
90.00	94.52	99.98	99.98	100.00
100.00	100.00	100.00	100.00	100.00

从上表可以看出，不同的处理组得出的累积概率有所差异。例如，100%处理组中20%赔付率的累积概率为35.63%，120%处理组中20%赔

付率的累积概率则为 57.52%；同样，其他不同处理组中相同赔付率也存在着不同。这种数据处理方法所造成的差异性是否显著，将影响到对超赔比例的选择。为判定这种差异的显著性，下面分别对四对处理组进行 95% 置信区间成对 t 检验，结果见表 7 - 23：

表 7 - 23　　　　　　　四对处理组成对 t 检验结果

处理组	1 组		2 组		3 组		4 组	
	100%	120%	120%	140%	140%	160%	100%	140%
概率平均值	0.64	0.78	0.78	0.89	0.89	0.95	0.64	0.89
方差	0.08	0.05	0.05	0.02	0.02	0.01	0.08	0.02
P 值（双侧）	0.113		0.215		0.35		0.02	

从表中可看出，前 3 组双侧 t 检验的 P 值都大于 0.05，即在 0.05 的显著性水平下接受原假设，认为它们之间没有明显差异；而第四组（100% 处理组和 140% 处理组）双侧 t 检验的 P 值为 0.02，小于 0.05，即拒绝原假设，认为这两个处理组之间存在显著差异。因此选取 100% 和 140% 处理组数据进行分析。

3. 启用巨灾风险准备金赔付比例确定

图 7 - 7 绘制出 100% 和 140% 两处理组的农业巨灾保险综合赔付率发生的累积概率。可看出在 100% 处理组中，在 160% 之前累积概率增速比较快，之后增速变得平缓。同样在 140% 处理组，160% 之前累积概率增速也是较快的，之后增速变缓，说明在 160% 或以后，其累积概率差异不大。因此在这种情况下，可以考虑将 160% 作为准备金超赔启动比例，则启动概率为 19.03%（80.97%—100%），也就是说，若当赔付率超过160% 时启动农业巨灾风险准备金，则在 31 年间有 19.03% 的年份需要启动准备金，即六年一遇，这与政府建立农业巨灾风险准备金的初衷相符，起到"防范较大风险赔付、构建巨灾风险'防火墙'"的作用。

上述测算和分析结果是针对农作物的灾害损失，不涉及林业、畜牧业和养殖业。同时，由于无法知道确切的损失程度，本书按照成灾面积的75%，绝收面积的 100% 进行了估算，不同的损失情况有不同的分保安排，在实际情况中需要具体进行分析。

三　政策性保险承保能力最大化条件下准备金规模测算

借鉴我国其他学者的一些研究的测算公式来计算巨灾准备金：

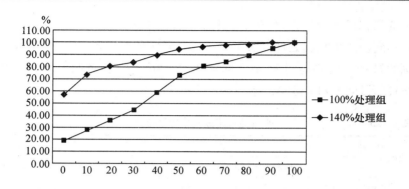

图 7 - 7　100％处理组和 140％处理组累积赔付率比较

巨灾准备金 = 损失金额 - 保险工作封顶赔付金额

其中：

损失金额 =（受灾面积 - 成灾面积）× 平均成本 × 损失率 +（成灾面积 - 绝收面积）× 平均产值 × 损失率 + 绝收面积 × 平均产值

保险公司封顶赔付金额（N）= 保费收入（D）× 160％

首先，根据前面的测算，确定如果当年简单赔付率超过 160％，便启动巨灾准备金；其次，假设如果应赔付的实际损失小于保险公司封顶金额（即 1.6 倍保费收入），则大灾准备金的金额设定为 0。为了计算农业巨灾准备金，进行如下的假设：

（1）假设受灾面积的损失率为 30％，成灾面积的损失率为 70％，绝收面积的损失率为 100％。

（2）根据我国农业保险只保"物化成本"的事实，所以计算损失金额时用到了平均成本，而不是平均产值。本书假定每公顷的平均成本为 7500 元。

（3）保费收入仍采用前文计算结果。

计算 1983—2013 年的农业巨灾准备金如下：

为了计算农业巨灾准备金，本书将 1983—2013 年分为四个时期，即 1983—1990 年为第一时期；1991—2000 年为第二时期；2001—2010 年为第三时期；2011—2013 年为第四时期。第一时期每年的准备金为 618.03 亿元；第二时期每年的准备金为 745.26 亿元；第三时期每年的准备金为 534.47 亿元；第四时期每年的准备金为 5.76 亿元。第四时期的只有 3 年的时间，统计时间较短，并且相对于以前的灾损要小，所以参考前三个时期的准备金平均值来估算以后每年的准备金，即前三个时期的平均值约 650 亿元

表 7 - 24　　　　　　　1983—2013 年历年巨灾准备金金额

年份	保费收入（亿元）	封顶赔付金额（亿元）	损失金额（亿元）	金额缺口（亿元）	平均缺口（亿元）
1983	518.38	829.4	1194.74	365.34	
1984	519.2	830.71	1102.4	271.69	
1985	517.05	827.29	1591.68	764.39	
1986	519.13	830.62	1673.24	842.62	
1987	521.84	834.95	1448.14	613.19	618.03
1988	521.53	834.45	1751.45	917	
1989	527.59	844.15	1647.29	803.14	
1990	534.1	854.57	1221.45	366.88	
1991	538.51	861.61	1785.5	923.89	
1992	536.43	858.28	1700.85	842.57	
1993	531.87	850.99	1505.86	654.87	
1994	533.67	853.87	1837.06	983.19	
1995	539.57	863.3	1404.17	540.87	
1996	548.57	877.71	1413.06	535.35	745.26
1997	554.29	886.86	1773.82	886.96	
1998	560.54	896.86	1484	587.14	
1999	562.94	900.71	1569.78	669.07	
2000	562.68	900.29	1728.98	828.69	
2001	560.55	896.88	1791.62	894.74	
2002	556.69	890.7	1526.78	636.08	
2003	548.69	877.91	1753.24	875.33	
2004	552.79	884.46	1114.14	229.68	
2005	559.76	895.61	1231.08	335.47	
2006	547.74	876.38	1379.58	503.2	534.47
2007	552.47	883.95	1552.56	668.61	
2008	562.56	900.09	1356.63	456.54	
2009	571.01	913.61	1441.17	527.56	
2010	578.43	925.49	1142.94	217.45	
2011	584.22	934.75	952.04	17.29	
2012	588.3	941.27	809.85	0	5.76
2013	592.66	948.25	932.69	0	

（比保费平均收入高 100 亿元）。在这 31 年间，最大值为 983.19 亿元，估算出在 50 年一遇的灾损水平下，国家农业巨灾准备基金的规模约为 1000 亿元。

四 结论

合理的农业巨灾风险分散工具组合可以至少实现两个目标：一是提高补偿能力，通过对有限社会资源进行整合、优化，实现多渠道筹集资金，最大限度提高农业巨灾风险分散能力；二是减轻损失程度，需要从政府和社会两个层面做好减灾、防灾各项工作，政府要做好农业巨灾的防范工作、完善各种应急保障机制以及各种制度保障，社会要提高农业巨灾的防范意识，自觉采取各种措施来预防和控制农业巨灾损失。

根据以上的推算，在现在的农业保险政策下，当农作物投保率达到 80%、保障水平为 70% 时，我国农业巨灾的保障水平为：1.6 × 保费收入 + 650 亿准备金 + 500 亿元社会救助。如果保费收入为估算的平均值 550 亿元，则总体保障水平可达 2000 亿元，按照 2013 年的灾害损失总额 5000 亿元来计算，保障水平为 40%。相对于发达国家的 80% 以上的灾害损失保障水平，我国的保障水平还是较低，但考虑到我国的自然条件、人口总量、人均经济状况等因素，这样的保障水平基本上是一个较为理想的状态。所以我国可以从灾前预防、政策性农业保险、再保险、准备金、社会救助与政府救助等几个方面来构建农业巨灾风险的分散工具组合，如图 7-8 所示。

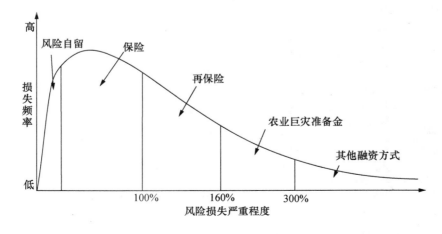

图 7-8　农业巨灾风险分散组合拟合分析结果

第八章　我国农业巨灾风险分散
　　　　　行为分析

　　"共生合作现象"不仅是在生物界普遍存在，它也是人类社会存在与发展的基础。从一个家庭到一个资合或者人合企业，从党派到国家，都有共生合作的存在。共生理论强调：人们在普遍交往、合作竞争的各种实践活动中形成的，以多元互补、利益相关、彼此平等为基础的相互依赖、互惠共存、全面和谐的关系（马小茹，2011）。

　　农业巨灾风险分散共生系统是指共生体中的共生单元之间在一定的共生环境中以一定的共生模式形成的相互依存关系。农业巨灾风险分散共生系统是由共生单元（即受灾农户、政府、农业保险公司、社会救助组织、金融机构、中介机构等）、共生关系（共生组织模式和共生行为模式）和共生环境（即外部环境，包括农业巨灾风险分散的政策、经济、技术和社会环境等）三要素所构成的。

　　农业巨灾风险分散机制是受灾农户、农业保险企业、社会救助组织、各级政府、金融市场和中介组织之间互惠共生、协同合作的结果。从共生理论的视角，农业巨灾风险分散单元通过共生介质建立起相互依存、相互作用的和谐共生关系（连续互惠共生关系），强调共担性、互补性、协同性和共赢性（彭建仿，2010）。农业保险企业是农业巨灾风险分散共生系统中的一个单元，国家宏观政策、保险企业追求利润、参险农户市场诉求等是农业保险企业参与合作共生的主要原因。共生合作视角下农业保险企业的农业巨灾风险分散行为主要受哪些因素的影响，而其影响因素又决定着农业巨灾保险企业参与农业巨灾风险分散的广度和深度，所以这些影响因素已成为当前亟待研究的问题。本书从农业保险企业和受灾农户参与农业巨灾风险分散共生合作的角度进行实证分析。

第一节　农业保险企业农业巨灾风险分散行为分析

一　影响因素与研究假设

1. 影响因素

由于农业巨灾风险发生的低概率、大损失的特殊性，鉴于我国目前农业巨灾主体（主要包括受灾农户、农业保险企业、社会救助组织和各级政府部门等）的特点，任何一方单独承担全部农业巨灾损失既不可能，也不现实，这就需要各方的共生合作。那么，农业巨灾主体尤其是农业保险企业的共生合作受哪些因素的影响值得关注，这些因素对共生合作行为的选择具有重大的影响，国内外对受灾农户、农业保险企业、社会救助组织、各级政府部门、金融市场和中介组织的行为研究，主要是基于相互间博弈分析为主（谢家智、尤文军等），对各自行为的影响因素研究也很丰富，但鲜有相关共生合作的研究文献。

（1）共生合作动机。共生合作现象是经济学无法回避的问题，而互利共生合作能产生巨大的能量和惊人的竞争力，要解释合作共生现象产生的原因，就必须回答是否存在合作互利的动机。心理学关于公共产品的一系列实验是富有启发和饶有兴味的，由 Robin M. Dawes 和 Richard H. Thaler 组织的试验提供了合作动机的解释。具体到农业保险企业与受灾农户、社会救助组织、各级政府部门、金融市场和中介组织等的共生合作的动机，本书认为应该包括外部动机和内部动机。外部动机指那种不是由活动本身引起而是由与活动没有内在联系的外部刺激或原因诱发出来的动机，主要包括共生合作环境、竞争压力和社会责任等几个方面。内部动机指的是主体自发的对所从事的活动的一种认知，主要包括共生合作效益、能力和意识等几个方面。

（2）共生合作机制。

共生合作机制一般应当包括共生合作的形成机制、共生合作的运行机制，还应当包括共生合作活动中所应遵循的基本经济规律以及由这个机制所决定的共生合作形式。第一，农业保险企业共生合作对象主要包括受灾农户、各级政府部门、金融市场和中介组织等，其共生合作伙伴的特质特别是农业保险企业的特质是其共生合作时应该考虑的因素之一。第二，农业保险企业共生合作与受灾农户、各级政府部门、金融市场和中介组织的互动关系是共生合作机制的主要组成部分，其互动程度和依赖程度对共生合作会产生一定的影响。第三，合作方式是个人与个人、群体与群体之间为达到共同目的，彼此相互配合的一种联合行动，农业保险企业共生合作主要包括财政拨款、农业保险、保险补贴、巨灾基金等方式，通过上述方式，发生共生合作行为。第四，信用机制是信用关系与信用的"制度安排"，即关于信用行为与信用关系的保证与规范，也就是对信用活动和关系加以约束的行为规则，从而来保证、约束和规范农业保险企业共生合作行为。

综上所述，农业保险企业共生合作行为的影响因素包括共生合作动机、共生合作机制两个大类和共生合作环境、竞争压力、社会责任、共生合作意识、共生合作能力、共生合作效益、企业特质、互动程度与依赖程度、风险分散方式、信用关系十个方面（见表8－1）。

表8－1　　　　　　农业保险企业共生合作行为的影响因素

影响因素			具体表现	影响
共生合作动机	外部动机	共生合作环境	市场需求、市场供给、市场竞争、舆论监督、道德风险约束、政府引导和监管	促进（＋）
		竞争压力	竞争者数量、竞争者实力	促进（＋）
		社会责任	社会贡献、企业伦理	促进（＋）
	内部动机	共生合作意识	农业巨灾风险分散认知	促进（＋）
		共生合作能力	农业保险偿付能力充足率	促进（＋）
		共生合作效益	有无共生合作行为产生的效益差异	促进（＋）
共生合作机制	合作伙伴	企业特质	资产规模、信誉度、知名度、影响力	促进（＋）
	互动关系	互动程度与依赖程度	密切程度、依赖程度	促进（＋）
	合作方式	风险分散方式	共生合作方式、风险分散方式的多元化程度	促进（＋）
	信用关系	信用机制	信用记录、信用评级、信用环境	促进（＋）

2. 研究假设

根据以上影响因素，作如下假设：

（1）有限理性。在新古典经济学的框架里，理性的经济人是什么都知道和什么都能做到的，因此，他不需要与别人合作。合作是以单位或个体某些条件不足为基础的，并可以弥补那些条件，从而完成单位个体不能独立达到的目标。农业巨灾风险如果仅仅从风险的角度考虑它具有不可保性，这是由于农业巨灾风险具有小概率大风险的特点，也可能不符合保险的大数原则，不过农业保险企业在国家政策与财政支持框架下，从竞争、利润和社会责任等角度出发，对农业巨灾进行保险是很有必要的，不过由于其资源禀赋不足，这就要求其与相关组织或个人开展共生合作，从而共同分散风险。

（2）农业保险企业从外部动机和内部动机出发，对农业巨灾风险的分散具有促进作用。外部环境的日益改善，竞争压力的强度日渐增大、社会责任感、共生合作意识、共生合作能力与共生合作效益的日益提高，这些因素更易激发农业保险企业参与农业巨灾风险分散的共生合作，从而更好地分散农业巨灾风险。

（3）完善的共生合作机制对农业保险企业参与农业巨灾风险分散活动更加有益。强大的组织实力、较高程度的互动关系、多元化的风险分散方式、完善的信用机制，这些都有助于农业保险企业参与农业巨灾风险分散活动。

二　数据来源

本书是基于一项对农业巨灾风险分散行为的调查进行研究分析的，其方式有座谈会与访谈、问卷调查以及文献和非参与观察所得到的数据。

在开展调查之前，课题组在多次讨论并征询相关专家意见的基础上，设计了调查问卷、访谈大纲等基本资料，于 2012 年 11 月—2012 年 12 月，由该课题组的老师带队并组成 4 个小组，每组由 3 名研究生参与，分别到河南省洛阳市、陕西省咸阳市、湖北省孝感市和浙江省金华市进行了为期 20 天的调研。在调研地区选择方面，主要结合典型农业巨灾易发的区域性，浙江是我国台风多发地，湖北是我国水灾多发地，河南和陕西是我国旱灾多发地，同时结合所选样本分别位于我国东、中、西部地区，经济发展程度与参保情况等方面的差异，所选地区也具有一定的代表性。在调查过程中，课题组走访和问卷调查了 8 家省级分公司（均为中国人民财产保险有限公司和中华联合财产保险股份有限公司下属省级分公司）和 1 个中国渔船船东互保协会浙江省互保办事处，走访和问卷调查了72家营销服务部或代办处（见表8-2）。

表8-2　　　　　　　　　　调研样本及其分布情况

省级分公司	市分公司	县（市）支公司	营销服务部或代办处（个）
河南省	洛阳市	新安县	6
		嵩　县	6
		孟津县	6
陕西省	咸阳市	乾　县	6
		武功县	6
		礼泉县	6
湖北省	孝感市	汉川市	6
		云梦县	6
		孝昌县	6
浙江省	金华市	浦江县	6
		义乌市	6
		永康市	6
合计	9	9	14	72

三　实证研究

1. 描述性分析

（1）共生合作动因。调查数据显示，农业保险企业选择参与农业巨灾风险分散共生合作最主要的动因是响应政府号召（81.9%），其次是承担社会责任（72.2%），竞争需要（34.7%）也是其主要动机之一，经济利益和分散企业经营风险倒不是农业保险企业主要考虑的因素（见图8-1）。农业保险企业选择参与农业巨灾风险分散共生合作的动机数据表明，农业保险企业更多地把农业保险特别是农业巨灾保险看作一项基于政府政策引导的社会公益活动，因为农业保险对于农业保险企业来说，现实的风险要远大于其收益，会增加企业的经营风险。

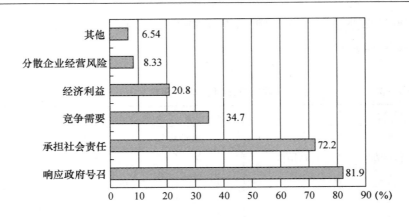

图 8 - 1　共生合作动因

（2）共生合作方式。农业保险企业选择参与农业巨灾风险分散共生合作方式中，开办农业保险是最主要的共生合作活动，调查样本全部（100%）参与了此类活动，说明经过长期探索、试点和发展，我国农业保险已经全部覆盖了广大农村地区；有75%的调查样本享受到了政府的保险补贴，但在有些省份（比如陕西省）政府的保险补贴还没有到位；财政支持和税收优惠在各地的情况是喜忧参半，浙江和陕西实施了财政支持和税收优惠，河南省和湖北省目前还没有实施直接的财政支持和税收优惠。金融服务的共生合作方式是今后需要重点考虑和发展的方式（见表8 - 3）。

表 8 - 3　　　　　　　　共生合作主要方式情况

共生合作方式	营销服务部或代办处（个）	比例（%）
农业巨灾保险	72	100.0
保险补贴	72	75.0
财政支持	42	58.3
税收优惠	34	47.2
金融服务	9	12.5
其　他	15	20.8

注：本项调查为多项选择。

（3）互动关系。互动关系的考量，选取密切程度和依赖程度两个指标。密切程度采用了非常密切、很密切、密切、不密切、很不密切5个等级进行评价。调查数据显示，共生合作的密切程度总体较高，关系密切度不高（30%），密切占比过半（52%），另外不密切所占比例不低（10%），说明农业巨灾风险分散的共生合作各方缺乏有效的合作机制，应提升其共生合作密切度。

依赖程度采用了非常依赖、很依赖、依赖、不依赖、各自独立5个等级进行评价。调查数据显示，共生合作的依赖程度总体较高（69%），说明了农业保险企业已经意识到，农业巨灾风险分散需要依赖共生合作各方的共同合作，才能够实现农业巨灾风险的有效分散，单独依赖任何一方，都无法实现农业巨灾风险的有效分散。当然，也有不少调查样本认为依赖程度不高（12%），其主要观点认为，农业巨灾风险分散应该是政府的事情，在目前我国现实的农业巨灾风险特质、农户自身素质和保险市场情况下，无法提供有效的依赖条件，也就无所谓依赖的问题。

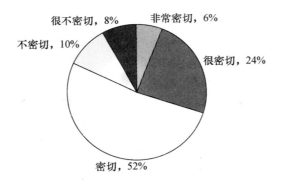

图8-2　共生合作密切程度

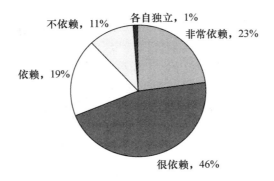

图8-3　共生合作依赖程度

（4）共生合作满意度。调研统计数据表明，总体共生合作满意度不高（均值为42.25%），但在现有的主要共生合作方式中，共生合作满意度的差异还是很大的，农业保险补贴满意度最高（91.2%），说明农业保险补贴已经得到了共生合作各方的认可，其次是农业保险和财政支持，其满意度较高（分别为56.7%和45.5%），税收优惠和金融服务满意度比较低（分别为34.2%和14.5%），这说明其还有进一步提升的空间。

表8-4　　　　　　　　　　　　共生合作满意度情况　　　　　　　　　单位:%

共生合作方式	农业保险	保险补贴	财政支持	税收优惠	金融服务	其他	均值
满意度均值	56.7	91.2	45.5	34.2	14.5	11.6	42.25

注：本项调查设计的满意度在0—100%区间。

（5）共生合作效益。共生合作效益主要体现收益增加和知名度、品牌、影响力等方面得到提升。在调研时，设计了共生合作效益非常明显、很明显、明显、不明显和很不明显5个变量。综合共生合作效益，明显度不高（63.2%），经济效益明显程度更低（31.6%），倒是知名度、品牌和影响力产生的效益很好（81.6%）。说明目前农业保险企业共生合作的效益主要体现在知名度、品牌和影响力等方面的提升，而经济效益的提升不是很明显，这对于大多数农业保险企业来说无疑是"赚了吆喝，赔了买卖"，同时这也反映了目前农业保险企业的共生合作价值诉求所在，也就是农业保险企业的共生合作更多的是以提高企业知名度、品牌和影响力为目的，而不是注重经济效益的最大化。

2. 计量经济模型和结果

（1）计量模型的建立。据以上所分析，农业保险企业参与农业巨灾风险分散共生合作的行为受共生合作环境（HJ）、竞争压力（YL）、社会责任（ZR）、共生合作意识（YS）、共生合作能力（NL）、共生合作效益（XY）、合作伙伴特质（TZ）、互动关系（GX）、合作方式（FS）、信用机制（JZ）十个方面因素的影响。模型可用下列函数形式表示：

$$S_i = f(HJ_i, YL_i, ZR_i, YS_i, NL_i, XY_i, TZ_i, GX_i, FS_i, JZ_i) + \rho_i$$

$$(8-1)$$

其中，S_i 表示第 i 个农业保险企业共生合作行为的选择情况，ρ^i 表示随机干扰项。农业保险企业参与农业巨灾风险分散共生合作的行为选择结果

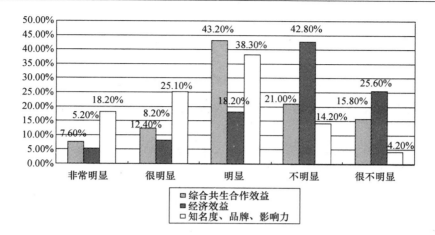

图 8-4 共生合作效益及比较图

只有共生合作和不共生合作两种，选择属于离散问题。传统的回归模型不适用，本书采用二元 Logistic 模型，将因变量的取值限制在 [0，1] 的范围内，采用最大似然估计法对其回归参数进行估计。

设 "共生合作" 为 $y = 1$， "不共生合作" 为 $y = 0$。设 x_1，x_2，x_3，$\cdots$，x_k 是与 y 相关的自变量，一共有 n 组观测数据，即设，x_{i1}，x_{i2}，x_{i3}，$\cdots$，x_{ik}；其中 $i = 1，2，3，\cdots，n$，$k = 1，2，3，\cdots，21$。y 是取值为 0 或 1 共生视角下农业保险企业农业巨灾风险分散行为选择的因变量。与 X_{i1}，X_{i2}，X_{i3}，$\cdots$，X_{ik} 的关系为：

$$E(y_i) = p_i = \beta_0 + \beta_1 x_{i1} + \beta_2 x_{i1} + \beta_3 x_{i2} + \cdots + \beta_k x_{ik} \qquad (8-2)$$

则 y 的概率分布函数为：

$$p(y_1) = f(p_i)^{y^i}[1 - f(p_i)]^{(1-y_i)} \qquad (8-3)$$

Logistic 回归函数为：

$$p(y_i) = \frac{e p_i}{1 + e p_i} = \frac{e(\beta_0 + \beta_1 x_{i1} + \beta_2 x_{i2} + \cdots + \beta_k x_{ik})}{1 + e(\beta_0 + \beta_1 x_{i1} + \beta_2 x_{i2} + \cdots + \beta_k x_{ik})} \qquad (8-4)$$

其似然函数为：

$$L = \Pi_i^n = 1 p(y_i) = \Pi_{i=1}^n f(p_i)^{y_i}[1 - f(p_i)]^{1-y_i} \qquad (8-5)$$

对似然函数取自然对数，得：

$$\ln L = \sum_{i=1}^{n} \left[y_i (\beta_o + \beta_1 x_{i1} + \beta_2 x_{i2} + \cdots + \beta_k x_{ik}) \right] - \left[n(\beta_o + \beta_1 + \beta_{il} + \beta_z + \beta_{iz} + \cdots + \beta_k x_{ik}) \right] \qquad (8-6)$$

对其进行似然估计，得出参数估计量。

用于实证分析的模型有两个：

第一，因素层次模型——用于考察影响因素总体显著性和重要性。

$$Y_i = \beta_0 + \sum_{j=1}^{9} \beta_{ji} X_{ji} + \mu_i \quad (i = 1,2,3,\cdots,72; j = 1,2,3,\cdots,21)$$

第二，指数层次模型——用于考察重要影响因素的来源。

$$Y_i = \beta_0 + \sum_{j=1}^{21} \beta_{ji} X_{ji} + \mu_i \quad (i = 1,2,3,\cdots,72; j = 1,2,3,\cdots,21)$$

（2）模型变量赋值及计算。根据影响农业保险企业共生合作的因素，对每个影响类别设计了 1 到 5 个不等的变量，并且对每个变量进行了赋值，有关说明如表 8-6 所示。

在指标选取和赋值的基础上，为了获得变量数据，运用主成分分析法和综合指数法对各指标进行了综合，综合指数法的指标赋权选择变异系数法数据。此外，运用因素层次模型和指标层次模型，对各因素的相对重要性进行比较和变量显著性对重要影响因素进行辨析，对计算得到的数据进行了 0—1 标准化处理，用标准化数据进行 Logistic 回归。

①因素层次模型。利用标准化的变量数据对企业共生合作 Logistic 二元选择模型进行估计，得到如表 8-5 所示的回归结果。

表 8-5　　　　　　　农业保险企业因素层模型回归结果

模　　型	变异系数法标准化数据		主成分分析法标准化数据	
	回归系数	Z 统计量（Sig.）	回归系数	Z 统计量（Sig.）
农业巨灾风险分散环境	1.652***	3.214（0.000）	3.682***	3.328（0.000）
农业巨灾风险分散企业特征	0.654**	1.942（0.052）	1.765**	2.418（0.041）
农业巨灾风险分散意识	0.326*	2.157（0.024）	1.159*	2.346（0.014）
农业巨灾风险分散能力	0.734**	1.272（0.102）	0.861*	0.642（0.021）
农业巨灾风险分散经济效益	1.428***	2.014（0.029）	2.356***	2.282（0.010）
农业巨灾风险合作伙伴特质	0.763**	1.853（0.096）	0.927*	0.765（0.427）
农业巨灾风险互动关系	0.824**	3.26（0.000）	2.34**	2.31（0.029）
农业巨灾风险分散方式	0.962***	2.548（0.008）	2.821**	2.548（0.008）
农业巨灾风险信用机制	0.105	2.348（0.025）	0.542	2.648（0.013）
模型整体显著性检验				
LR 统计量	26.474		24.857	
Mc Fadden R - squared	0.216		0.207	

注：*、** 和 *** 分别代表 10%、5% 和 1% 水平上显著。

②指数层次模型。利用变量数据对模型进行估计，回归结果如表8 - 6所示。

表8 - 6 模型变量、赋值及回归结果

类别	变量	变量定义	均值	回归系数	Z值
农业巨灾风险分散环境	市场环境（X_1）	非常好 = 5，很好 = 4，一般 = 3，不好 = 2，很不好 = 1	2.85	2.21	1.56
	竞争压力（X_2）	非常激烈 = 5，很激烈 = 4，激烈 = 3，不激烈 = 2，很不激烈 = 1	2.15	2.48	2.03
	社会责任（X_3）	非常强烈 = 5，很强烈 = 4，强烈 = 3，不强烈 = 2，很不强烈 = 1	3.84	5.63**	1.98
	政府促进作用（X_4）	非常明显 = 5，很明显 = 4，明显 = 3，不明显 = 2，很不明显 = 1	4.62	13.51***	2.81
企业特征	资产规模（X_5）	1000 亿元以上 = 5，500 亿—1000 亿元 = 4，100 亿—500 亿元 = 3，100 亿元以下 = 1	3.50	2.16	1.35
	信誉度（X_6）	非常高 = 5，很高 = 4，一般 = 3，不高 = 2，很不高 = 1	3.79	3.65*	1.17
	知名度（X_7）	非常高 = 5，很高 = 4，一般 = 3，不高 = 2，很不高 = 1	3.25	5.31**	2.04
	影响力（X_8）	非常大 = 5，很大 = 4，一般 = 3，不大 = 2，很不大 = 1	3.24	3.18*	1.36
农业巨灾风险分散意识	风险意识认知程度（X_9）	非常清楚 = 5，很清楚 = 4，清楚 = 3，不清楚 = 2，很不清楚 = 1	4.16	6.23**	1.01
	风险分散意识认知程度（X_{10}）	非常清楚 = 5，很清楚 = 4，清楚 = 3，不清楚 = 2，很不清楚 = 1	2.84	2.45	1.51
	风险分散合作意愿（X_{11}）	非常强烈 = 5，很强烈 = 4，强烈 = 3，不强烈 = 2，很不强烈 = 1	4.64	16.42***	2.64
农业巨灾风险分散能力	农业保险偿付能力充足率（X_{12}）	50% 以下 = 1，50%—100% = 2，100%—150% = 3，150%—200% = 4，200% 以上 = 5	3.50	20.34***	1.64
农业巨灾风险分散经济效益	有无共生合作行为产生的效益差异（X_{13}）	非常明显 = 5，很明显 = 4，明显 = 3，不明显 = 2，很不明显 = 1	2.95	3.45*	1.52

类别	变量	变量定义	均值	回归系数	Z值
合作伙伴特质	选择合作伙伴的依据（X_{14}）	无法选择 = 1，共生合作意愿 = 2，信用 = 3，经济实力 = 4，支持政策 = 5	3.82	2.82	1.26
互动关系	共生合作密切程度（X_{15}）	非常密切 = 5，很密切 = 4，密切 = 3，不密切 = 2，很不密切 = 1	2.64	6.38**	1.06
互动关系	共生合作依赖程度（X_{16}）	非常依赖 = 5，很依赖 = 4，依赖 = 3，不依赖 = 2，各自独立 = 1	2.68	7.59**	1.35
风险分散方式	共 生 合 作 方 式（X_{17}）	农业巨灾保险 = 5，金融服务 = 3，中介服务 = 3，农业保险补贴 = 2，财政支出 = 2，税收优惠 = 2，其他 = 1 注：此项为多选项	11.4	13.52***	1.84
风险分散方式	共 生 合 作 种 类（X_{18}）	6 种及以上合作方式 = 4，4—6 种合作方式 = 3，2—4 种合作方式 = 2，2 种合作方式 = 1	3.28	3.86*	2.48
信用机制	信用环境（X_{19}）	非常好 = 5，很好 = 4，一般 = 3，不好 = 2，很不好 = 1	3.69	9.36**	1.61
信用机制	信用记录（X_{20}）	非常完善 = 5，很完善 = 4，完善 = 3，不完善 = 2，很不完善 = 1	2.87	1.53	1.24
信用机制	信用评级（X_{21}）	5A = 5，4A = 4，3A = 3，2A = 2，1A = 1	4.50	2.84	1.98
模型整体效果检验统计量：Cox & Snell $R^2 = 0.302$ Nagelkerke $R^2 = 0.417$					

注：*、**和***分别代表10%、5%和1%水平上显著；非参数检验不一定非要假定样本中的观察值满足正态分布，不过按观察值大小次序得到的秩和仍然有分布规律，也就是大样本时秩和常服从正态分布，所以可用正态近似法将它转换为 Z 值。

（3）计量结果分析。根据模型估计结果（见表 8 - 6），得出如下基本结论：

①农业巨灾风险分散环境。农业巨灾风险分散环境在 1% 的水平上显著，对共生合作行为选择的影响较大，其中政府在农业巨灾风险分散中的作用被视为影响农业保险企业参与农业巨灾保险分散共生合作行为选择的最重要因素。社会责任是影响农业保险企业参与农业巨灾保险分散共生合作行为选择的重要因素，农业保险企业已经把参与农业巨灾保险共生合作当成企业的使命、职责和义务。市场的竞争状况等对农业保险企业参与农业巨灾保险共生合作影响不大。一般来说，竞争者的数量与参与合作的意

愿成正比，只是现有的农业保险企业不多，再加上竞争力不够，以至于影响也不明显。

②企业特征。共生合作行为选择受企业特征的影响显著性不高，不过依旧在5%的水平上显著（知名度在5%水平上显著，信誉度、影响力在1%水平上显著）。模型估计结果显示，农业保险企业知名度与影响力和受到政府、受灾农户的青睐、认可以及发生共生合作行为的可能性成正比。资产规模对共生合作行为影响不显著，表明企业在现实中是否有意愿参与农业巨灾保险共生合作并不受资产规模大小的影响。从调研区域只有三家共生合作企业（中国人民财产保险有限公司、中华联合财产保险股份有限公司和中国渔船船东互保协会浙江省互保办事处）来看，就能够很好地说明这个问题。

③农业巨灾风险分散意识。农业巨灾风险分散意识对共生合作行为选择有显著性影响（5%水平），尤其是农业保险企业很希望可以进行风险分散的共生合作，之所以这些企业希望参与风险分散的共生合作，是由于这些企业明确认识到仅仅凭借农业保险企业来分散农业巨灾风险，是不现实的。风险意识认知程度对共生合作行为选择有一定的影响，因为对于从事风险管理的企业来说，对风险有很强的敏感性和判断力，基于本身资源禀赋不足和风险管理的角度，农业保险企业时刻有共生合作的冲动。至于怎么样实现和完成共生合作行为，并不是所有的农业保险企业能够明白和把握的，据模型分析数据显示，农业保险企业不是太清楚风险分散意识认知程度对农业巨灾风险分散共生合作行为选择没有影响。

④农业巨灾风险分散能力。农业巨灾风险分散能力对共生合作行为选择有显著性影响（1%水平）。偿付能力是保险公司偿还债务的能力，偿付能力充足率是我国目前通用的衡量指标（保险公司的实际资本比最低资本即偿付能力充足率，认可资产减去认可负债即保险公司的实际资本，保险公司的最低资本，是依照监管机构的要求，为吸收资产风险、承保风险等有关风险对偿付能力的不利影响保险公司需要保持的资本数额）。调研区域的三家企业（中国人民财产保险有限公司、中华联合财产保险股份有限公司和中国渔船船东互保协会浙江省互保办事处）的偿付能力充足率在150%—200%之间。偿付能力充足率的高低影响着企业偿还债务能力的强弱，也影响着企业开展农业巨灾风险分散共生合作行为的意愿和能力。

⑤农业巨灾风险分散经济效益。农业巨灾风险分散经济效益对共生合作行为选择影响有限（10%水平），此结论和之前的预期是有区别的，一般情况下农业巨灾风险分散经济效益越好，其对共生合作的参与度也就越高，不过模型分析数据显示却不是这样的。分析其原因是农业保险企业参与共生合作往往不是把利益最大化视作首要的目标，相反，响应政府号召、承担社会责任是其最主要的诉求，从现实情况来看，其从农业巨灾保险共生合作中获得经济利益是很不容易的，而促进影响力的提高、进行市场扩张、有效的品牌推广等倒是其选择共生合作的现实和理想诉求。

⑥合作伙伴特质。合作伙伴特质对共生合作行为选择并没有什么比较明显的影响，这反映了共生合作行为选择与合作伙伴特质之间的关系不大。在其影响因素中，只有支持政策影响最大，其他的影响不显著。从调研反馈的情况来看，最主要的原因是目前我国农业保险市场还不是一个完全竞争和开放的市场，政府的主导作用占有很重要的地位，政府的决策基本上决定着共生合作行为的选择，所以，实现从以政府为主导的农业保险市场到以市场为主导的农业保险市场之间的转变，是需要解决的现实问题。

⑦互动关系。互动关系对共生合作行为选择影响略低（5%水平），反映了共生合作行为受共生合作各方的依赖程度和密切程度的影响，只是影响不大。依赖程度相比密切程度对共生合作行为选择影响更加明显。调查结果反映出当今共生合作各方的共生合作还算密切，只是其依赖程度不高，之所以出现这种现象是由于现实中共生合作大部分属于政策性的共生合作，而出于利益合作的不多，所以其合作各方之间缺乏相互依赖的有效机制，这也是其中缺乏相互依赖的原因所在。

⑧农业巨灾风险分散方式。农业巨灾风险分散方式对共生合作行为选择有显著性影响（1%水平），这个结果与我们预期的不太一致，究其原因，主要是现有的共生合作是政府和非政府的两类共生合作方式不同，共生合作受其影响很大。从农业保险企业的现实选择来看，他们更着重和政府合作，因为其可以得到更多利益与保障，这对农业保险企业来说，具有决定性的意义，否则对农业保险企业而言，共生合作或许会对其造成灾难性的后果。

⑨信用机制。信用制度对共生合作行为选择影响比较低（5%水平），这反映了作为信用和信用关系"制度安排"的信用机制，约束、规范以及保证人们信用活动与关系的行为，对农业保险企业的共生合作行为选择

影响不大。模型分析表明，信用环境相比信用记录与信用评级，对共生合作行为选择影响要大得多。

第二节　受灾农户农业巨灾风险分散行为分析

一　农业巨灾受灾农户行为特征

1. 脆弱性

对普通的家庭而言，在巨灾面前，自我救助能力是很脆弱的，要通过自身从巨灾中恢复是很难实现的。"重灾一次，即刻致贫"、"一年受灾，三年难翻身"和"十年致富奔小康，一场灾害全泡汤"等都是农户在农业巨灾面前的真实写照（邓国取，2006）。面对农业巨灾，受灾农户表现出极强的脆弱性，最脆弱的农户是那些选择余地最小，生活受到限制（如贫穷、性别压迫、民族歧视、没有政治权利、残疾、就业机会有限、缺乏其他资助）的家庭（Blakie等，1994）。

2. 有限理性

"有限理性"是农民面临农业巨灾时其行为所具有的显著特征，生产决策行为具有短视性。居住地域的分散性、农民群体的特殊性、从事行业面临的双重风险性、有限的减灾防灾知识和手段等，这些因素让农民承受风险和抵御灾害的能力比较弱，面临灾害其行为表现出有限理性，从而导致决策行为具有短视性（马德富，2011）。

3. 被动性

面对农业巨灾，受灾农户可以选择与农业巨灾保险企业、社会救助组织和各级政府部门共生合作，但从历史的数据来看，多以自我救助为主。数据显示，自我救助占主体，与农业巨灾保险企业共生的比例很小，与社会救助组织和各级政府部门的共生比例不大（邓国取，2006），而且多属于被动共生，即使与农业巨灾保险企业合作，也多是在政府政策的引导和扶持下完成的。由此可见，农业巨灾受灾农户进行共生合作往往是被动的，巨灾发生之后，受灾的农户往往要单独承受后果。

4. 滞后性

在现实生活中，由于农业巨灾受灾农户的共生合作行为多发生在农业巨灾发生之后，其主要原因是受灾农户受经济条件、风险意识、政策法律环境等因素的影响，其共生合作意愿缺失，动机不强。只有在遭受农业巨灾时，才意识到损失的沉重，反过来刺激受灾农户寻求共生合作。

5. 正外部性

农业巨灾受灾农户的共生合作行为具有显著的正外部性，关注农民农业巨灾受灾农户的共生合作行为具有重要的现实意义。农业巨灾受灾农户的共生合作行为正外部性表现在维护社会稳定、促进经济长期增长、有利于可持续发展等方面（马德富，2011）。

二 影响因素与研究假说

1. 受灾农户参与共生合作农业巨灾风险分散的影响因素

受灾农户参与共生合作农业巨灾风险分散行为的研究集中在各主体之间的博弈分析，比如谢家智、周振（2009）对农户和保险公司的博弈分析认为，个体的比较预期收益以及个体所需承担的选择成本的大小是农民购买农业巨灾保险的关键因素，保险公司只能实现农业巨灾保险市场上平均意义上较优策略，说明农户与保险公司合作取决于合作成本和利益。

政府和受灾农户、保险公司三者的博弈分析（龙文军、张显峰，2003）认为：农业保险的各行为主体既相互独立又相互影响。由此可知，农民投保农业保险，保险公司经营农业保险，政府支持补贴农业保险不失为最优的选择策略。

政府、金融市场和中介组织普遍被认为是共生合作的外部力量，主要表现为完善激励约束机制、发放低利赈灾贷款、建立农业巨灾保险基金和发展巨灾证券化，非经济手段，如提高农民自身素质，优化农村投融资和信用环境，强化保险文化氛围及其他保障性措施，从而有效降低受灾农户和保险公司的选择成本。

总之，已有文献对共生合作视角下农业巨灾风险分散行为研究涉足较少，更多的是间接描述了影响受灾农户共生合作的原因。现实中，在农业巨灾风险分散体系中，受灾农户、农业保险企业、社会救助组织、各级政府部门、金融市场和中介组织等农业巨灾主体的共生合作是各方共生、协作、合作和演化的结果，也是合作主体各方互补性、共生性、博弈性、互动性等一系列驱动因素所造成的行为调适。因此，本书基于共生合作的视角，从合作动机、合作机制的层面和外部环境、内在动机、合作伙伴、互动关系和风险分散五个方面（见表8－7）对受灾农户参与农业巨灾风险分散共生合作行为的影响因素加以实证分析。

表 8 - 7　　　　影响受灾农户参与农业巨灾风险分散共生合作的因素

影响因素			具体表现	影响
合作动机	外部环境	农业巨灾风险分散环境	市场需求、市场供给、市场竞争、舆论监督、道德约束、政府引导和监管	促进（+）
	内在动机	农业巨灾风险农户特征	农户收入水平、文化程度	促进（+）
		农业巨灾风险分散意识	农业巨灾风险分散认知	促进（+）
		农业巨灾风险分散能力	风险分散年限、风险分散投入	促进（+）
		农业巨灾风险分散经济效益	有无共生合作行为产生的效益差异	促进（+）
合作机制	合作伙伴	合作伙伴特质	信誉、知名度、影响力支持政策	促进（+）
	互动关系	互动程度与依赖程度	密切程度、依赖程度	促进（+）
	风险分散	风险分散方式	共生合作方式、风险分散方式多元化程度	促进（+）

2. 研究假说

农业巨灾风险分散共生合作是指农业巨灾受灾农户和农业保险企业、社会救助组织、各级政府部门、中介组织以及金融市场等在农业巨灾风险分散体系中，为建立长期稳定、共利互赢的依存关系而产生的共生合作行为。根据农业巨灾风险分散共生合作行为的外部环境、内在动机、合作伙伴、互动关系和风险分散五个影响因素，做出下面这些假设：

（1）有限理性。在新古典经济学的框架里，理性的经济人是什么都知道的和什么都能做到的，因此，他不需要与别人合作。合作是以单位或个体某些条件不足为基础的，并可以弥补那些条件，从而完成单位或个体不能独立达到的目标。农户因为自身的资源禀赋不足，所以有必要和相关组织或个人进行共生合作，从而一起有效地对农业巨灾风险进行分散。

（2）农业保险企业从外部动机和内部动机出发，对农业巨灾风险的分散具有促进作用。外部环境的日益改善、竞争压力的日渐增大、社会责任感、共生合作意识、共生合作能力与共生合作效益的日益提高，这些因素更易激发农业保险企业参与农业巨灾风险分散的共生合作，以此更好地分散农业巨灾风险。

（3）完善的共生合作机制对农业保险企业参与农业巨灾风险分散活动更加有益。强大的组织实力、较高程度的互动关系、多元化的风险分散方式、完善的信用机制，这些都有助于农业保险企业参与农业巨灾风险分散活动。

三 数据来源

本书是基于一项对农业巨灾风险分散行为的调查进行研究分析的，以座谈会与访谈、问卷调查以及文献和非参与观察等方式得到数据。

在开展调查之前，课题组在多次讨论并征询相关专家意见的基础上，设计了调查问卷、访谈大纲等基本资料，于 2012 年 11—12 月期间，由课题组老师带队组成 4 个调查小组，每组由三名研究生参与，分别到河南省洛阳市、陕西省咸阳市、湖北省孝感市和浙江省金华市（见表8－8）进行了为期 20 天的调研。在调研地区选择方面，主要选择典型农业巨灾易发的区域，浙江是我国台风多发地，湖北是我国水灾多发地，河南和陕西是我国旱灾多发地，同时结合所选样本分别位于我国东、中、西部地区，经济发展程度与参保情况等方面的差异，所选地区也具有一定

表 8－8　　　　　　　　　　　调研样本及其分布情况

省份	市	县（市）	行政村	农户样本（个）	农户有效样本（个）	有效样本比例（%）
河南省	洛阳市	新安县	寺沟村、石人洼村、申洼村	60	58	95.0
		嵩　县	郭沟村、东岭村、巴沟村	60	56	
		孟津县	牛庄村、赵岭村、范村	60	57	
陕西省	咸阳市	乾　县	依将村、费家村、赵官村	60	55	89.4
		武功县	皇西村、后张村、青南村	60	52	
		礼泉县	北庄村、北吴村、南城村	60	54	
湖北省	孝感市	汉川市	吕家河村、铁路村、头潭村	60	56	91.1
		云梦县	钟院村、黄金村、红旗村	60	51	
		孝昌县	龙井村、火星村、花园村	60	57	
浙江省	金华市	浦江县	善庆村、泉溪村、中村	60	54	88.3
		义乌市	南岸村、南王店村、团力村	60	54	
		永康市	上扬村、麻车口村、下郹村	60	51	
合计				720	655	90.97

的代表性。在调查过程中，样本农户采取随机抽取的方式，调查人员进入家庭采用一对一的访谈方式，发放了 720 份农户问卷，回收有效问卷 655 份，问卷有效率达 90.97%。由于大部分调研地区是我们的长期固定观测点，有比较稳定的关系网络，所以，有效问卷的比例比较高。

四　实证分析

1. 描述性分析

（1）共生合作动因。调查数据显示，受灾农户选择参与农业巨灾风险分散共生合作最主要的动因是弥补灾害损失（81.2%），其次是给自己提供收入保障（73.1%），有效实现风险转移（65.8%）也是其主要动机之一。所以，规避农业巨灾风险是共生合作的最主要动因，当然，对于农业巨灾这类特殊的农业风险，政府号召的作用不容忽视（见表8-9）。

表8-9　　　　　　　　　　　共生合作动因

动机	农户（家）	比例（%）
弥补灾害损失	532	81.2
提供收入保障	479	73.1
转移风险	431	65.8
响应政府号召	161	24.6
随大溜	120	18.3

注：本项调查为多项选择。

（2）共生合作方式。由于课题组所选的农户都有合作行为，包括购买农业巨灾保险，接受社会救助机构和政府部门的救助等，其中，接受政府部门的救助是最主要的共生合作方式，达到72.4%，受灾农户购买农业巨灾保险的比例为66.1%，受灾农户接受社会救助组织的救助比例很小，仅为15.4%。统计数据显示，与政府部门的合作成为共生合作最主要的方式，说明我国的政府救助体系在目前仍然发挥着主导作用。随着我国农业保险体制改革的开展与农业保险政策的完善和落实，农业保险市场覆盖面正在逐步扩大，其影响也正在逐步加大。我国社会救助组织对受灾农户影响有限，这还需要进一步发展（见表8-10）。

表8-10　　　　　　　　　　共生合作主要方式情况

共生合作方式	农户样本（个）	比例（%）
接受政府部门救助	474	72.4
购买农业巨灾保险	433	66.1
接受社会救助组织救助	101	15.4
其他	37	5.6

注：本项调查为多项选择。

（3）共生合作密切程度。共生合作密切程度选取了参与方式比例和合作年限两个主要指标。参与接受政府部门救助、购买农业巨灾保险、接受社会救助组织救助三种及以上主要合作行为的受灾农户比例为51.7%，也就是说，有近一半的农户参与了三种及以上主要合作方式，参与两种合作行为的受灾农户比例为76.3%，参与一种合作行为的受灾农户比例为94.5%，另外有5.5%的受灾农户没有参与任何共生合作。从共生合作的年限来看，5年以上的受灾农户比例为44.2%，3—5年的受灾农户比例为58.3%，3年以下的受灾农户合作比例为97.2%。

（4）共生合作满意度。调研统计数据显示，总体共生合作满意度不高（均值为58%），但在现有的三种主要合作方式中，合作满意度有很大的差异（见表8－11），其中，与社会救助组织的合作，满意度最高，均值为86.4%，其次是与农业保险企业的合作，满意度均值为69.3%，与政府部门的合作满意度最低，均值仅仅为34.1%。满意度的差异主要取决于救助或赔付的金额大小（或物质多少）、支付（或赔付）速度和公平等因素。在调研过程中，能够感受到三种合作方式中，由于在上述因素方面存在差异，导致了满意度也有差异。

表8－11　　　　　　　　　　共生合作满意度情况

共生合作方式	接受政府部门救助	购买农业巨灾保险	接受社会救助组织救助	其　他
满意度均值（%）	34.1	69.3	86.4	54.7

注：本项调查设计的满意度是从0—100%。

（5）共生合作效益。其主要体现在弥补灾害损失、提供收入保障和转移灾害风险等方面。在调研时，设定共生合作效益非常明显、很明显、明显、不明显和很不明显5个变量。调研数据显示，共生合作效益明显（34.30%），不过也有41.50%的调研对象表示共生合作效益不明显，其主要是由弥补灾害损失额度有限、风险转移困难等原因造成的（见图8－5）。

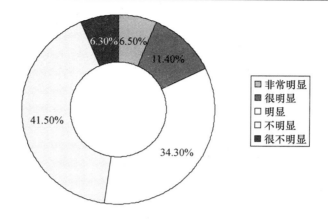

图 8 - 5　共生合作效益程度感知情况

2. 计量经济模型、估计结果及基本结论

（1）计量模型及计量方法。综合以上分析，以下几个方面因素可能会影响受灾农户参与农业巨灾风险分散共生合作的行为：①农业巨灾风险分散环境（*DE*），②农户特征（*NC*），③农业巨灾风险分散意识（*DC*），④风险分散方式（*DM*），⑤农业巨灾风险分散能力（*DA*），⑥农业巨灾风险分散经济效益（*DB*），⑦合作伙伴特质（*PC*），⑧互动程度与依赖程度（*IR*）。模型可用下列函数形式表示：

$$S_i = f(DE_i,\ NC_i,\ DC_i,\ DM_i,\ DA_i,\ DB_i,\ PC_i,\ IR_i) + \rho_i \qquad (8-7)$$

其中，ρ_i 表示第 i 个农户共生合作行为的选择情况，代表随机干扰项。

农户参与农业巨灾风险分散共生合作，结果只有两种，也就是选择共生合作或者不选择共生合作，选择是离散问题，不适用传统的回归模型，本书采用二元 Logistic 模型，将因变量的取值限制在 [0，1] 的范围内，对其回归参数采用最大似然估计法进行估计。

设"共生合作"为 $y=1$，"不共生合作"为 $y=0$。设，X_1，X_2，X_3，…，X_k 是与 y 相关的自变量，一共有 n 组观测数据，即设，X_{i1}，X_{i2}，X_{i3}，…，X_{ik} 中 $i=1,\ 2,\ 3,\ \cdots,\ n$，$k=1,\ 2,\ 3,\ \cdots,\ 17$。$y$ 是取值为 0 或 1 共生视角下受灾农户农业巨灾风险分散行为选择的因变量。y_2 与 X_{i1}，X_{i2}，X_{i3}，…，X_{ik} 的关系为：

$$E(y_i) = p_i = \beta_0 + \beta_1 x_{i1} + \beta_2 x_{i2} + \cdots + \beta_k x_{ik} \qquad (8-8)$$

则 y 的概率分布函数为：

$$p(y_i) = f(p_i)^{y_i}[1 - f(p_i)]^{(1-y_i)} \qquad (8-9)$$

Logistic 回归函数为：

$$f(p_i) = \frac{\mathrm{e}p_i}{1 + \mathrm{e}p_i} = \frac{\mathrm{e}(\beta_0 + \beta_1 x_{i1} + \beta_2 x_{i2} + \cdots + \beta_k x_{ik})}{1 + \mathrm{e}(\beta_0 + \beta_1 x_{i1} + \beta_2 x_{i2} + \cdots + \beta_k x_{ik})} \qquad (8-10)$$

其似然函数为：

$$L = \prod_{i=1}^{n} p(y_i) = \prod_{i=1}^{n} f(p_i)^{y_i}[1 - f(p_i)]^{1-y_i} \qquad (8-11)$$

对似然函数取自然对数，得：

$$\ln L = \sum_{i=1}^{n} \left[y_i(\beta_0 + \beta_1 x_{i1} + \beta_2 x_{i2} + \cdots + \beta_k x_{ik}) - \ln(1 + e^{(\beta_0 + \beta_1 x_{i1} + \beta_2 x_{i2} + \cdots + \beta_k x_{ik})}) \right]$$

$$(8-12)$$

对其进行似然估计，得出参数估计量。

（2）模型变量及计算结果。根据影响受灾农户共生合作的 8 个方面，对每个影响类别设计了 1 到 4 个不等的变量，并且对每个变量进行了赋值，相关说明如表 8 - 12 所示。

表 8 - 12　　　　　　　　　　模型变量及回归结果

类别	变量	变量定义	均值	回归系数	Z 值
农业巨灾风险分散环境	市场环境（X_1）	培育和完善市场 = 5，建立和完善财政补贴 = 4，加强舆论宣传引导 = 3，加强法制建设 = 2，倡导道德约束 = 1	3.68	2.06	1.13
	保险企业作用（X_2）	非常明显 = 5，很明显 = 4，明显 = 3，不明显 = 2，很不明显 = 1	3.04	3.14 *	1.56
	社会救助组织作用（X_3）	非常明显 = 5，很明显 = 4，明显 = 3，不明显 = 2，很不明显 = 1	2.54	0.52	0.81
	政府作用（X_4）	非常明显 = 5，很明显 = 4，明显 = 3，不明显 = 2，很不明显 = 1	4.65	12.47 ***	2.43
农户特征	收入水平（X_5）	1 万元以下 = 1，1 万—3 万元 = 2，3 万—5 万元 = 3，5 万元以上 = 4	2.98	7.04 **	1.75
	文化程度（X_6）	文盲 = 1，小学 = 2，初中 = 3，高中及以上 = 4	2.87	6.87 **	2.05

续表

类别	变量	变量定义	均值	回归系数	Z值
农业 巨灾 风险 分散 意识	风险意识认知程度（X_7）	非常清楚＝5，很清楚＝4，清楚＝3，不清楚＝2，很不清楚＝1	3.16	8.41**	1.24
	风险分散意识认知程度（X_8）	非常清楚＝5，很清楚＝4，清楚＝3，不清楚＝2，很不清楚＝1	2.86	0.62	0.84
	风险分散合作意愿（X_9）	非常强烈＝5，很强烈＝4，强烈＝3，不强烈＝2，很不强烈＝1	4.73	15.14***	1.05
农业 巨灾 风险 分散 能力	投入共生合作的金额（X_{10}）	100元以下＝1，100—150元＝2，150—200元＝3，200—250元＝4，250—300元＝5，300元以上＝6	1.35	2.35	1.85
	共生合作年限（X_{11}）	3年以下＝1，3—6年＝2，6—9年＝3，9—12年＝4，12年以上＝5	4.12	3.47*	2.57
农业巨灾 风险分散 经济效益	有无共生合作行为产生的效益差异（X_{12}）	非常明显＝5，很明显＝4，明显＝3，不明显＝2，很不明显＝1	3.78	1.48	1.01
合作伙伴 特质	选择合作伙伴的依据（X_{13}）	无法选择＝1，信誉＝2，知名度＝3，影响力＝4，支持政策＝5	4.18	8.78**	2.14
互动程度 与依赖程 度	共生合作密切程度（X_{14}）	非常密切＝5，很密切＝4，密切＝3，不密切＝2，很不密切＝1	2.24	5.84**	1.68
	共生合作依赖程度（X_{15}）	非常依赖＝5，很依赖＝4，依赖＝3，不依赖＝2，各自独立＝1	3.56	2.65*	1.75
风险 分散 方式	共生合作方式（X_{16}）	接受社会救助组织救助＝1，接受政府部门救助＝2，购买保险＝3，其他方式＝4	3.65	4.86**	1.65
	共生合作种类（X_{17}）	3种以上合作方式＝4，3种合作方式＝3，2种合作方式＝2，1种合作方式＝1	3.32	6.45**	1.27

注：*、**和***分别代表10%、5%和1%水平上显著；非参数检验虽然不必假定样本中的观察值满足正态分布，但是按观察值大小次序得到的秩和仍然是有分布规律的，即在大样本时秩和常服从正态分布，所以可用正态近似法将它转换为Z值。

（3）估计结果。依据以上模型的估计结果，可以得到以下结论：

①农业巨灾风险分散环境。政府作用显著性较强（1%水平），其他市场环境、保险企业作用和社会救助组织作用三个变量则不显著，

说明在目前农业巨灾风险管理体系中，政府还是处在主导地位，市场和中介机构还处在辅助地位，其作用的发挥还需要一个过程。在市场环境的评价中，建立和完善财政补贴评价呼声比较高，培育和完善市场、加强舆论宣传引导、加强法制建设和倡导道德约束等专注度不高，这为今后市场环境方面的建设提供了一定依据。

②农户特征。数据显示，受灾农户的收入水平越高，为共生合作行为提供的资金保障越多，但对受灾农户的共生合作行为选择影响有限。研究数据表明，受灾农户的文化程度与共生合作行为有较强的显著性（5%水平），文化程度越高，共生合作行为越活跃。

③农业巨灾风险分散意识。估计结果显示，尽管受灾农户的风险分散合作意愿强烈，显著性较强（1%水平），但风险意识认知程度和风险分散意识认知程度一般。说明受灾农户的风险分散合作意愿普遍很高，希望通过共生合作分散农业巨灾风险，提供收入保障，但另外，需要提高风险分散意识和风险意识认知程度，需要解决缺乏相关风险分散的知识、技术、能力和对农业巨灾风险分散认知不高等问题。

④农业巨灾风险分散能力。农业巨灾风险分散能力对受灾农户参与共生合作的行为选择具有显著的影响。在10%水平上显著的两个指标是风险分散投入资金和共生合作年限，它们对共生合作行为选择有显著的影响。风险分散投入资金越高，表明受灾农户风险分散能力越强，越愿意参与共生合作。风险分散共生合作年限越长，表明受灾农户参与共生合作的积极性越高，更容易产生共生合作的惯性。

⑤农业巨灾风险分散经济效益。分析数据显示，农业巨灾风险分散经济效益显著性并不明显，这与事先的设想并不一致，究其原因，主要有：一是农业巨灾风险分散共生合作主要目的是规避农业巨灾风险，而不是以获得经济效益为主；二是由农业巨灾发生的低概率和大损失特点造成的，农户常年购买农业保险但并不一定发生巨灾而获得赔偿；三是一旦发生农业巨灾时，虽然与政府和社会救助组织发生共生合作，但获得的补充远不足以弥补农业巨灾损失。

⑥合作伙伴特质。合作伙伴特质对受灾农户参与共生合作有一定的影响，但在具体选择因素上有一定的差异，受灾农户更愿意相信政府的政策支持，主要包括直接救助、财政补偿、优惠贷款等，对信誉、知名度、影响力等因素并不看重，因为大多数受灾农户对信誉、知名度、影响力等影

响因素缺乏认知和判断，社会也无法为他们的选择提供有效的帮助和
支持。

⑦互动程度与依赖程度。数据表明，对受灾农户与农业巨灾风险分散
共生合作的行为选择具有显著的影响因素是互动程度与依赖程度。共生
合作密切程度和共生合作依赖程度其余的变量分别在 5%、10% 水平上显
著。共生合作方式中，以接受政府部门救助为主，其次是购买保险，而接
受社会救助组织救助和其他方式的救助并不常见，说明目前的共生合作方
式中仍然以政府为主导。描述性统计结果显示，共生合作密切程度并不
高，多属于被动型、松散型和随机型的共生合作，共生合作方缺乏基于利
益的共生合作，其依赖程度不高，所以主动型、紧密型和稳定型的共生合
作是今后农业巨灾风险分散共生合作的基本方式。

⑧风险分散方式。共生合作种类对受灾农户与农业巨灾风险分散共生
合作的行为选择具有显著的影响。多数受灾农户选择 2 种及以上的风险分
散方式。事实表明，风险分散方式越多，受灾农户的选择途径越多，越容
易发生农业巨灾风险分散共生合作行为。当然，对分散方式来说，实现从
政府主导向市场主导方式的转变是关键。

第三节　结论

结论一：本书以三家农业保险企业（中国人民财产保险有限公司、
中华联合财产保险股份有限公司和中国渔船船东互保协会浙江省互保办事
处）在河南省洛阳市、陕西省咸阳市、湖北省孝感市和浙江省金华市的
12 个县（市）开办的 72 个营销服务部或代办处作为调研样本，探讨了农
业保险企业参与农业巨灾风险分散共生合作行为选择的影响因素。结果表
明，农业巨灾风险分散环境、农业巨灾风险分散意识、农业巨灾风险分散
能力和农业巨灾风险分散方式可以显著地促进农业保险企业参与农业巨灾
风险分散共生合作的行为选择；合作伙伴特质、互动关系和信用制度对农
业保险企业参与农业巨灾风险分散共生合作的行为选择有影响，但不
显著。

结论二：本书以河南省洛阳市、陕西省咸阳市、湖北省孝感市和浙江
省金华市的 12 个县（市）的 36 个自然行政村的 655 个农户作为有效样

本，探讨了受灾农户参与农业巨灾风险分散共生合作行为选择的影响因素。研究结果显示，农业巨灾风险分散环境、农户特质、农业巨灾风险分散能力、互动程度与依赖程度、风险分散方式可以显著地促进受灾农户参与农业巨灾风险分散共生合作的行为选择；农业巨灾风险分散意识、合作伙伴特质也可以显著地影响受灾农户参与农业巨灾风险分散共生合作的行为选择。

第九章 农业巨灾风险分散国际经验及启示

从中国和澳大利亚的洪水，到智利、日本和中国的地震，再到美国和菲律宾的飓风，无论是在影响范围还是发生频率，全球似乎处在一段前所未有的自然灾害之中，这些灾难给人类、社会和经济造成了毁灭性的后果，巨灾俨然已构成人类社会健康、永续发展的极大阻力。面对巨灾，世界各国无不积极探索农业巨灾风险分散管理，也都在尝试着建立适合本国国情的农业巨灾风险分散政策、模式和工具，同时，这些也给我国农业巨灾风险分散管理提供了启示，有助于推动我国农业巨灾风险管理的发展。

第一节 农业巨灾风险分散政策

农业巨灾风险分散的社会化在不同的国家任何时候都是非常困难的，即使在一个理想的政治环境下，由于不同的概率风险、偿付能力约束、道德风险和高损耗的相关性估计等原因，世界各国无一例外地都试图制定相关的政策，对其进行有效的管理。

一 农业巨灾风险界定

在农业巨灾风险分散管理的实践过程中，大都需要先对农业巨灾风险进行界定，因为只有明确界定了农业巨灾风险，才能够对农业巨灾风险分散责任进行厘定，划分不同农业巨灾风险分散主体（包括受灾农户、政府、保险公司、社会救助组织、银行和其他金融等机构）特别是政府需要承担的责任对农业巨灾风险分散管理更具意义。

全球各国对农业巨灾风险的界定差异比较大（见表 9-1）。美国是以受灾农户当年的损失比例进行界定，加拿大以农业巨灾发生的概率和频率进行界定，而澳大利亚农业巨灾是以直接经济损失来进行衡量的，当然也有些国家（比如荷兰）的界定标准就比较模糊，这就需要在实际的操作过程中进一步明确。

表9-1　　各国政策对农业巨灾风险的界定及主要农业巨灾风险

国　　家	农业巨灾风险界定标准	主要农业巨灾风险	其　他
美　国	当年农户农业损失超过50%	水灾、旱灾、风灾、火灾、冰雹、低温多雨和病虫害等	政府承担主要责任
加拿大	年均发生概率在7%以下，发生频率在15年/次以上的风险	极端天气事件、动物疫病引起的巨灾和大的市场风险	政府承担次要责任
荷　兰	气候农业巨灾风险：严重影响公共安全、严重威胁公众生命和身体健康及经济利益，需要相关群体和组织采取不同措施，联合应对的事件；植物病虫害和动物疫病农业巨灾风险：因动植物所患疾病（属可控病种）造成重大经济损失，产生"涟漪效应"，甚至影响人类健康的偶发灾害事件	气候风险、植物病虫害和动物疫病	将发生频率在50—100年，预期灾害损失大于30%年均产量的农业巨灾风险都归到保险的范畴
澳大利亚	损失超过23万澳元	丛林大火、地震、洪水、暴雨、风暴潮、气旋、滑坡、海啸、龙卷风、陨击等	政府承担主要责任

资料来源：根据相关资料整理。

二　农业巨灾风险分散法律规定

农业巨灾风险分散属于纯公共物品和准公共物品的集合体，在农业巨灾风险分散管理的过程中，国家应该起到主导作用。完善的立法是农业巨灾风险分散管理的基础，依据各国的农业巨灾风险分散管理实践，都是从农业巨灾风险分散的法律法规着手的。

以美国为例，《联邦农作物保险法》和《农业保险法》等为农业巨灾风险分散管理提供了基本依据。20世纪80年代出台了《特别灾害救助计划》，到了20世纪90年代，针对《特别灾害救助计划》实施后存在的问题，美国国会进行了较长时期的争论，通过了新修订的《1994 年农作物保险改革法》。根据《1994 年农作物保险改革法》法案，"巨大灾害救助计划"被取消，从而开始执行"巨灾风险保障机制"。

在日本，农业巨灾风险分散管理的法律依据是 1929 年的《家畜保险法》和 1938 年的《农业保险法》，第二次世界大战后日本制定了《农业灾害补偿法》，该法对日本的农业巨灾风险分散管理作了非常详细的规定。20 世纪 70 年代末，菲律宾颁布了《农作物保险法》，以立法的形式确定了农业巨灾风险分散管理的运作框架。

欧盟的成员国中，除了欧盟有统一的相关农业巨灾风险分散管理规定外，依照成员国国内农业巨灾的实际，他们各自制定了农业巨灾风险分散的相关法律。相关的欧盟规定包括：一是《欧盟运行条约》中的第 107—109 条规定：在遭遇异常特殊情况下，如果成员国政府只能提供有限的援助，可以向欧盟委员会提出申请，经过欧盟委员会审查后可以根据申请国损失具体情况提供相应的援助；二是欧盟委员会第 1857/2006 号法规文件，该文件规定：如果各成员国的中小农业企业遭受农业巨灾损失，成员国政府给中小型农业企业提供国家支持；三是欧盟委员会第 2006/C319/01 号中规定：欧盟委员会各成员国必须给所在国农林行业提供包括农业巨灾保险在内的国家援助。

欧盟成员国往往根据上述规定，经过审查后以临时灾害援助的形式给成员国提供帮助。除个别国家外，各成员国得到了欧盟的临时灾害援助，全年的灾害援助资金平均在 10 亿欧元，临时灾害援助主要包括旱灾、洪灾、动物疫病、霜冻等（见表 9 - 2）。

表 9 - 2　　　　1985—2009 年欧盟成员国支付的临时灾害援助费用 单位：亿欧元

国家	时间	总支出	年均支出	应对的农业巨灾风险
奥地利	1995—2004 年	56	5.6	霜冻、干旱、洪涝
比利时	1985—2002 年	309	17.2	动物疫病、霜冻、干旱、洪涝、农作物病虫害
保加利亚	2000—2004 年	2	0.4	动植物病虫害
塞浦路斯	2001—2004 年	29	7.2	—
克罗地亚	1997—2004 年	20	2.5	干旱
捷克	1995—2004 年	369	36.9	干旱、洪涝、霜冻
丹麦	—	—	—	无数据

续表

国家	时间	总支出	年均支出	应对的农业巨灾风险
爱沙尼亚	—	—	—	
芬兰	1996—2006 年	114	11.4	农作物面临的各种风险
法国	1996—2005 年	1556	155.6	干旱、霜冻、洪涝
德国	2004—2006 年	337	112.3	洪涝、动物疫病
希腊	1995—2004 年	701	70.1	—
匈牙利	1999—2002 年	49	12.2	霜冻、干旱
爱尔兰	1999—2004 年	401	66.8	动物疫病
意大利	2001—2006 年	680	113.3	干旱及未列入农业报销单风险
拉脱维亚	2000—2005 年	19	3.2	霜冻、干旱、洪涝
立陶宛	2000—2005 年	16	2.6	霜冻、干旱、洪涝
卢森堡	—			
荷兰	1998	250		洪灾
波兰		10	10	动物流行病
葡萄牙	2000—2009 年	30	3.0	—
罗马尼亚	2005—2009 年	57	11.4	干旱、霜冻、洪涝
斯洛伐克	—			—
斯洛文尼亚	1995—2004 年	98	9.8	干旱、冰雹、霜冻
西班牙	2000—2005 年	22	3.7	霜冻、干旱、洪涝
瑞典	—			动物流行病
英国	2001—2005 年	1898	379.5	动物疫病
年均支出合计		1034.7		

资源来源：M. Birlza Diaz – Caneja 等，2009。

尽管欧盟各国有了欧盟农业巨灾风险分散管理的法律规定，其成员国也往往会根据自身的农业巨灾情况，完善一些相关的法律规定。比如荷兰，除了《灾害法》（Disasters Act）外，政府给其他一些因自然灾害引发的农业巨灾事件提供临时性的灾害援助。

当然，也有些欧盟成员国除了欧盟的相关法律和法规以外，自身的农业巨灾风险分散管理历史较为悠久，法律和管理体系也较为完善。以法国为例，1840 年法国开始成立农业相互保险社，开启了农业保险的历史，距今已有 170 多年。法国政府历来非常重视农业巨灾保险法律法规的制定，在颁布《农业相互保险法》（1990 年）的基础上，相继出台了《农业指导法》、《农业损害保证制度》、《农业灾害救助法》等法律法规和管理制度，奠定了法国农业巨灾风险分散管理的基础，给法国农业巨灾风险分散提供了法律和政策依据，有效地推动了法国农业巨灾风险分散管理。

三　农业巨灾风险分散政府责任厘定

尽管农业巨灾风险分散的社会化是一个总体发展趋势，但各国政府在农业巨灾风险分散方面都承担着重要的责任。但不同的国家，农业巨灾风险分散政府责任大小有所差异，这些在其各国的农业巨灾风险分散管理政策中均进行了明确的厘定。

以美国为例，为农业生产者提供的一个基本的安全底线就是农业巨灾保险，其可以帮助农户有效地应对农业上遭受的重大的和突发性的损失。美国对农业巨灾保险的保险级别只有一个，即 50% 的保险级别，也就是说，政府只承担农业巨灾超过 50% 以上的保费损失，根据对农作物平均产量的核定与保险，对那些提供不了产量记录的农作物保险办理的方法是，美国农业部农业稳定与保护署（ASCS）在同一个地区、同一个品种和常年生产的基础上确定过渡性项目产量作为农业巨灾保险政府保费补贴的依据。各种农作物每年的保险手续费由 50 美元到 200 美元不等，对于那些种植特种农作物的人，经过申报其手续费也可以免除。

美国的农业巨灾再保险方面，美国政府对每个州从 10% 到 75% 限制了其最高分保比率。如果没有其他规定，原保险人需要自留 20% 账面净保费，把这部分保险合同的偿付与分派风险基金挂钩。对于无自留那部分需要向联邦农作物保险公司进行再保险，作为交换，联邦农作物保险公司承担一定比例的农作物保险保费。原保险公司应当至少自留全部农作物保险账面业务的 35%。非比例再保险为原保险人自留额业务的赔付提供了保障。联邦农作物保险公司对原保险人采用累进制计算的办法，当原保险人的不同累进阶段的损失比率升高的时候，相对应的累进阶段的净损失比率将会下降。由于采取这些措施，美国通常维持着 20% 左右的农业巨灾再保险率。

此外，美国政府还通过《农作物保险的财政补贴办法》和《农民家庭紧急贷款计划》等明确了政府在农业巨灾风险分散管理中应该承担的责任。

在加拿大，农业巨灾风险是指年均发生概率不超过 7%，发生频率在

15 年/次以上的风险，政府承担了全部农业巨灾保险支出，包括联邦政府承担 60%的保费，省和北方领地政府承担 40%的保费（但保额不能超过各省上年负债总额的 1%）。各省依据实际情况，划定参加农业巨灾保险的农产品，并根据保险精算结果，确定承保面积和保费额度。

在澳大利亚，因相关灾害事件导致的损失一旦超过 23 万澳元，澳大利亚联邦、州和市三级政府就会自动启动农业巨灾援助计划，把农业巨灾划分为 A、B、C 和 D 四种类型，分别给予 50%—75%不同的报销。

新西兰最主要的巨灾是地震，为此，新西兰建立以地震保险和再保险为主的巨灾风险分散管理体系，商业保险公司可以参与巨灾保险体系；这样可以为政府分担一部分责任，但政府作为最后的再保险人，承担巨灾风险最后"兜底人"的角色，可以确保投保人能够获得损失赔偿。新西兰通过法律规定保险公司提供的地震保险可以分为两个层次：首先是保险赔偿额，法律规定了房屋最高赔偿额度为 10 万新西兰元，室内财产最高赔偿额度为 2 万新西兰元；其次是超额保险，如果超过了法律规定的地震风险的赔偿限额，需要居民自愿到商业保险公司购买超额损失保险。新西兰政府则通过提供最后的再保险，确保投保人的投保损失获得赔偿。

第二节　农业巨灾风险分散模式

在各国的农业巨灾风险分散管理过程中，结合本国自然环境、社会政治条件、经济发展状况和市场化程度等具体国情，积极探索农业巨灾风险分散管理特色模式，形成了当今具有代表性的五种农业巨灾风险分散模式。

一　政府主导农业巨灾风险分散模式

政府主导农业巨灾风险分散模式以菲律宾、印度等发展中国家为代表。在这些发展中国家，受制于农业巨灾风险分散"需求"和"供给""双冷"的现实，必然导致农业巨灾风险分散市场失灵，市场机制在这些国家难以发挥作用，他们更现实的选择是在国家巨大的财政资金支持下，有的直接主导本国的农业巨灾风险分散管理，有的直接参与农业巨灾风险的分散，有的委托代理人来对农业巨灾风险进行分散，有的会给农业巨灾风险分散参与者大量补贴。

印度和菲律宾都是通过选择委托代理人（也就是国有保险公司）进行农业巨灾风险保险业务。同时，为农业巨灾风险分散参与者提供补贴和设立巨灾准备金等。

菲律宾政府出资牵头成立国家农作物保险公司（PCIC），政府持有2/3的股份，余下的1/3的股份由社会公开募集资本组成，PCIC在菲律宾农业巨灾保险组织体系中处于核心位置。农户的农业保险有自愿保险与强制保险两种情况，一般农户可以直接通过PCIC在全国各地设置的办事处投保，采取自愿的原则，但对获得政府农业贷款的农户，必须强制性购买农业保险。

为了保障对农业巨灾风险分散进行有效管理，保证农业保险保障功能的正常发挥，PCIC设有应收保费准备金、赔款准备金和总准备金三种准备金，其中总准备金就是特别为应付农业巨灾而设立的准备金，政府规定可以从PCIC的日常业务经营结余中进行提取。此外，PCIC还开展了国内外再保险业务，国内的再保险主要集中在水稻保险等品种上，国外的再保险分保业务主要分布在欧洲、亚洲、澳洲、非洲和美洲等全球巨灾市场。

提供保费补贴是菲律宾农业巨灾风险分散管理的手段之一，菲律宾政府每年由PCIC编制保费补贴国家预算。菲律宾的水稻、玉米等农作物保险费率一般为8%，所有参与农业巨灾保险的农户均可以获得政府和银行等提供的保费补贴，分两种情况，一是非贷款农户，国家规定：对非贷款农户参加农业巨灾保险，保费由政府和农户承担，其中政府承担保费的6%，参保农户承担保费的2%；二是贷款农户，保费由政府、银行和农户承担，其中，政府承担保费的4.5%，银行承担保费的1.5%，参保农户承担保费的2%。

印度政府设立农业保险总公司，整个印度的农业保险都由其负责管理，开发全国性的保险项目，该总公司隶属于印度农业部。印度农业保险总公司在下属的各个邦成立分公司，各个分公司依据本邦的具体情况，制定其农业保险方案，具体经营农业保险。印度的农业保险涉及洪灾、暴雨、干旱、风暴、火灾、霜冻和病虫害等，农业保险总公司和分公司承担农业巨灾的大部分损失，比如洪灾和风灾，农业保险总公司和分公司承担其损失的75%。此外，中央和地方政府按照一定的比例对农户的农业保险进行补贴，对农业保险公司设立保险基金予以支持。

二　市场主导农业巨灾风险分散模式

市场主导的农业巨灾风险分散模式是以英国和法国等国家为代表。这类模式的主要特点是农业巨灾风险分散由市场行为来完成,政府主要承担防灾基础工程建设、灾前预警和灾害评估等工作。

以英国为例,英国农业巨灾风险主要由保险市场进行分散,因为英国的保险业高度发达,所以完全采取市场化的巨灾保险运作模式,而政府却不参与农业巨灾风险的分散。在高度发达的英国保险和再保险市场中,农业巨灾风险损失都采用标准化的条款,全部由商业保险公司承保农业巨灾,同时,通过再保险市场转移分保农业巨灾风险,实现了农业巨灾风险的有效分散。

以英国的洪灾风险为例,洪灾是英国最主要的农业巨灾风险,每年都给英国造成 100 亿英镑左右的损失,为此,英国制定了一套行之有效的洪灾保险体系,政府和商业保险公司进行了明确的分工,其中,洪灾风险通过商业保险和再保险公司提供的洪灾保险和再保险进行分散,自动将洪灾风险纳入其责任范围并承担全部风险责任,采取完全市场化的运作模式。政府不提供任何形式的资金支持和补贴,主要是以非保险的方式给予帮助,包括建设和完善防洪等基础工程,积极提供气象灾害资料、洪灾风险评估与区划、洪灾预警、灾害评估等洪灾相关数据。

总之,以英国为代表的市场主导农业巨灾风险分散模式采取了完全的市场化运作,农业巨灾风险全部由商业保险和再保险公司承担,农业巨灾风险分散由商业保险和再保险公司通过市场化的运作进行,农业基础设施工程建设由政府承担,并提供农业巨灾气象灾害资料、风险评估与区划、洪灾预警、灾害评估等洪灾相关资料。从英国上百年的农业巨灾风险分散情况来看,尽管英国农业巨灾发生频率和损失额度不断上升,但英国的农业巨灾风险分散的效果确实很明显,政府的农业巨灾风险管理成本虽然很低,但效率很高。

三　混合农业巨灾风险分散模式

混合农业巨灾风险分散模式是以加拿大、墨西哥和美国等为代表。这类模式的主要特点是把市场机制和政府行政机制有机地结合起来,两者相互作用,彼此补充和完善,形成了一个完整的运作模式。

加拿大农业巨灾风险分散管理是建立在本国发达的农业保险基础之上的,加拿大对农作物保险商业化运作模式的探索是从 20 世纪 20 年代开始的,在此期间因效果不好经历了不断的反复,直到 1959 年加拿大通过了

《联邦农作物保险法》，以此为基础，农业巨灾风险管理体系才得以逐步建立和完善。在这个体系中，农业巨灾风险分散管理主要分为两个层面：一是保险层面，由商业保险公司进行运作，农业巨灾风险保险活动是依据保险市场的商业化运作规则开展的；二是再保险层面，具体由政府（包括联邦政府和省政府）运作，其主要做法有两点，其一，加拿大的农业保险由各省政府成立专门的机构来经营，各个省的农业保险公司在经营中建立了准备金制度；其二，加拿大联邦政府与省政府签订再保险协议，联邦政府可以给省政府提供再保险，《联邦农作物保险法》中明确规定了联邦政府的再保险赔偿责任，即不超过当年省政府所收的保费与所交纳的再保险费之差、省政府赔款准备金、省政府赔款的 2.5% 三项总和之差的 7%。

墨西哥政府早在 1956 年就开始推广畜牧业和农作物保险业务。1961 年，政府建立专门从事农业保险业务的国有公司。1990 年，政府建立新的国有农业保险公司，也就是墨西哥农业保险公司（AGROASEMEX）。目前，墨西哥共有五家农业保险公司，除了以上提及的政府成立的国有农业保险公司之外，剩下的四家都是商业保险公司。国有农业保险公司对商业保险公司的农险业务可以进行分保，商业保险公司还可通过墨西哥农业保险公司从政府获得 30% 的保费补贴。通过财政补贴和其他经济政策，国家开展农业保险业务（例如农业信贷政策和支持商业保险公司等政策措施）。除此之外，农业保险基金会也包含在墨西哥农业保险经营体系中，这是墨西哥从事农业保险的基层农民合作组织。当前在墨西哥有 170 多个这样的组织，农业保险基金会以每 5000 公顷的面积设立一个，其业务向 AGROASEMEX 分保。

墨西哥农业巨灾风险分散机制属于典型的混合模式，由公司合作与个人参与组成。模式如图 9-1 所示，农业巨灾风险分散是通过三个不同的层次进行，包括国家农业保险公司、商业保险公司和保险基金。

政府参与有很丰富的形式，政府在提供技术支持方面也有明显优势，这有助于更大程度地推动农业巨灾风险管理的良好发展，这些都是墨西哥这种独特混合模式的特点。墨西哥采取的分散机制主要有以下三个方面的优势：①国有农业保险公司（AGROASEMEX）为经营农业保险的保险公司以及共同基金提供损失、终止再保险和技术支持，在分散商业保险公司经营风险的同时也有助于商业保险公司承保能力和积极性的提高；②政府

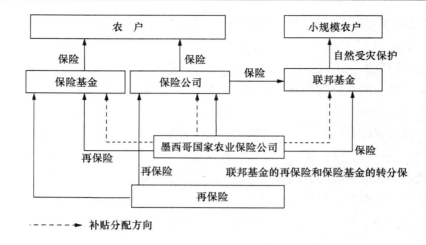

图 9 - 1　墨西哥农业巨灾风险分散模式

提供多种形式补贴，农户有意愿和能力购买农业保险，另外政府补贴推动资本以基金的形式投入到农业领域，从而有效地推进农业生产部门的发展；③共同基金具有互保性质，减少道德风险和逆向选择以及有利于分散风险也是其优势之一。

四　互助农业巨灾风险分散模式

互助农业巨灾风险分散模式以日本和法国为代表。这类模式的特点是在政府的支持下，分级成立互助社，按照农业灾害级别和损失不同，每个级别承担相应的农业灾害风险损失。在每个级别的互助社内部，其成员互保。此外，政府还需要承担特殊的农业巨灾风险。

以日本为例，1948 年，日本在《家禽保险法》（1929 年）和《农业保险法》（1938 年）的基础上，颁布了《农业灾害补偿法》，由此开辟了农业巨灾风险分散的互助模式。直接经营农业巨灾保险的是市、镇和村互助组织和都、道、府、县互助联合会，后者实际上主要只接受前者的再保险业务。日本的农业巨灾风险分散体系由三个部分组成：第一部分是市、镇和村农业共济组合经营原保险，其承担 10%—20% 保险责任；第二部分是都、道、府、县农业共济组合联合会承担共济组合的分保，承担 20%—30% 的比例；第三部分是政府领导的农业保险机关承担共济组合份额以外的全部再保险，承担 50%—70% 的比例，遇有特大灾害，政府承担 80%—100% 的保险赔偿额。

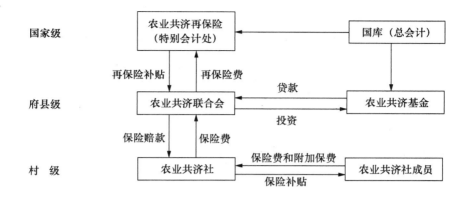

图9－2　日本农业巨灾风险分散模式

《农业灾害补偿法》对农业巨灾补贴的政府财政预算进行了规定，保证了农业巨灾补贴的政府财政支持。政府的农业巨灾补贴主要有两个方面，其一，设置农业互助再保险特别账户，其二，包括互助社、联合会、事业费、灾害评估费、农业巨灾保险事业推广补贴等其他补贴。此外，由中央政府和联合会共同出资成立了农业共济基金，以供巨灾之时向联合会提供专项贷款。

五　国际合作农业巨灾风险分散模式

随着经济全球化和一体化的深入发展，单个国家的农业巨灾风险一方面可以通过国际再保险市场和资本市场进行分散；另一方面，也可以通过建立政府间的合作组织开展农业巨灾风险分散，从而形成了农业巨灾风险分散的国际合作模式。

借助国际再保险市场和资本市场进行农业巨灾风险分散已经不再是什么新鲜的话题。20世纪90年代以前，农业巨灾风险分散主要依靠本国保险、再保险和资本市场，但到了20世纪90年代以后，农业巨灾风险分散就开始尝试通过国际再保险市场和资本市场进行。

1985年的墨西哥城大地震使得墨西哥政府开始积极主动地参与巨灾预防和巨灾风险管理。本次地震造成了9000多人伤亡，直接经济损失达70亿美元，占GDP的2.7%（CRED，2006），灾后恢复和重建耗资巨大，在接下来四年里，直接导致墨西哥政府增加了19亿多美元的财政赤字，尽管有商业保险和国外捐赠的支持，但本次地震依旧造成了墨西哥政府高达86亿美元的国际收支逆差（Jovel，1989）。

　　为了能更好地做好公共部门风险管理，1994 年墨西哥政府通过立法要求联邦、州和市政府对公用财产进行投保，1996 年墨西哥政府当局设立了专门的金融风险管理部门（FONDEN），开始预算编制特别灾难支出，随后，FONDEN 发行了巨灾准备金信托，其将累积的未动用的预算自动转入下一年度使用。后来墨西哥政府认识到光靠 FONDEN 是没有足够的资金弥补巨灾事件亏损的，墨西哥当局进一步地加强财务规划，开始尝试巨灾事件的风险国际转移，因此，墨西哥已成为第一个利用国际再保险市场和资本市场进行巨灾风险分散的发展中国家。

　　2006 年在世界银行技术支持下，墨西哥成为全球第一个发行巨灾债券的主权国家。2009 年，墨西哥发行了 2.9 亿美元巨灾债券，主要提供地震、太平洋飓风（两个地区）和大西洋飓风三类特定风险，保险期为三年。巨灾债券吸引了众多投资者的关注，巨灾债券起到了扩大投资者队伍规模和降低保险费率等作用。此外，墨西哥发行全球巨灾债券为其他发展中国家提供了示范作用，打破了发展中国家本国市场的约束和限制，可以向国际保险市场和资本市场分散农业巨灾风险，降低农业巨灾风险给本国带来的损失。

　　借助政府间的专业合作组织开展农业巨灾风险分散也有先例，其中，比较成功的代表就是经济合作与发展组织，以下简称经合组织（OECD）。经合组织致力于相互协调及援助发展中国家充分发展其经济，以促进会员国经济之间全面发展。OECD 是由 34 个市场经济国家组成的政府间国际经济组织，其国民生产总额占世界生产总额的三分之二。OECD 的成员国包括亚洲、北美洲、南美洲、欧洲和大洋洲五大洲的 34 个发达国家和发展中国家。

　　目前 OECD 主要把农业风险分为三类：一是一般性风险（主要指由农业生产、价格变动、天气变化影响而产生的风险），OECD 国家政府基本不介入此类风险管理，主要通过市场手段进行自我调节；二是巨灾风险（主要指发生概率低但影响巨大的洪涝、旱灾、风暴、地震和疫情等风险），需要 OECD 国家政府介入其管理，因为此类风险无法通过农户和市场得到有效的解决；三是介于一般性风险和巨灾风险之间的风险（主要指由雹灾、价格波动等引发的风险），OECD 国家对此类风险大多通过市场（包括保险、再保险、期货等）或者农民专业合作社展开管理。

　　OECD 面对巨灾事件，已经建立了较为完善的应急管理体系，出台了针对不同巨灾事件的应急管理预案，明确了巨灾事件应急管理中的灾害评估、政府责任、救援类别和级别、救援程序、财务预算及执行、救灾评估等问题，为 OECD 各成员国巨灾事件管理提供了依据。此外，OECD 定期举办巨灾风险管理学术交流，为其成员国巨灾风险管理提供决策依据。OECD 成立以来，先后为其成员国提供了 1450 多次共计近 500 亿美元的援助，对 OECD 成员国巨灾风险分散起到了一定的作用。

另一个成功的案例就是加勒比灾难风险基金（The Caribbean Catastrophe Risk Insurance Facility，CCRIF）。加勒比地区位于中美洲，包括古巴、多米尼克、多米尼加共和国、海地、牙买加等 37 个国家和地区，总面积达 500 多万平方公里，人口超过 2 亿。加勒比共同体成立于 1994 年 7 月，是一个政府间协商与合作的机构，由 20 个环加勒比国家和地区组成，其宗旨是推动该地区一体化，加强区域自然灾害管理合作。因为加勒比地区是一个飓风活动极其频繁的区域，每年自然灾害的平均损失为 6.13 亿美元，超过当地 GDP 的 2%。特别是在 2004 年 Ivan 飓风之后，加勒比共同体在世界银行的援助下，于 2007 年 6 月成立了 CCRIF，共吸收了 17 个成员国，基金规模为 4.95 亿美元，同时，CCRIF 与世界银行签订了一份 3000 万美元保额的掉期协约，也与慕尼黑再保险签订了一份同样的掉期协约，抵消了世界银行掉期协约的风险。通过上述方式，CCRIF 有效地实现了巨灾风险的国际资本市场分散，降低了本地区巨灾风险带来的损失，为农业巨灾风险分散国际合作提供了一个很好的范式。

第三节　农业巨灾风险分散政府实施措施

尽管世界各国在农业巨灾风险分散模式上存在一定差异，但世界各国政府无一例外地在农业巨灾风险分散过程中扮演着重要的角色，这些国家往往通过农业巨灾风险分散各类计划、方案等政策措施影响甚至主导本国的农业巨灾风险分散活动（见表 9 - 3）。

由于农业巨灾风险的特殊性，完全市场化的运作不太现实，因此，世界各国政府都不同程度地参与了农业巨灾风险分散，问题是怎么样有效地参与农业巨灾风险分散活动？从各国参与农业巨灾风险分散的实践来看具有以下特点：

表 9 -3 各国农业巨灾风险分散政府实施措施

国　家	政策措施	灾　种	分散方式	对　象
澳大利亚	自然灾害救助及灾后重建计划	旱灾除外	专项资金	为农村社区和个体农户提供灾后援助
	国家干旱管理政策	干旱	专项资金	为农村社区和个体农户提供灾后援助
	生物安全伙伴计划	动植物疫病引起的农业巨灾	公私合作公司管理	种植户和农场主
荷兰	《灾害法》框架内援助	气候风险农业巨灾和植物病虫害动物疫病引发的农业巨灾	保险、风险准备金、欧盟援助	种植户和农场主
	临时性政府援助	气候风险农业巨灾和植物病虫害动物疫病引发的农业巨灾	保险和政府补偿	种植户和农场主
	多重农作物保险	洪灾、旱灾和霜冻等	保险和再保险	种植户
美国	特别灾害救助计划	水灾、旱灾、风灾、火灾、冰雹、低温多雨和病虫害等	保险（保费政府全额补贴）	农户
	巨灾风险保障机制	水灾、旱灾、风灾、火灾、冰雹、低温多雨和病虫害等	保险（保费政府部分补贴）	农户
	农民家庭紧急贷款计划	各类农业巨灾	国家专项资金	农户
	互助储备计划	各类农业巨灾	专项互助基金	农户
	全国洪水保险计划	水灾	保险、贷款和特别拨款	居民和小企业
加拿大	过渡性产业支持计划	旱灾、疯牛病、禽流感等	政府拨款、财政补贴、保险、政府担保贷款等	种植户和农场
	农场收入支付计划	旱灾、疯牛病、禽流感等	政府拨款、财政补贴、保险、政府担保贷款等	种植户和农场
	生产成本支付计划	旱灾、疯牛病、禽流感等	政府拨款、财政补贴、保险、政府担保贷款等	种植户和农场
	农业恢复计划	旱灾、疯牛病、禽流感等	保费补贴、损失补助	种植户和农场

一　政府实施措施发生着变化

总体来看，20 世纪 90 年代以前，政府主导了农业巨灾风险分散活动，政府为此承担巨额的农业巨灾损失，也背负了巨额的财政负担。进入 21 世纪以来，随着市场不断发展、管理机制不断完善和人们风险意识不断提高，市场机制的作用越来越重要，政府的作用越来越低。尽管如此，政府的作用仍然不可忽视，由原来的农业巨灾风险损失直接承担者转向农业巨灾风险的事前防范者，其主要承担了农田、水利、交通等基础设施的建设和维护费用。

二　政府参与农业巨灾风险分散的方式和手段针对性强

历史经验告诉我们，适当的参与方式和手段特别重要，直接决定农业巨灾风险分散的效率。澳大利亚面对国内自然灾害和动植物疫病两大农业巨灾风险，有针对性地制定了自然灾害救助及灾后重建计划、国家干旱管理政策和生物安全伙伴计划三项政策措施，有效地解决了澳大利亚的农业巨灾问题。加拿大政府对旱灾、疯牛病和禽流感等主要农业巨灾，出台了《农业恢复计划》等，比较有效地解决了本国农业巨灾风险分散问题。

三　适时完善和调整农业巨灾风险分散实施措施

以美国为例，20 世纪 80 年代开始实施《特别灾害救助计划》。在 90 年代，针对 80 年代美国农业保险中的问题，美国国会经过了几年时间的讨论，直到 1994 年通过了《1994 年农作物保险改革法》，该法案取消了"巨大灾害救助计划"，建立了新的"巨灾风险保障机制"，是出于"不交保费的保险"对农作物保险的替代作用的考虑。另外，针对区域特别巨灾的情况，出台了农民家庭紧急贷款计划和互助储备计划等政策措施，有效地缓解了区域特殊农业巨灾的影响。后来美国政府发现洪灾的特殊性，以前的政策措施对解决洪灾效果并不理想，特别是缺乏对居民和小企业的保障，根据 1968 年通过的《国家洪水保险法》，出台了《国家洪水保险计划》，1973 年和 1994 年根据相关法律作了进一步的扩大和修改。

第四节　农业巨灾风险分散工具

考察世界各国农业巨灾风险分散工具发展的历史进程，不难看出，农业巨灾风险分散工具随着市场的发展，特别是保险市场、再保险市场、金融市场和资本市场的发展，农业巨灾风险分散工具日益多元化和丰富化，在传统农业巨灾风险分散工具的基础上，不断创新和开发了新型的现代农业巨灾风险分散工具。

本书把农业巨灾风险分散工具分为农户自救工具、社会捐赠工具、政府政策工具、传统市场工具和现代市场工具五大类 23 种具体工具。具体如表 9－4 所示：

表 9－4　　　　　　　　　　　农业巨灾风险分散工具

工具 大类	工具	定义	特点	使用情况	其他
农户 自救 工具	储蓄	农户将收入的全部或部分货币收入存入银行或其他金融机构的一种存款活动	安全性高、风险小、收益低	发展中国家农户较发达国家使用更为普遍	在发展中国家，该工具承担了农业巨灾的绝大部分风险（80% 以上）
	投资	用某种有价值的资产，其中包括资金、人力、知识产权等投入到某个企业、项目或经济活动，以获取经济回报的商业行为或过程	风险和收益不确定	发达国家农户较发展中国家使用更为普遍	
	基础设施建设	农户为抵御农业巨灾而加强农田、水利、灌溉和房屋等基础设施建设的行为活动	投资额较大、回收期较长	在国家财力不足的国家使用较为普遍	
社会 捐赠 工具	国内捐赠	一国或地区的组织或个人没有索求地把有价值的东西给予灾民的行为	无偿性、公益性	最常见的工具，但不稳定和欠规范	该工具承担了农业巨灾风险的 1%—10%。发达国家较发展中国家稳定、有规模
	国际捐赠	国际和其他国家（或地区）的组织或个人没有索求地把有价值的东西给予灾民的行为	无偿性、公益性	最常见的工具，不稳定且常受政治因素的影响	

续表

工具大类	工具	定义	特点	使用情况	其他
政府政策工具	财政专项拨款	主要用于加强农田、水利、灌溉、交通等公共基础设施建设，增强农业巨灾抵抗能力的国家财政资金	政策性、无偿性、预算性、专项性	最常见的工具，近期各国在逐步加大该工具的使用力度和范围	最稳定和可靠的农业巨灾风险分散工具，其所承担风险的大小和该国的财政实力基本一致
	财政救灾	国家通过政府财政资金为挽救巨灾对农户造成的损害所进行的救助活动	政策性、无偿性、应急性、时效性	最常见的工具，使用普遍	
	财政补贴	国家财政为了激励组织或个人开展农业巨灾风险分散活动所提供的一种补偿活动	政策性、无偿性、灵活性、时效性	最常见的工具，使用普遍	
	税收优惠和减免	国家税收为了激励组织或个人开展农业巨灾风险分散活动所提供的税收政策	政策性、激励性和法律性	最常见的工具，使用普遍	
	政府紧急贷款	国家为减少农业巨灾损失，加速农业巨灾恢复所提供的特别贷款支持活动	急需性、应急性、政策性、优惠性	较常见的工具，但受各国政府财力限制，各国的规模不一	
传统市场工具	保险	分散农业巨灾风险、消化农业巨灾损失的一种经济补偿制度	赔付频率低、赔付金额大	使用范围最为广泛的市场工具	传统的使用范围最广泛的市场工具
	相互保险	由一些对农业巨灾风险有某种保障要求的人所组成的、以互相帮助为目的保险形式，实行"共享收益，共摊风险"	互助性、没有资本金、激励性	以日本、法国为代表，其他许多国家在小范围进行尝试	较为新型的保险工具之一，使用范围有限

续表

工具大类	工具	定义	特点	使用情况	其他
传统市场工具	再保险	农业巨灾保险人在原保险合同的基础上，通过签订分保合同，将其所承保的部分农业巨灾风险和责任向其他保险人进行再次保险的行为	风险转移、独立性、利益性和责任性	世界各国普遍使用，部分国家还开展了国际再保险业务	国际巨灾再保险是近期发展的重点
	银行紧急贷款	银行等金融机构针对处于农业巨灾紧急状态下的人们，因为急需资金而发放的贷款	应急性、临时性	较常见的市场工具	较为常见的农业巨灾风险分散市场工具
	巨灾基金	专门用于农业巨灾风险分散特定目的并进行独立核算的资金	集合投资、利益共享、风险分散、专业管理	绝大多数国家都在使用，但发展历史和规模存在较大差异	除了本国政府、专业基金和保险公司的巨灾基金外，国际组织和跨区域的巨灾基金发展较为迅速
现代市场工具	巨灾债券	为分散农业巨灾风险而约定发行的一种特别债券	基差风险小、流动性高、信用风险低、交易成本高、过程复杂、增加负债	1998—2004 年其增长幅度相对缓慢；2007 年发行达到最高峰 70 亿美元；2008 发行总量仍高达 27 亿美元	2014年世行发行的巨灾债券规模达 3000 万美元，作为援助 16 个加勒比岛国未来 3 年若受到地震和飓风重创后的重建资金
	巨灾期权	以巨灾损失指数为标的物的期权合同。分为巨灾期权买权（call）、巨灾期权卖权（put）和巨灾买权价差（callspread）三种类型	优点是场内交易标准化、自由化及其指数关联等特性。缺点是基差风险（Basis Risk）、成交量过小、定价问题亟待解决	主要在美国芝加哥期货交易所开办这类业务	1992 年芝加哥期货交易所（CBOT）推出巨灾指数期货及期权；1995 年 9 月 CBOT 推出 PCS 期权

工具大类	工具	定义	特点	使用情况	其他
现代市场工具	巨灾期货	一种以巨灾损失相关指数为标的物的期货合约	标的指数可以被人为操纵、道德风险与信息不对称、基差风险	主要在美国芝加哥期货交易所开办这类业务	美国芝加哥期货交易所（CBOT）1992年 ISO 指数巨灾期货、1995 年 PCS 指数巨灾期权和 2007年 CHI 飓风指数期货
	巨灾互换	当特定巨灾事件所导致的损失到达触发条件时，可以从互换对手处获得现金赔付。主要有再保险型巨灾互换、纯风险交换型巨灾互换两种类型	交易成本低、操作简单、合约灵活、存在信用风险、透明度低、流动性低	在全球金融发达国家和地区得到了广泛应用，每年巨灾互换的市场大约为 50 亿到100 亿美元之间	汉诺威再保险 1996年成功推出首例巨灾互换交易；美国纽约巨灾风险交易所 1996 年成立并开办巨灾风险互换交易业务；1998 年百慕大商品交易所成立了巨灾交易市场
	或有资本票据	特定巨灾事件发生后，保险人有权发行给特定中介机构或投资者的资本票据	优点：保险公司根据对巨灾发生后的需求，发行所需额度的或有资本票据；对投资者可以获得较高的报酬；最大的好处是到期票据本金全部偿还。缺点：只有获得许可才能够发行；交易成本高昂；保险公司的偿债风险不易评估；流动性相对较差	自 20 世纪 90年代中期以来，总计发行了约为 80亿美元的或有资本票据	花旗银行 1994 年首次成功为汉诺威再保险发行 8500 万美元的票据

续表

工具大类	工具	定义	特点	使用情况	其他
现代市场工具	巨灾权益卖权	为了规避保险公司因支付巨灾损失赔偿从而引起保险公司股票价值降低的风险,发行保险公司股票为交易标的的期权	优点:解保险公司燃眉之急;并不增加保险公司的资产负债表上额外的负债;期限短,速度快。缺点:非标准化的交易契约;存在道德风险;存在违约风险	自1996年以来共有十次巨灾权益卖权的交易记录。2002年后巨灾权益卖权的市场发展一度停滞	RLI保险公司、Center再保险公司、Aon再保险公司三家公司于1996年签订了一个价值为5000万美元的巨灾权益卖权契约;Trenwick公司2001年发行价值5500万美元的可转换优先股给苏黎世再保险公司的巨灾权益卖权契约
	行业损失担保	因为巨灾所造成的整个保险行业损失所触发的保险连结证券。主要有"进行时"行业损失担保(Live Cat)和"过去时"行业损失担保(Dead Cat)两种类型	成本低、交易简单、灵活性高、道德风险低、信用风险低和基差风险高、流动性低	其市场主要集中在保险业发达且自然灾害频发的美国	平均每年的交易量为50亿—100亿美元
	"侧挂车"	由资本市场投资者注资成立的,通过部分担保的比例再保险合同为原发起公司提供额外承保能力的特殊目的的再保险公司。它本质上与比例再保险协议无太大差别,只是以一个独立的公司形式出现,因此被形象地称为"侧挂车"	高度的灵活性、运营成本低、不存在股权稀释问题、增加了不稳定性、透明度不高	2005年和2006年共产生近20宗"侧挂车"交易,筹集了近50亿美元的巨灾资金,占总量的约13%	State Farm、Renaissance再保险1999年首次联合发起成立了Top Layer再保险公司

回顾和比较农业巨灾风险分散各类工具在各国的使用情况，不难发现以下特点：

一　受灾农户自救农业巨灾风险分散工具作用显著

受灾农户自救农业巨灾风险分散工具主要有储蓄、投资和基础设施建设三种类型。研究表明，农业巨灾风险越大的地区，农户的风险意识越强，他们往往会牺牲一部分消费用于储蓄、投资和基础设施建设，增强农业巨灾风险抵抗能力。需要特别指出的是，在大部分发展中国家，受灾农户自救工具在农业巨灾风险分散中起着主导作用，他们往往承担着80%以上的农业巨灾风险，因为这类国家政府财力有限，保险市场、再保险市场、金融市场和资本市场不发达，可供选择的农业巨灾风险分散工具有限，所以农户承担了农业巨灾的绝大部分风险。即使在发达国家（比如美国），农户也要承担20%左右的农业巨灾风险。

二　社会捐赠农户农业巨灾风险分散工具影响不可忽视

社会捐赠农户农业巨灾风险分散工具主要分为国内捐赠和国际捐赠两种类型。随着社会经济的发展和人们公益意识的加强，农业巨灾风险分散中的社会捐赠也扮演着越来越重要的角色，通常所占比例为该国农业巨灾风险损失的1%—10%，个别情况下，社会捐赠所占比例更高，成为不可忽视的农业巨灾风险分散工具之一。

以我国2008年"汶川地震"和2010年的"海地地震"为例，"汶川地震"造成的直接经济损失达到8542亿元，接收社会捐赠594.08亿元（2008年9月25日12时止），其中国际社会捐赠17.11亿元，占到"汶川地震"直接经济损失的6.95%。[①] "海地地震"造成直接经济损失为78亿美元，震后半个月内，来自95个国家、13个国际组织、101个非政府组织、270个私营机构分别给予了价值3.8亿美元的物质和10亿美元的资金援助，占到其直接经济损失的17.69%，对"海地地震"震后恢复重建和经济发展起到了重要的作用。

三　政府政策农业巨灾风险分散工具最为稳定和可靠

政府政策农业巨灾风险分散工具包括政府财政拨款、政府财政救灾、政府财政补贴、税收优惠和减免、政府紧急贷款等。政府政策农业巨灾风险分散工具在世界各国普遍使用，成为最稳定可靠的农业巨灾风

---

① 资料来源：http://baike.baidu.com/view/3486152.htm? fr = aladdin。

险分散工具，所承担风险的大小和该国的财政实力基本一致。世界各国的政府政策农业巨灾风险分散工具往往扮演着农业巨灾风险最后"兜底人"的角色，特别是在农业巨灾风险分散市场工具不发达的国家，政府政策农业巨灾风险分散工具往往是使用较为频繁的工具之一。另外，政府政策农业巨灾风险分散工具的使用也在逐步发生变化。以前使用较为频繁的是政府财政救灾、政府财政补贴和政府紧急贷款等工具，以抗灾和救灾为主，强调应急管理。伴随农业巨灾风险分散管理理念的变化以及农业巨灾风险分散市场工具的发展，许多国家更多强调的是事前的防灾和灾前预警管理，所以，政府财政资金更多地用于本国农田、水利、灌溉、交通和通信等基础设施建设，同时做好农业巨灾风险评估和风险区划等工作，这些基础设施的建设对本国农业巨灾风险分散管理起到了很好的作用。

四 传统农业巨灾风险分散市场工具依然占有市场主导地位

传统农业巨灾风险分散市场工具主要包括保险、相互保险、再保险和巨灾基金等。保险是最早用于农业巨灾风险分散的市场工具，也是当前发达国家最主要的风险分散途径。保险能够保障灾后有足够的资金分散其覆盖的农业巨灾风险，效益成本比较高，但是它的作用受到诸多因素的约束，比如要有完善的法律制度和监管机构，保险对象要数量多、变异大，也要有较长的市场周期等。依据相关统计，发达国家的农业巨灾风险中保险覆盖率可达到30%左右，但是在中国等发展中国家平均只能达到1%左右。

日本和法国等国家分散农业巨灾风险最核心的是互助合作保险，形成了从农户到国家等不同层级的互助保险模式，每个层级承担一定比例的农业巨灾风险，通过互助保险有效地解决了本国农业巨灾风险。

农业巨灾再保险是与保险一起发展起来的市场工具，20世纪70年代得到了很好的发展，不过历经20世纪80年代后期以及90年代前期的巨大灾难，再保险行业自身资本受损严重，承保能力出现不足的情况，巨灾再保险的供给也很快减少，这个时期内，转移的风险数量减少得也很快。再保险市场在20世纪90年代经历了重大滑坡，直至2007年，全球巨灾再保险市场才趋于稳定，保险份额率逐渐降低，巨灾再保险市场的资本实力大大增强。根据以往的经验，再保险赔付损失所占总赔付损失的比例一般是在1/3左右，个别的赔付率更高，比如卡特里娜飓风被保险损失的 50% 以上都被转分保给了再保险人。另外，国际农业巨灾再保险市场的快速发展值得关注，众多国际再保险公司（比如瑞士再保险公司、德国慕尼黑再保险公司、劳合社再保险公司和汉诺威再保险公司等）在国际再保险市场占有重要的地位。许多国家在国内保险和再保险的基础上，通过国际再保险市场把本国农业巨灾风险分散到国际市场，取得了很好的效果。

农业巨灾风险基金是一个农业巨灾风险分散工具，鼓励保险公司参与承保巨灾保险、有效弥补巨灾市场风险承担能力不足的问题是成立农业巨灾基金的主要目的所在。如土耳其巨灾保险基金、美国国家洪水保险基金、新西兰巨灾风险基金和挪威巨灾风险基金都是国家成立的巨灾基金，用其来分担巨灾风险。从基金成立主体来看，巨灾基金可以划分为政府巨灾基金、商业巨灾基金和多方合作基金（包括国际合作巨灾基金）等类型，根据各国立法对其职能定位的不同，可以把其归纳为农业保险型基金、农业再保险型基金和补贴融资型辅助基金三类。

五　现代农业巨灾风险分散市场工具发展迅猛

现代农业巨灾风险分散市场工具主要是利用巨灾风险证券化分散农业巨灾风险，这些工具主要有巨灾债券、巨灾期权、巨灾期货和巨灾互换等传统工具和或有资本票据、巨灾权益卖权、行业损失担保和"侧挂车"等现代创新工具等。20 世纪 90 年代以来保险业的巨灾承保风险愈加明显，这些风险仅仅只用传统的方法进行转移和管理，难免会使保险业的保障能力与所承担的风险责任之间的差距愈加加大。面对此种情况，金融学家提出依靠巨灾保险衍生品将风险转移到资本市场，通过保险市场与资本市场相结合的方式解决保险市场承保能力不足的问题。作为不断创新的风险管理工具和技术，现代农业巨灾风险证券化利用发达的再保险市场与资本市场分散农业巨灾风险，得到了迅速的发展。巨灾风险证券化始于 1992 年，但是到 1996 年，巨灾风险证券化都没有实现，直到 1997 年才开始真正实施，保险证券化市场得到了迅速的发展。1994 年以来在全球资本市场上交易的涉及约 50 家保险公司和投资银行的价值 126.17 亿美元是基于保险的证券，这些证券中涉及巨灾风险的近 2/3，2004 年美国加勒比海地区发生了 4 次飓风灾害，造成的损失约为 560 亿美元，而保险理赔高达 270 亿美元。

第五节　结论及启示

纵观世界各国农业巨灾风险分散实践，可以得出如下结论，给我国农业巨灾风险分散提供一些启示。

一　政府应该以法律为基础，厘定政府的责任

要做好一国的农业巨灾风险分散管理，制定和完善相关的法律是基础。实践证明，各国政府要想做好农业巨灾风险分散管理工作，无不是从法律着手，因为法律首先可以明确农业巨灾风险分散主体的法律地位，明确哪些主体可以参与农业巨灾风险分散活动，赋予其相关权利和义务。其次，通过相关的法律，厘定政府的责任。什么样的情况下，政府应该参与农业巨灾风险分散活动，明确规定只有达到一定的条件，政府部门才可以介入农业巨灾风险分散活动，否则只能够通过受灾农户自救和市场工具解决农业巨灾风险分散问题。再次，通过法律的形式明确政府参与农业巨灾风险分散管理的程度，也就是在农业巨灾风险分散活动中，政府应该承担责任的大小、多少都应该加以明确。最后，还要通过法律的形式明确政府财政补贴政策和税收政策，使政府财政补贴政策和税收政策更加公开、透明和公平。

二　选择适合本国国情的农业巨灾风险分散模式

目前农业巨灾风险分散模式主要有政府主导农业巨灾风险分散模式、市场主导农业巨灾风险分散模式、混合农业巨灾风险分散模式、互助农业巨灾风险分散模式和国际合作农业巨灾风险分散模式五种类型。每一种模式的形成和发展都是农业巨灾风险分散与该国自然环境状况、社会发展现状、经济发展条件和技术水平等完美的结合，较好地解决了农业巨灾风险分散难题，这些值得学习和借鉴。但基于世界各国的国情差异，在探索本国农业巨灾风险分散模式的时候，切忌照搬照抄。另外，农业巨灾风险分散模式并非一成不变，随着自然条件的变化、社会的发展和进步，经济的发展，特别是金融市场和资本市场的发展，技术的不断成熟，农业巨灾风险分散模式是可以发生变化的，甚至可以创新农业巨灾风险分散模式。在我国农业巨灾风险分散模式探索的过程中，其实争论由来已久，政府主导农业巨灾风险分散模式似乎成为主流，这种观点的确有一定的道理，但另

外，随着农业巨灾保险、再保险、互助保险和农业巨灾基金等农业巨灾风险分散管工具不断发展，这种观点日益受到挑战。同时，随着我国金融市场和资本市场的快速发展，国际和区域合作的不断增长，创新我国农业巨灾风险分散模式势在必行。

三　政府农业巨灾风险分散财政投入方式转变规律值得思考

政府农业巨灾风险分散财政投入主要有财政专项拨款、财政救济、财政补贴等形式，从世界各国特别是发达国家农业巨灾风险分散的财政投入规律来看，早期以财政救济、财政补贴为主，强调救灾的应急管理。随着农业巨灾风险分散工具的多元化，一方面，政府救灾财政压力减小，财政救济、财政补贴部分被农业巨灾风险分散的市场工具所替代；另一方面，政府农业巨灾风险分散财政投入中，财政救济、财政补贴所占比重也在逐步减少，财政专项拨款用于防灾的农田、水利、灌溉、交通和通信等基础设施建设费用逐步增加，也就是说，政府财政投入更多地用于防灾管理。此外，政府的财政投入也增加了农业巨灾风险预警和灾害评估。总之，政府农业巨灾风险分散财政投入方式转变规律值得思考和借鉴，为包括我国在内的世界各国未来农业巨灾风险分散财政投入指明了方向、明确了重点。

四　积极探索农业巨灾风险分散工具的最优组合

农业巨灾风险分散工具有农户自救工具、社会捐赠工具、政府政策工具、传统市场工具和现代市场工具五大类 23 种。各类工具在各国的使用情况存在很大的差异。总体来看，发展中国家主要使用农户自救工具、社会捐赠工具、政府政策工具，发达国家在此基础上，较多地使用农业巨灾风险分散的市场工具，以传统农业巨灾风险分散市场工具为主，积极创新现代农业巨灾风险市场工具。说明一国农业巨灾风险分散工具与该国社会发展、经济条件等国情基本一致。

此外，无论是发展中国家还是发达国家，农业巨灾风险分散市场工具往往不止一类，更多的情况是多种农业巨灾风险分散市场工具组合使用，这就给我们提出了一个问题，什么样的工具组合是最优的或者说效益是最大化的？这就需要我们进行最优拟合分析，研究和分析一国农业巨灾风险分散市场工具的最优组合，寻求在一国资源既定的情况下，农业巨灾风险分散效用最大化。

第十章 我国农业巨灾风险分散共生机制

在分析和总结国内外农业巨灾风险分散的基础上，本章以共生理论为基础，分析我国农业巨灾风险分散共生模式及其演进机理，探讨我国农业巨灾风险分散机制，设计我国农业巨灾风险分散实现路径，从而推动我国农业巨灾风险管理。

第一节 引 言

对农业巨灾风险分散机制的研究始于农业巨灾风险分散模式探讨。目前主要有三种分散模式：一是美国的市场运作、政府监管的"单轨制"模式；二是墨西哥的个人参与、公私合作模式；三是日本的区域性农业共济组合模式。国内不少文献对世界各国农业巨灾风险分散代表性模式进行了分析和比较，总结了其启示和国际借鉴（李永，2007；王国敏，2008；谢家智，2007；张庆洪，2009；韩锦绵、马晓强，2007）。对我国应该建立什么样的农业巨灾风险分散机制，国内学者的观点主要集中在以下几个方面：庹国柱、王德宝主张把政府财政救济机制与市场保险补偿机制有效结合，建立多层次、多主体、多元化的整体性巨灾损失补偿机制。姚庆海提出了综合性巨灾损失补偿机制，与整体性农业巨灾损失补偿机制观点类似。丁少群和王信建议建立三层次的农业巨灾风险保障体系：第一层次，承保农业保险业务的直接保险公司建立的巨灾风险准备金制度；第二层次，政府主导、市场化运作的政策性农业再保险制度；第三层次，民政或财政部门建立的国家巨灾风险准备金制度，充当最后的保险人。谭中明和冯学峰提出建立政府引导、商业运行、财政支持、再保险与资本市场配套的多元化巨灾风险保险模式，形成政策性与商业性有机结合的农业巨灾风险分散机制。

总体看来，国内外学者对我国农业巨灾风险分散机制进行了较为广泛的探讨，结合我国农业巨灾风险分散的现状，提出了一定的解决思路和方法。但同时存在以下三个问题：其一，缺乏理论体系作为支撑，因此，所提观点不全面，方法不系统；其二，农业巨灾风险分散更多的是依赖于金融视角特别是保险角度展开的研究，因此，思路存在一定的局限；其三，对农业巨灾风险分散机制有一定的宏观描述，但缺乏系统和整体的研究，特别是建立在农业巨灾风险分散现状及其相互关系等微观分析基础上的可操作的分散机制研究有待探索。本书基于共生模式及演进机理理论体系，探索农业巨灾风险分散机制创新。

第二节　农业巨灾风险分散共生模式及其演进

目前我国农业巨灾主要通过受灾农户、各级政府、农业巨灾保险企业、社会救助组织等主体进行风险分散。不论是从农业巨灾损失补偿总体水平，还是从农业巨灾风险分散的主体承担比例来看，都存在一定的问题。受灾农户不堪农业巨灾损失，政府财政压力巨大，而且有限，社会救灾资金不足，农业保险承担存在局限，农业巨灾风险证券化在我国还未开展。因此，如何广泛发动全社会的力量，实现农业巨灾风险的合理分散成为我国农业巨灾风险管理必须解决的难题。

一　农业巨灾风险分散共生理论

"共生合作现象"既是生物界的普遍事实，又是人类社会存在的基础，家庭、企业、社会组织、国家等都是合作共生的结果。德国真菌学家德贝里（Anton de Bary）在 1879 年首先提出生物学中的"共生"（Symbiosis）概念，从此之后在生物学领域中共生研究慢慢地成为一门专门的学说。我国的共生理论是袁纯清直接将生物学的共生概念与相关理论向社会科学的拓展。共生理论是人们在普遍交往、合作竞争的各种实践活动中形成的以多元互补、利益相关、彼此平等为基础的、相互依赖、互惠共存、全面和谐的关系（马小茹，2011）。从共生理论的视角，通过共生介质建立起相互依存、相互作用的和谐共生关系（连续互惠共生关系），强调共担性、互补性、协同性和共赢性（彭建仿，2010）。农业巨灾风险分散机制是受灾农户、农业巨灾保险企业、社会救助组织（含国际救灾机构）、各级政府、金融机构（银行、证券、期货等）和中介组织之间互惠共生、协同合作的结果。

二　农业巨灾风险分散共生体系

1. 农业巨灾风险分散共生单元、共生环境和共生模式

构成农业巨灾风险分散共生关系或共生体的基本能量生产和交换单位、形成农业巨灾风险分散共生的基本物质条件就是农业巨灾风险分散共生单元，这其中有不同规模和体制的农业巨灾风险分散供给者，比如受灾农户、政府、农业保险公司、社会救助组织（含国际救灾机构）、金融机构（包括银行、证券、期货等），也有各种农业巨灾风险分散的需求者如企业、自然人等，还包括各种担保、信用评级、法律、评估、证券、期货等中介机构。我国农业巨灾风险分散共生单元会更多元化、复杂化和国际化，这是伴随我国金融市场发展的新趋势。

农业巨灾风险分散生态环境是指农业巨灾风险分散共生单元以外所有因素的总和构成的共生环境。这个系统很复杂，既包括国际环境、社会人文传统，又包括共生系统所处的经济法律环境、基础设施等，因此对农业巨灾风险分散共生环境的分析需要对多方面因素综合分析。

共生单元相互作用的方式或相互结合的形式即农业巨灾风险分散共生模式，它反映各农业巨灾风险分散共生单元以及共生单元与社会经济利益体之间的物质、信息和能量关系，通过共生模式，各农业巨灾风险分散共生单元之间相互协作、优势互补，产生共生效益。共生模式根据行为方式的不同可分为寄生、偏利共生和互惠共生三种方式。非对称性互惠共生和对称性互惠共生是互惠共生的两种形式，这也是共生的主要行为形态。依照组织模式的不同可以把共生模式分为点共生、间歇共生、连续共生和一体化共生。连续共生指共生单元之间在一个封闭时间区间内，在多个方面发生连续的相互作用，连续共生是比较常见和稳定的共生关系。共生系统的构成由共生单元按照不同模式组合而成，农业巨灾风险分散共生模式也是非固定的，随着共生单元性质和共生环境的变化，共生模式也会随之发生变化。

2. 农业巨灾风险分散共生系统

共生系统是由共生单元相互作用和影响形成的。共生单元之间在一定的共生环境中以一定的共生模式形成的相互依存关系即农业巨灾风险分散共生系统。依据共生系统三要素理论，农业巨灾风险分散共生系统是由共

生单元［即受灾农户、政府、农业巨灾保险公司、社会救助组织（含国际救灾机构）、金融机构（包括银行、证券、期货等）、中介机构（包括法律、评估、证券、期货等中介机构）等］、共生关系（包括共生组织模式和共生行为模式）和共生环境（包括法律法规、政策、经济、技术和社会环境等）三要素构成。构成共生关系的基本能量和交换单位即共生单元。共生模式又叫共生关系，是指共生单元相互作用的方式或相互结合的形式，它反映共生单元之间的作用方式和作用强度，同时也反映共生单元之间的能量互换关系和物质信息交换关系。共生单元以外的所有因素的总和即共生环境。对于这三个要素，存在以下关系：关键是共生模式，基础是共生单元，重要的外部条件是共生环境。共生模式的关键是因为它不仅反映和确定共生单元之间的生产与交换关系，而且反映和确定共生单元对环境可能产生的影响与贡献，同时反映共生关系对共生单元和共生环境的作用，三者之间的关系见图 10 – 1。

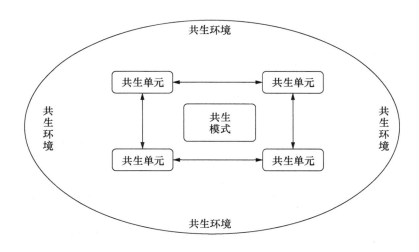

图 10 – 1　农业巨灾风险分散共生系统模式

3. 农业巨灾风险分散共生运行体系

如果发生农业巨灾，农业巨灾风险分散共生单元［受灾农户、政府、农业巨灾保险公司、社会救助组织（含国际救灾机构）、金融机构（包括银行、证券、期货等）、中介机构（包括法律、评估、证券、期货等中介机构）等］在共生环境影响的作用下，通过共生界面的选择进行农业巨灾风险分散。

共生单元之间相互作用的物质或精神的媒介是共生界面，它是共生单元之间信息、物质、能量传递的通道，也是影响共生系统效率和稳定性的关键因素。农业巨灾风险分散界面除了国家农业巨灾风险管理的经济法律制度外，主要是通过制度、政策、信誉、契约、股权、资金、信息、技术、服务和培训等共生界面，实现农业巨灾风险的分散。当然，不同的历史时期，甚至同一时期不同地区和灾种，也可能采用不同的共生界面实现农业巨灾风险的分散。目前，我国农业巨灾风险分散的共生界面主要是资金、保险等，随着我国社会经济的发展，特别是金融市场和资本市场的发展，共生界面会越来越多，资本市场特别是农业巨灾证券化的作用会越来越重要。

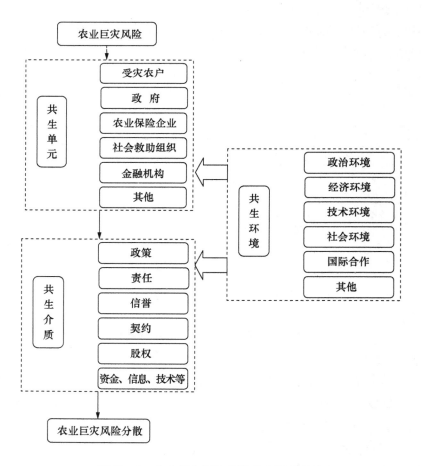

图 10 - 2　农业巨灾风险分散共生运行系统

第三节　农业巨灾风险分散共生模式演进

农业巨灾风险分散共生系统具有动态演化性，基于我国社会经济的发展，市场经济特别是资本市场的发展，农业巨灾风险分散共生行为模式和组织模式会不断地发展变化。

一　共生行为模式演进

依照共生理论，共生行为分为非对称性互惠共生行为和对称性互惠共生行为、寄生行为、偏利共生行为，它们是从低级到高级。目前，我国农业巨灾风险分散的共生行为主要有财政拨款、社会救济、农业巨灾保险、保险补贴（包括保险农户补贴、保险企业财政补贴）、税收减免和优惠、巨灾基金、农业巨灾信息公开和农业巨灾技术支持等形式，其中，寄生行为包括财政拨款、社会救济、保险补贴、税收减免和优惠等行为，寄主与寄生者是双边单向交流的关系，这类共生行为关系并非一定对寄主有害，而其有利于寄生者演化，但是有不利于寄主进化的可能。巨灾基金、农业巨灾信息公开和农业巨灾技术支持等共生行为属于偏利共生行为，也就是说对一方有利而对另一方无害，有可能存在双边交流，优点表现为有利于获利方进化创新，缺点是对非获利方进化无补偿机制。农业保险在我国属于政策性保险的性质，农业保险共生行为属于非对称性互惠共生行为，也就是指存在广普进化作用。优点表现为不仅存在双边双向交流，而且还存在多边多向交流，不过在我国由于机制非对称性，有导致进化非同步性的可能。

总体看来，我国农业巨灾风险分散共生行为多属于低级的共生行为模式，期间也在发生变化，特别是以农业保险为代表的非对称性互惠共生行为在我国农业保险体制改革深化的今天得到了很好的加强，较之以前的寄生行为和偏利共生行为有了很大的进步。

今后，我国农业巨灾风险共生行为模式除了完善现有的建立在信誉和政策基础之上的财政拨款、社会救济、保险补贴、税收减免和优惠等行为外，更应该通过契约和股权建立农业巨灾风险互惠共生行为模式（见表10-1），互惠共生行为模式特别是对称性互惠共生是四种共生关系中最有效率、最有凝聚力且最稳定的共生形态，在形态、功能上是四种共生行为模式中最高级的,是所有共生战略联盟演进发展的目标类型和目标状态,不过这种最理想的类型在实际情形中很少见。互惠共生行为模式可以通过包括农业保险(含再保险)、农业巨灾债券、农业巨灾期货、农业巨灾期权、巨灾掉期、巨灾互换、行业损失担保、巨灾风险信用融资,或有资本票据、巨灾权益卖权和巨灾债券等农业巨灾风险分散行为有效分散农业巨灾风险。在互惠共生模式下运行的共生战略联盟通过合同、相互持有股权甚至合资的形式实现协同效应和乘数效应,实现信息、资金、技术、文化共享,还可以通过共生成员间的相互学习和支撑,更加有效地减少市场风险,从而产生价值和能量的增值,这些增值部分通过在联盟内部的分配,有效实现共生联盟的目标,从而更进一步促进联盟互惠共生,这种交流机制是双向或多边的。

表 10 - 1　　　　　　　　　　　　共生行为模式演进

行为共生模式	成员信任		成员学习		成员激励				共生模式
	伙伴适合度	信息对称度	文化融合度	合作竞争能力	成员学习能力	学习环境氛围	激励效率	激励效果	
对称互惠共生	高	高	高	高	高	高	高	高	股权共生
非对称互惠共生	↑	↑	↑	↑	↑	↑	↑	↑	契约共生
									信誉共生
偏利共生									政策共生
寄生共生	低	低	低	低	低	低	低	低	责任共生

二　共生组织模式演进

通过共生组织的四种模式来看,我国当前的农业巨灾风险分散共生组织模式一般都是点共生模式或者是间歇性共生模式,其中政府救助和社会救助共生行为单元的受灾农户、政府和社会救助组织间的关系更多的是点共生和间歇性共生模式,它们的特点是共生关系的随机性,没有特定的共生目标,如果农业巨灾发生,受灾农户、政府和社会救助组织就会以风险分散为纽带,以资源转移为原则,形成简单的、临时性的共生合作关系,一旦任务完成,这种共生就会自动消退甚至消亡,不复存在。

间歇性共生模式在我国农业巨灾风险分散共生中也有可能出现,受灾农户、政府和社会救助组织、农业保险企业等共生单元在形成点共生关系之后，很有可能形成不密切的合作关系，也就是经过一次合作，彼此相互了解之后，才会再深入地发展它们之间的合作关系，通过它们之间的信息共享、资金共享、物质共享、知识共享、技术共享，然后可能有不定期地再次合作的机会，随着日益频繁的接触，它们之间的合作日趋紧密，往往建立周期性的联系，固化形成的合作关系，不过在时间上可能不具有持续性，以至于一种不同于点关系积累的新的共生关系最后形成，这就是间歇性共生关系。不确定和不稳定是间歇性共生关系具有的特征，这就使得共生单元之间的联系缺乏连续性，较差的组织协调性，风险分散关系和利益分配关系等都不明确，更缺乏统一的有效管理，无法反映出共生单元之间联系的必然性。

从未来长远来看，我国农业巨灾风险分散模式应逐渐转变，从点共生、间歇共生模式逐步发展为连续共生组织模式与一体化共生组织模式，努力实现共生组织由"虚拟共生组织"转变为"实体共生组织"（见表10－2）。

表10－2　　　　　　　　　共生组织模式演进

组织共生模式	组织协调		风险分散		组织管理				共生模式
	组织控制权协调度	组织结构合理度	组织效率	协议公信度	分散比例合理度	利益分配公平度	职能管理水平	关系资本管理水平	
一体化共生	高	高	高	高	高	高	高	高	股权共生
连续共生	↑	↑	↑	↑	↑	↑	↑	↑	契约共生
									信誉共生
间歇共生									政策共生
点共生	低	低	低	低	低	低	低	低	责任共生

上述间歇共生模式和点共生模式实际上并没有形成真正意义的组织，多为松散的战略联盟即"虚拟共生组织"，农业巨灾风险分散共生单元主体是独立的个体或法人，不承担相应的责任，多以分散农业巨灾风险为目标、以信誉和政策等为介质形成战略联盟，即"虚拟共生组织"，这类组织具有各成员核心能力和资源的互补性、临时性、随机性和短暂性等特点。

　　农业巨灾风险分散"实体共生组织"是以分散农业巨灾风险为目标、以契约和股权等为介质形成的具有法人资质的实体，农业巨灾风险分散共生单元以合同或股权为纽带，独立承担相应的责任和义务，共担风险，共享利益。

　　"实体共生组织"多为一体化共生组织模式或者是连续共生组织模式。连续共生组织模式和一体化共生组织模式与点共生和间歇共生两种组织模式相比在组织程度上具有相对高级的特点，并且也体现了更为明显的组织进化特征，在利益层面上，连续共生组织模式和一体化共生组织模式的各个共生单元保持一致。当进化到连续共生组织模式特别是一体化共生组织模式时，共生介质性能更稳定、种类更多，共生关系更稳定，共生水平程度更高。

第四节　农业巨灾风险分散共生机制

　　机制设计理论研究的是在一个自由选择、决策分散、相互制约、相互依赖的个体组成的环境下如何制定规则，使成员的行为表现和设计意图相一致。

　　农业巨灾风险分散共生机制是指存在内在的、长期联系的农业巨灾风险分散单元相互补充、共同生存、协同进化的机制，它们通过组织间在资源或项目上的互补与合作，达到增强分散农业巨灾风险的目的。农业巨灾风险分散共生机制的本质即农业巨灾风险分散主体内的内在联系机制，通俗地说，就是主体间产品、服务、信息、技术等贸易性或非贸易性的交易、交流和互动，各成员共享资源，相互学习，密切合作。依据共生组织模式及其演变规律和共生行为模式及其演变规律，本书认为，农业巨灾风险分散机制主要由四个部门组成，分别是共生行为机制、共生组织机制、共生政策机制和其他共生机制（见图 10－3）。

一　农业巨灾风险分散共生政策机制

　　由于农业巨灾损失的不可避免和损失巨大的特征，如果完全按照市场规则运行，必然会产生农业巨灾风险分散单元缺失的问题。另外，农业巨灾风险分散具有显著的正外部效应，农业巨灾风险分散共生政策机制，可以参照国际通行准则，充分发挥农业巨灾风险分散政府政策机制的引导和激励作用。农业巨灾风险分散共生政策机制主要包括以下三个方面：

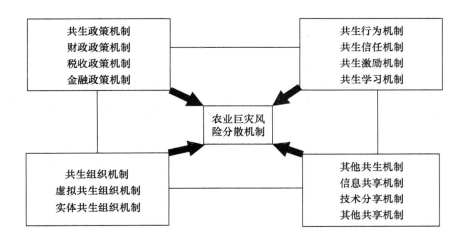

图 10 - 3　农业巨灾风险分散共生机制

1. 财政政策机制

目前我国财政救助已经成为农业巨灾风险分散的主要单元之一。2001—2012 年，我国财政灾害救助总投入为 2348.7 亿元，占农业巨灾风险损失的 5.73%，主要用于农业巨灾的灾中救助和灾后恢复重建。今后，除了要形成财政农业巨灾风险救灾资金的稳定增长机制之外，还要优化政府财政救灾资金的使用结构，增加灾前预防的财政投入，还要逐步扩大中央和地方的财政巨灾基金总量，同时，要考虑财政转化为股权进行运作，也就是说，用政府财政资金作为投入，采用全资、控股或参股等多种形式，开展保险、再保险、债券、证券化等运作，参与农业巨灾风险分散活动。最后，政府财政资金还应该对参与农业巨灾风险分散的共生单元给予一定的财政补贴，包括对参保农户的保险补贴、对保险和再保险公司的财政补贴、对社会救助组织的财政补贴和对农业巨灾产品经营金融机构的财政补贴等。

2. 税收政策机制

农业巨灾风险分散税收机制主要是税收减免或优惠，激励农业巨灾风险分散共生单元参与农业巨灾风险分散共生行为。农业巨灾风险分散税收机制主要涉及三方面的税收问题：首先，农业巨灾风险分散共生单元纳税问题,具有农业巨灾风险分散特殊目的机构转让巨灾风险,其收益和损失的分散行为是否符合税收相关法律法规规定;其次,具有农业巨灾风险分散特殊目的机构纳税行为,是否符合税收相关法律法规规定的纳税义务;最后,农业巨灾风险分散投资者纳税问题,投资者持有农业巨灾产品的利息收入以及资本所得是否应当缴纳所得税。

农业巨灾风险分散税收机制可作以下设计:首先,对农业巨灾风险分散共生单元和特定目的机构之间的农业巨灾产品风险分散转让或者交易实行税收优惠或税收减免。对农业巨灾风险分散投资者持有农业巨灾风险分散产品的利息收入以及资本利得实行减免所得税,当然不同农业巨灾风险分散产品的利息收入和资本利得税收减免应当有所差异。其次,根据农业巨灾风险分散市场竞争状况、农业巨灾风险分散市场结构的变化以及农业巨灾风险分散市场化程度,相机抉择地调整优化营业税税基税率。对农业巨灾风险分散产品实施分类差异化税收政策和差别税率,也可以设置不同的可扣除科目,对农业巨灾分散产品分类实行减免税收。最后,调整准备金计提标准和优化所得税扣除项目。需要明确规定在对各种准备金制定合理提取标准的前提下,允许农业巨灾风险分散产品的机构或组织在应纳税年度合同项下的赔款支出项目予以扣除,特别要对农业巨灾风险准备金的提取进行限定。除此之外,可以考虑在没有所得税或向发行人提供税务延期缴纳待遇的国家设立农业巨灾风险分散特殊目的机构。

3. 金融政策机制

美国、日本等巨灾多发国家和我国台湾地区在灾后重建金融支持方面积累了较丰富的经验,形成了较为完备的救灾金融保障和支持体系,特别是在临时信贷资金救助、政策性及商业性保险资金赔偿,尤其是在农业巨灾风险证券化方面值得我们学习和借鉴。农业巨灾风险分散金融政策机制主要解决以下几个方面的问题:

(1)农业巨灾金融应急管理机制。建立农业巨灾金融应急管理机制的目的是保护受灾农户的生命和财产、保障受灾农户的基本生活和生产、恢复金融秩序和功能。突发农业巨灾下的金融应急机制主要包括快速恢复金融功能、保障客户合法权益、缓解灾区群众还款压力等。

(2)农业巨灾灾后重建金融扶持政策。农业巨灾灾后重建是一个艰巨复杂的系统工程,其中资金的有效筹措和合理运作是关键环节,因为农业巨灾灾后亟须大量的资金。我国政府在恢复重建条例和相关政策措施中，确立了政府主导、多元投入的灾后重建资金筹措机制，明确了财政主渠道、对口支援、社会募集、金融信贷等资金扶持政策，有效缓解灾后重建资金供需矛盾。农业巨灾灾后重建金融扶持政策主要包括灾后重建资金筹集与运作、金融扶持政策（包括优惠的信贷政策、农业巨灾债券等资本市场融资政策、农业巨灾基金和农业巨灾保险等支持灾后重建政策等）。

（3）农业巨灾金融产品及衍生产品的开发。除了继续发展农业巨灾保险、再保险、农业巨灾基金外，还需要根据我国金融市场的发展程度，适时开发农业巨灾债券、农业巨灾期货、农业巨灾期权、巨灾掉期、巨灾互换、行业损失担保、巨灾风险信用融资、或有资本票据、巨灾权益卖权和巨灾债券等多种农业巨灾金融衍生产品，充分发挥金融市场的作用，有效地分散我国农业巨灾风险。

二　农业巨灾风险分散共生行为机制

根据农业巨灾风险分散共生行为模式的演变规律，从共生行为的效果来看，由低到高分别是寄生共生行为模式、偏利共生行为模式、非对称性互惠共生行为模式和对称性互惠共生行为模式。农业巨灾风险分散共生行为机制是实现农业巨灾风险分散共生行为模式演变由低到高的主要因素，成为农业巨灾风险分散共生机制的主要内容，主要包括以下三个方面：

1. 信任机制

农业巨灾风险分散共生行为信任机制是指农业巨灾风险分散共生单元之间在意愿、合作方式、发展目标之间的信赖与依靠。依据基础不同，信任机制所包含的内容有差异。综合来说，制度信任和非制度信任是信任的两大类，依据法理规则建立的人类信任关系是制度信任，而依据伦理道德规范建立的信任关系属于非制度信任。重在制度强制性约束是制度信任的特点，重在道德信仰支配下的自觉遵守是非制度信任的特征。从表现形式角度说，契约、合同、产权、规则、制度等组成制度信任，私人信任、亲缘信任、组织（单位）信任、声望信任、宗教道德信任等组成非制度信任。基于逆向选择、道德风险和信息不对称情况的时常存在，这就使得农业巨灾风险分散共生单元间的信任经常受到挑战，互相指责、隔阂加深、误解增多，甚至非共生时有发生，因此，建立良好的信任机制非常重要。建立有效的信任机制可以从以下两个方面着手：

（1）制度信任机制。制度信任机制是一种行动机制，主要是应用在人们相互交往过程中，也是一种功能化的社会机制，它嵌入到了制度和社会结构之中，使人与人之间产生合理的相互预期与认同，其关键是组织成员达成对规则和制度的共识，主要依赖于组织成员对制度和规则的内化程度与认同程度。房莉杰以科尔曼的理性分析范式为桥梁，得出信任从宏观到微观、从心理到行为的形成过程模式，将制度信任的形成过程总结如下（如图10－4所示）。

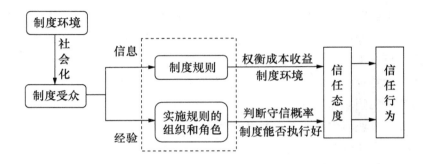

图10－4　制度信任的形成过程模式

　　制度信任是构建和谐社会的基础，可以有效地降低农业巨灾风险分散经济运行成本。建立制度信任机制，需要做好以下几点：

　　其一，建立以契约为基础的合同和产权信任关系。首先，受灾农户、政府、社会救灾组织、农业保险企业、金融机构、社会中介等农业巨灾风险分散的共生合作单元以契约为基础，通过签订合作合同，固化共生合作关系，明确共生合作的权利和义务；其次，以资金、资产、技术或专利等形式为纽带，共同发起成立公司，形成各共生合作单元的产权紧密合作关系，共同承担风险和分享收益。

　　其二，规则和制度的建立和完善。农业巨灾风险分散共生合作涉及单元较多，共生合作的环境较为复杂，道德风险、逆向选择和信息不对称等是共生合作经常出现的问题，因此，建立和完善农业巨灾风险分散共生合作的规则和制度很有必要。当前主要需解决的问题包括相关的法律、法规、体制、管理制度、运行流程等。

　　（2）非制度信任机制。非制度信任机制是人们在长期交易中无意识形成的，具有持久生命力，并构成代代相传文化的一部分。非制度信任机制包括价值观念、伦理规范、道德观念、习俗、意识形态等。它表现为

"差序格局"的社会网络，身份承诺、声誉机制、信仰、归属感等具体形式支撑着人们去应付反复出现的某种环境和行为。

农业巨灾风险分散共生非制度信任机制的建立，首先要培育人际信任。人际信任可以起到提供精神激励和约束、降低制度制定、运行和交易成本、简化工作环节、提高工作效率、维持组织效能等作用，将复杂过程简化处理。农业巨灾风险分散共生合作单元除了建立血缘、亲缘等人际信任外，良好的声誉和企业的实力等是培育人际信任的基础，还要建立畅通的沟通渠道，保障信息的对称性，避免机会主义倾向，降低农业巨灾风险分散共生合作单元的交易成本，加强共生单元间的相互合作。

其次，培育道德信任。基于农业巨灾风险分散共生合作单元存在的道德风险，培育道德信任对农业巨灾风险分散共生非制度信任机制的建设具有重要的意义。为此，一是要强化道德宣传和教育，加强道德约束和道德自律，避免由于机会主义行为带来更大风险。二是要监管农业巨灾风险分散共生合作单元转嫁自身风险的行为。而要监管风险转嫁行为，必须强化对农业巨灾风险分散共生合作单元的制度约束。三是在农业巨灾风险分散三类委托代理关系中，重点做好具体经办人员与共生单元下级机构与上级管理部门之间道德风险的监管。在这一类道德风险监管中，督促共生单元健全完善的内控制度，形成上下级机构、单位与部门、单位与个人共同一致的目标驱动体系是重中之重。四是监管当局要严防共生单元第四类道德风险的产生，即在监管和被监管过程中商业银行为了逃避监管当局的监管而采取的不合作或隐瞒重要事实、虚报相关数据等行为的发生。

最后，培育文化信任。农业巨灾风险分散共生合作单元基于背景差异，其文化也必然存在一定的不同，共生合作行为模式内的文化差异对共生合作单元一致的价值观和行为会产生影响，不利于共生合作单元的相互信任。为此，各共生合作单元要本着国家和社会利益优先的原则，设计被各个共生合作单元认同的共同理念，打造得到共生合作单元认可的文化，消除彼此不信任气氛，建立共生合作单元的信任文化，推动农业巨灾风险分散共生合作朝着互惠互利的共生模式演进。

2. 激励机制

激励机制是指激励主体系统在农业巨灾风险分散共生系统中运用多种激励手段，并使这些手段规范化和固定化，使其与激励的客体相互制约、相互作用的方式、结构、关系及演变规律的总和。激励机制会通过内在作用影响农业巨灾风险分散共生系统，使农业巨灾风险分散共生系统机能保持在一个相对稳定的状态，从而影响农业巨灾风险分散共生系统的发展和演进。激励机制对农业巨灾风险分散共生系统的作用具有两种性质，即助长性和致弱性，也就是说，激励机制对农业巨灾风险分散共生系统具有助长作用和致弱作用。健全的农业巨灾风险分散共生激励机制应从以下两个方面着手：

（1）激励手段设计。鉴于农业巨灾风险分散承担风险的特殊性，不同的共生单元的利益诉求不尽相同，受灾农户通过农业巨灾风险分散来减少经济损失，政府部门和救助组织是通过农业巨灾风险分散来获得社会效益，没有直接的经济利益；保险等金融企业是通过农业巨灾风险分散来获得利润。激励手段的设计要以农业巨灾风险分散共生单元需要为中心，设计政策、利润、股权、精神等各类激励手段，从而产生一个以诱导因素为组合体，能够满足各个共生成员的不同需求的激励机制，实现农业巨灾风险分散共生的整个战略目标，保持参与共生单元利益和整个联盟的利益达到一致。

（2）行为归化设计。行为归化是指对农业巨灾风险分散共生成员进行农业巨灾风险分散共生组织同化和对违反行为规范或达不到要求的处罚或教育。农业巨灾风险分散共生成员行为归化设计主要目的是约束共生成员行为，形成符合共生组织的风格和习惯。农业巨灾风险分散共生成员行为归化设计主要涉及行为规范管理制度、激励和约束机制、共生组织文化等问题，实现农业巨灾风险分散共生成员组织同化的目的。

3. 学习机制

农业巨灾风险分散共生的学习机制是指共生单元成员为了提高农业巨灾风险分散能力，在共生合作伙伴之间广泛和深入开展的相互学习过程。农业巨灾风险分散共生的学习机制的内容主要包括以下几个方面：

（1）优化共生环境。共生环境是农业巨灾风险分散共生单元学习的外部推力之一，学习机制建设必须考虑所处的共生环境因素，共生环境影响因素一般是农业巨灾风险分散共生单元不能控制的因素，所以农业巨灾风险分散共生单元需要研究所处的共生环境存在什么样的机会和威胁。假设共生环境中存在着较大的机会，但是仅仅凭借共生单元自身实力难以把握这样的机会，或者农业巨灾风险分散共生单元内的成员受到外部竞争者很大的威胁，只能借助于农业巨灾风险分散共生单元才能消除这种威胁，那么农业巨灾风险分散共生单元的成员就有积极构建学习机制的需求和热情。所以作为农业巨灾风险分散共生单元的管理者，应该合理利用共生环境影响因素来推动成员的学习积极性。

（2）成员的学习能力。这是学习机制的内部推动力。农业巨灾风险分散共生单元的学习能力包括：对待学习的态度和农业巨灾风险分散共生单元的资源。提高成员的学习能力不仅要重视基础设施等硬件，更要重视的是对人的影响，培养农业巨灾风险分散共生单元的学习能力，增强整个联盟的总体学习能力。农业巨灾风险分散共生单元应该重视投资信息系统和信息技术，在农业巨灾风险分散共生单元内建立技术信息交流中心，增强农业巨灾风险分散共生单元获取正确信息的能力，提高信息在农业巨灾风险分散共生单元内的传递速度。提高农业巨灾风险分散共生单元成员的学习能力不仅可以减少知识缺乏或模糊性对农业巨灾风险分散共生的影响，也有助于增强整体共生组织的学习能力，从而从农业巨灾风险分散共生单元外部获取知识。

（3）成员的合作竞争能力。由于农业巨灾风险分散共生成员背景不同，必然导致农业巨灾风险分散共生成员存在文化差异，其文化差异会削弱农业巨灾风险分散共生单元的学习能力，所以农业巨灾风险分散共生单元必须加强合作竞争能力。农业巨灾风险分散共生单元内部的学习机制通过合作竞争关系这一纽带联系在一起，从而使得农业巨灾风险分散共生单元之间由原来单纯的竞争关系转变为合作共生竞争关系，通过共生组织成员的核心技术创新，优势互补和相互学习，共同提升共生组织成员的竞争能力，反过来，合作共生竞争能力的提升又会推动农业巨灾风险分散共生成员形成更加密切的联系，这样就能够减少因知识缺乏或模糊性带来的负面影响，从而使农业巨灾风险分散共生单元以整体利益为主体，摆脱本位主义的影响。

（4）共同目标。共同一致的共生目标可以有效地促进农业巨灾风险分散共生单元学习机制的实行。明确有效的共生组织共同目标对农业巨灾风险分散共生成员学习机制的建设具有至关重要的作用，可以使共生组织成员间通过协商实现共生组织成员的目标与共生组织目标达成一致，有助于实现共生组织成员间建立长期、稳定、可靠、持续的学习预期目标。共同目标如果能够明确，农业巨灾风险分散共生组织内部成员应该尽量使其企业向共同目标努力，防止偏离目标。

总之，建立学习机制可以使农业巨灾风险分散共生组织成员不断创新，实现共生组织成员的相互学习、优势互补、与时俱进，推动组织共生模式的演进与升级。

三 农业巨灾风险分散共生组织机制

"虚拟共生组织"和"实体共生组织"是农业巨灾风险分散的两种共生组织形式，给农业巨灾风险分散提供组织保障，以下结合两种组织形式探讨其机制问题。

1. "虚拟共生组织"机制

"虚拟共生组织"是以分散农业巨灾风险为目标，以责任、信誉和政策等为介质形成战略联盟，农业巨灾风险分散共生单元是独立的个体或法人，不承担相应的责任和义务，这类组织具有边界模糊、关系松散和机动灵活等特征，并不像传统的企业具有明确的层级和边界，随机性较强，组建过程也简单，一旦使命完成，该组织将迅速解散（见图 10－5）。

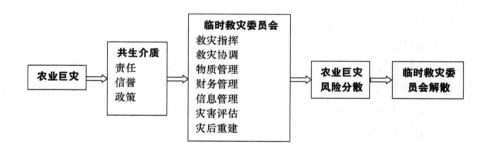

图 10－5 "虚拟共生组织"农业巨灾风险分散演化

我国农业巨灾风险分散的"虚拟共生组织"兼具了市场机制与行政管理的特点，在行政管理特色方面相对比较突出，这也体现了现阶段我国农业巨灾风险分散"虚拟共生组织"更多的是政府主导的行为。如果发生农业巨灾，受灾农户、政府、社会救助组织、保险企业、金融机构、社会中介等共生单元在责任、信誉和政策等共生介质的作用下，成立临时农业巨灾救助委员会的"虚拟共生组织"，统一指挥和协调共生单元的共生行为，实现农业巨灾风险分散，一旦使命完成，临时灾害救助委员会这个"虚拟共生组织"即宣告解散。

由于农业巨灾风险分散的"虚拟共生组织"是一类边界模糊、关系松散的随机性组织，因此，不可避免地存在诸如组织的协调性较差、管理水平有待提升、风险分散的比例合理性有待提高等问题。今后，我国农业巨灾风险分散的"虚拟共生组织"应该从以下两个方面加强机制建设：

一是组织领导。由于农业巨灾风险分散共生单元都是独立的法人或个体，所以在"虚拟共生组织"上不存在真正意义上的上下级隶属关系，但面对农业巨灾风险这类特殊的风险管理，又要求组织要有"权威的领导"。结合我国现行的农业巨灾风险管理体制特征，本书认为"虚拟共生组织"的"临时救灾委员会"是农业巨灾风险分散的领导机构，由国家减灾委员会牵头，"临时救灾委员会"主任根据农业巨灾影响程度和范围，由国务院总理、副总理或省级人民政府的省长担任，各农业巨灾风险分散共生单元作为委员会成员参加。"临时救灾委员会"统一领导农业巨灾风险分散管理，下设救灾指挥、救灾协调、物资管理、财务管理、灾害评估和灾后重建部门。

二是组织协调。由于农业巨灾风险分散的"虚拟共生组织"共生单元较多，各自都是独立的共生主体，诉求存在差异，其共生的形式多样化，这些就使得"虚拟共生组织"的协调存在极大的难度。同时，根据各共生单元承担风险能力的状况，合理分散农业巨灾风险，还要考虑各共生单元分散农业巨灾风险的合理收益等问题。

通过组织内部建立和完善协商机制的方式来解决可能产生的冲突，从而最终顺利实现组织目标的机制即协商机制。协商是组织协调的最重要方式。"虚拟共生组织"通过协商，建立和完善内部沟通机制，统筹共生单元行为，避免共生单元冲突，实现"虚拟共生组织"的利益诉求。

协商机制的完善主要着重两点：①良好信息交换机制的建立。专属信息的交换和交流在内部进行，实行信息的开放和共享。在实践中，信息交换可能涉及灾情、救灾物资、救灾人员、灾害评估等各个环节，在不同共生单元之间建立顺畅的信息沟通渠道，并进行相互交换和交流，是农业巨灾风险分散的关键。②有关协商机制的制度和程序的设立，建立各级协商领导小组，规定协商的效率和效果，避免缓慢决策过程的出现，有利于处理复杂和突变的问题。

2. "实体共生组织"机制

农业巨灾风险分散"实体共生组织"是以分散农业巨灾风险为目标、以契约和股权等为介质形成的具有法人资质的实体，农业巨灾风险分散共生单元以合同或股权为纽带，独立承担相应的责任和义务，共担风险，共享利益。这类组织具有边界清晰、关系密切和管理规范等特征，具有传统企业明确的层级和边界，规范性较强，组建过程相对比较复杂，可以实现农业巨灾风险的持续分散（见图 10 - 6）。

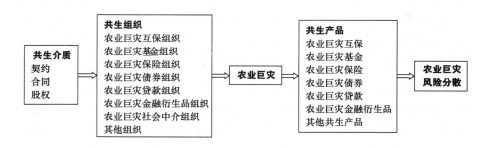

图 10 - 6 "实体共生组织"农业巨灾风险分散演化

我国农业巨灾风险分散的"实体共生组织"兼具了市场机制与行政管理的特点，在市场机制方面相对比较突出，这也体现了未来我国农业巨灾风险分散"实体共生组织"更多的是市场主导的行为。受灾农户、政府、社会救助组织、保险企业、金融机构、社会中介等共生单元在契约、合同和股权等共生介质的作用下，成立农业巨灾互保组织、农业巨灾基金组织、农业巨灾保险组织、农业巨灾债券组织、农业巨灾贷款组织、农业巨灾金融衍生品组织、农业巨灾社会中介组织和其他组织等"实体共生组织"。如果发生农业巨灾，通过农业巨灾互保、农业巨灾基金、农业巨灾保险、农业巨灾债券、农业巨灾贷款和农业巨灾金融衍生品等产品实现农业巨灾风险的分散，一旦其使命完成，农业巨灾风险分散的"实体共生组织"仍将会存在，继续发挥农业巨灾风险分散的作用。

四 农业巨灾风险分散其他共生机制构成

农业巨灾风险分散共生机制是一个系统工程，不仅仅包括政策机制、行为机制、组织机制，还包括信息共享机制、技术分享机制和服务共享机制等。

1. 农业巨灾风险分散信息共享机制

农业巨灾风险分散信息共享机制是指以农业巨灾风险分散信息为载体，相关信息在农业巨灾风险分散共生单元间集成、传播的过程。农业巨灾风险分散信息包括环境、地理、经济、社会、救灾储备、灾害监测预警、灾情通报、救灾情况（含人员、物质、财务等）、灾害评估、灾后重建等。

鉴于我国目前农业巨灾风险分散信息多头和分散管理的现况，信息的及时性和权威性受到挑战，容易造成社会混乱，影响救灾资源的合理配置，导致救灾资源的浪费，对救灾和灾后重建等工作带来不利的影响。

因此，建立农业巨灾风险分散信息共享平台就非常有必要。信息共享平台主要由两部分构成，一部分是常规信息，主要包括环境、地理、经济、社会信息，物质储备和灾害监测预警等信息，这些信息在灾害没有发生的情况下也会存在，常规信息分别由地质、统计、民政部门和气象、地震部门负责。另一部分是非常规信息（见图10-7），主要包括灾情信息、救灾信息（含人员、物质、财务等）、评估信息、重建信息等信息，这些信息只有在灾害发生的情况下才会产生。非常规信息由"临时救灾委员会"负责，"临时救灾委员会"下设专门的信息管理部门，具体负责灾情信息、救灾信息、评估信息、重建信息和其他信息的收集、整理、集成、交流和对外发布等工作。以上两个部分共同建立农业巨灾风险分散信息共享平台，采用GIS地理信息Web服务标准，实现不同部门的灾害数据共享和农业巨灾风险分散信息共享，为农业巨灾风险分散决策和资源合理有效配置提供支撑。

农业巨灾风险分散信息共享平台是建立在信息网络基础上，集数据、图像和语音等为一体的信息系统，该系统主要包括：信息收集平台、通信平台、多媒体人机交互指挥平台、农业巨灾预警系统、应急救援信息系统、信息综合查询系统、地理信息系统等。

为了保障农业巨灾风险分散信息共享平台的正常运作，一旦发生了农业巨灾，"临时救灾委员会"除了要对非常规信息进行收集、整理和集成外，还需要整合常规信息，通常的做法是开设一个专门的网站，设计常规信息和非常规信息两大模块，常规信息模块只需要与相关地质、统计、民政部门和气象、地震部门的专业网站做个链接，非常规信息模块就需要"临时救灾委员会"下属信息管理部门进行专门的收集、整理、集成和发布，实现农业巨灾风险分散信息内部和外部共享。

2. 农业巨灾风险分散技术共享机制

（1）农业巨灾风险分散技术。农业巨灾风险分散技术能够全面提升

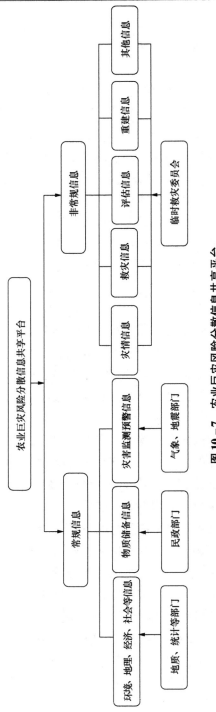

图 10－7　农业巨灾风险分散信息共享平台

我国农业巨灾风险分散能力，充分发挥现代科技创新对农业巨灾风险分散工作的支撑和引领作用。农业巨灾风险分散技术是指在农业巨灾风险分散过程中，为农业巨灾风险分散提供工具、工艺和方法等的总称，农业巨灾风险分散技术包括防灾减灾技术、救灾技术、信息技术、金融技术等。在现代技术日益发展的今天，农业巨灾风险分散对技术依赖性越来越强，作用也越来越明显。国家防灾减灾科技发展"十二五"专项规划指出，依据《国家中长期科学和技术发展规划纲要（2006—2020年）》规划的科技发展任务，根据《国家综合防灾减灾规划（2011—2015年）》提出的农业巨灾风险分散科技需求，做好稳定支持基础研究，加强农业巨灾风险分散应用技术开发、装备研制和集成示范，重点开展打造农业巨灾风险分散科技平台、建设农业巨灾风险分散研究基地和专业人才队伍等工作。

农业巨灾风险分散技术是指开展农业巨灾风险分散时所用的技术总称，农业巨灾风险分散技术主要包括农业巨灾防灾减灾工程技术，农业巨灾预测预报与预警技术，农业巨灾防治和生态修复技术，农业巨灾防灾减灾新材料、新工艺、新装备技术，综合农业巨灾防灾减灾科技基础条件平台，重点区域综合农业巨灾防灾减灾技术集成与示范，农业巨灾风险分散信息技术，农业巨灾风险分散金融技术。

农业巨灾风险分散信息技术是指有关农业巨灾风险分散数据与信息的应用技术，农业巨灾风险分散信息技术包括农业巨灾风险分散信息发布交互平台、监控与记录、安全子系统、电源子系统、遥测、遥控子系统、无线指挥通信系统等。

农业巨灾风险分散金融技术是指随着现代技术的发展，技术对农业巨灾风险分散金融作用增强，技术与农业巨灾风险分散金融结合紧密，农业巨灾风险分散技术创新与金融创新相互依存、相互促进、共同发展的客观现象与动态过程。从功能视角来看，农业巨灾风险分散金融技术主要表现为：扩大农业巨灾风险分散金融运作空间、改变农业巨灾风险分散金融形态和手段、提高农业巨灾风险分散金融配置效率和降低金融运行成本。从目前我国农业巨灾风险分散的金融技术来看，主要涉及农业巨灾基金、保险和再保险产品及其相关技术，未来我国农业巨灾风险分散的金融技术主要涉及农业巨灾债券和农业巨灾金融衍生产品（包括农业巨灾期货、农业巨灾期权、巨灾掉期、巨灾互换、行业损失担保、巨灾风险信用融资、或有资本票据、巨灾权益卖权等）及其相关技术。

（2）农业巨灾风险分散技术共享机制。农业巨灾风险分散技术共享是指技术开发者和技术使用者以及两者之间依据既定的规则，实现农业巨灾风险分散技术创新和扩散最大化的过程，也就是使农业巨灾风险分散技术创新成本更低，传播速度更快，影响范围更广。

农业巨灾风险分散技术需要在农业巨灾风险分散共生单元内部实现共享，包括受灾农户、政府、社会救助组织、中介组织、金融机构在内的农业巨灾风险分散共生单元，只有了解甚至掌握了农业巨灾风险分散技术，才能够有效利用农业巨灾风险分散技术，做好农业巨灾预防工作和在发生农业巨灾的时候尽量减少灾害损失，加速灾后恢复和重建。

建立农业巨灾风险分散技术共享机制，要做好以下几点：

一是需要政府的投入和牵头。由于农业巨灾风险分散技术具有"公共"属性，所以，政府的投入和牵头是必不可少的，政府除了要拿出专项开发资金进行技术研发外，还应该组织和协调相关企业、科研院所、社会组织和个体进行技术研发。

二是创新信息共享组织模式。积极探索包括技术合同合作模式、技术基金合作研发模式、技术项目合作模式、技术联合体合作模式等在内的多种创新模式。

三是设计相关技术研发的激励机制。通过激励机制的设计，给农业巨灾风险分散技术共享者提供必要的动力源泉，避免农业巨灾风险分散技术共享者动力不足。农业巨灾风险分散技术共享机制需要重点解决好技术创新者的合理回报问题，合理的回报既包括经济效益的回报，也包括社会效益的回报。总之，通过给予农业巨灾风险分散技术共享者合理回报，实现农业巨灾风险分散技术的持续共享，推动农业巨灾风险分散技术的创新。

四是农业巨灾风险分散技术共享的评估机制。农业巨灾风险分散技术共享的评估机制是提升共性技术"共享"程度的重要途径之一，农业巨灾风险分散技术共享客观上需要一套公正、公平、公开的评估机制，以此实现农业巨灾风险分散技术的共享。农业巨灾风险分散技术共享评估机制包含风险评估、过程评估、绩效评估三部分。

第五节　农业巨灾风险分散实现路径依赖

基于农业巨灾风险分散共生系统的目的性、整体性、层次性、复杂性和动态演化性的特征，要建立农业巨灾风险分散共生机制，必须通过一定的路径依赖才能够实现。该理论当初是生物学家在研究物种进化时提出的，美国经济史学家 Paul A. David 最早提出了路径依赖概念，此后 W. Brian Arthur 和 Douglas North 等学者在此基础上开展了深入研究，逐步形成了路径依赖理论体系。路径依赖理论应用领域很广泛，包括社会学、政治学、心理学、经济学、管理学等众多学科领域，成为理解社会政治、经济、管理等系统演化的重要理论体系。综合国内外，对路径依赖有不同的解释，路径依赖的概念是社会、技术、经济等系统，一旦进入某个路径，就会因为惯性的作用而持续地进行自我强化，并锁定在这一路径上。

考量我国农业巨灾风险及分散现状，综合共生理论和路径依赖理论，本书设计了农业巨灾风险分散实现路径依赖（见图 10 - 8）。

在发生农业巨灾的情况下，农业巨灾风险分散的受灾农户、政府、社会救灾组织、金融机构、中介组织和其他组织等共生单元在共生政策机制、共生行为机制、共生组织机制和其他机制的作用下，通过责任、政策、信誉、契约、股权、信息、技术和人才等共生介质的作用，开展政府农业巨灾救助、社会农业巨灾救助、受灾农户互保、银行农业巨灾贷款、农业巨灾基金、农业巨灾保险、农业巨灾再保险和农业巨灾金融衍生品等共生产品开展农业巨灾风险分散。

但在我国不同的历史阶段，根据金融市场、资本市场等的发育情况，选择不同的农业巨灾风险分散路径。在目前我国金融市场、资本市场等还不是很成熟的情况下，主要依靠政府、社会救助组织、保险企业等共生单元，通过政府救助、社会救济、保险、再保险和巨灾基金等手段分散农业巨灾风险（见图 10 - 9）。等我国金融市场、资本市场等发育比较成熟后，主要依靠资本市场和金融市场等，通过农业巨灾保险、再保险、金融衍生产品等进行农业巨灾风险分散（见图 10 - 10）。

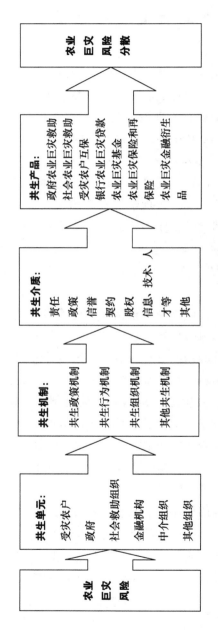

图10-8 农业巨灾风险分散实现路径依赖

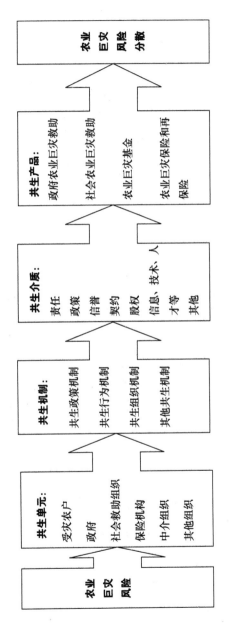

图 10－9 近期农业巨灾风险分散实现路径依赖

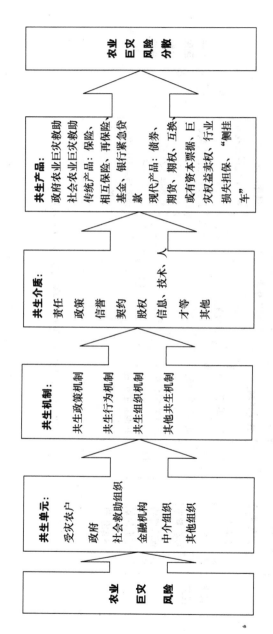

图 10－10　远期农业巨灾风险分散实现路径依赖

附　件

一　我国洪涝灾害资料

年份	灾情
1931	本年气候反常，入夏以后我国大部分地区出现长时间阴雨天气，6—8 三个月内，珠江、长江、淮河及松江流域，降雨日数多数达 35—50 天，最多的桂林达 59 天。其间不断出现大雨和暴雨，"南起百粤北至关外大小河川尽告涨溢"，造成全国性的大水灾。全国受灾区域达 16 个省 592 个县（市），其中，长江中下游和淮河流域灾情十分严重。长江各大支流普遍发生洪水，干流上游宜昌河段最大流量 6460 立方米/秒，长江中下游江堤圩垸普遍决口，荆江大堤沙沟子、一弓堤、朱三弓堤等决口，江汉平原、洞庭湖区、鄱阳湖区、太湖区大部被淹，武汉三镇受淹达 3 个月之久。淮河干、支流同时暴发洪水，干流下游中渡站洪峰流量达 16200 立方米/秒，蚌埠上下淮北大堤 100 余公里尽行溃决，苏北运东大堤失守，里下河地区 10 多县陆沉。据统计，湘、鄂、赣、浙、皖、苏、鲁、豫 8 省合计受灾人口 5127 万人，占当时人口的 1/4，受灾农田面积 973 万公顷，占当时耕地面积的 28%，死亡约 40.0 万人，经济损失 22.54 亿元。为 20 世纪以来受灾范围最广、灾情最重的一次大水灾
1932	松花江流域特大洪水，干流哈尔滨站最大流量 16200 立方米/秒（还原值），为 20 世纪最大洪水。松花江大堤溃决 20 余处，哈尔滨市区受淹长达一个月，街巷可行船，全市 38 万人口中有 24 万受灾，死亡 2 万余人，财产损失 2 亿元，市内交通中断。据统计，黑龙江、吉林省有 46 个县（市）受灾，仅黑龙江省农田受灾就达 190 万公顷，占其耕地面积的 80%，毁坏房屋 8.65 万间；内蒙古自治区有 18 个旗、919 个村屯受灾，死亡 2534 人。当时的北满铁路遭到严重破坏，冲毁路基近 100 处，累计 20 余平方公里，铁路交通全部中断。此外，陕、豫、赣、粤、冀等省部分地区水灾较重
1933	黄河特大洪水，干流陕县站洪峰流量达 22000 立方米/秒，为 20 世纪最大洪水。下游堤防决口 50 余处，陕、冀、鲁、豫、苏 5 省 67 县受灾，受灾面积约 1.2 万公顷，受灾人口 364 万人，死亡 1.8 万人，冲毁房屋 169 万间，淹没耕地 85 万公顷。据估计水灾经济损失折合银圆 2.3 亿元。此外，四川迭溪由地震引发次生水灾，淹死 6800 余人。上海风暴潮灾，崇明县 1/3 淹没水中，死亡 400 多人。湘、鄂、赣、粤等省局地发生水灾

年份	灾情
1934	第二松花江、辽河、大凌河、浑江大水,辽、吉2省60余县市受灾,66万公顷农田受淹。岷、沱、嘉陵江和乌江大水,四川省50多县市受灾较重。黄河决河南境内,长垣、濮阳一带被淹。鄂、赣、陕、粤、桂等省部分地区发生水灾
1935	长江中游7月上旬发生历时5天罕见特大暴雨,暴雨区位于长江中游澧水、清江、三峡区间下段小支流以及汉江中下游地区,200毫米等雨量线笼罩面积达11.94万公顷,相应降水总量达593亿立方米,暴雨中心五峰站累计5天雨量1281.8毫米。澧水、沮漳河、汉江均发生近百年来未有的大洪水,长江干流宜都至城陵矶河段洪水位很高,超过1931年,自宜昌至汉口堤防圩垸普遍溃决,荆江大堤得胜台、麻布拐等处溃决,江汉平原被淹,灾情最重的是汉江中下游和澧水下游。汉江下游左岸遥堤溃决,一夜之间淹死80000多人,澧水下游两岸淹死30000多人。这次洪水造成湘、鄂、赣、皖4省152个县市受灾,5.9万公顷面积被淹。受灾农田150.9万公顷,受灾人口1000余万人,死亡14.2万人,损毁房屋40.6万间。黄河大水,花园口洪峰流量14900立方米/秒,河决山东鄄城,淹苏、鲁2省27个县,受灾面积1.2万公顷,灾民341万人,死亡3065人。珠江水系西、北、东江同时大水,沿江和三角洲地区20余县市受淹。岷、沱、嘉陵江及乌江大水,川、黔2省50余县市受灾
1936	岷、沱、涪、嘉、渠江以及长江干流上游大水,四川省50余县市水灾。其中岷、沱江中下游20余县市灾情很严重。湖南中、南部和江西北部地区大水,40余县市受灾。粤、桂两省部分地区水灾
1937	长江中上游大水,川、湘、鄂、赣4省150余县市水灾,死亡千余人。辽河中下游大水泛滥成灾,53万公顷农田被淹。黄河数次决口山东境内。豫西、豫南、鲁北及广东、广西、浙江、吉林等省部分地区水灾
1938	国民党政府6月于郑州花园口扒开黄河大堤,水淹豫东、苏北、皖北地区44个县市,黄泛区面积达5.4万公顷,1250万人受灾,死亡89万人,损失10.9亿圆圆。鲁北沿海风暴潮灾,海水侵入陆地30公里,淹没耕地41.3万公顷,死伤5万余人。四川岷、沱、嘉陵江大水,沿江30多个县市受灾较重。此外,汉江中下游和广东东江及西辽河、嫩江上游大水
1939	海河大水。7、8月间流域内出现连续多次暴雨,暴雨区位置偏北,在大清、永定、北运河一带,昌平7、8两月总雨量达1137.2毫米。大清河、永定河、北运河、潮白蓟运河均发生大洪水,潮白河苏庄站最大流量(还原)11000—14000立方米/秒,大清河系唐河中唐梅站调查洪峰流量11700立方米/秒,均为1801年以来最大洪水。海河流域7、8两月洪水总量304亿立方米,仅小于1963年,其中海河北系7、8两月洪水总量达84亿立方米,为1917年以来最大值。由于洪水峰高量大,次数频繁,致使各河中下游河道多处漫溢、决口,下游主要河道决口达79处,扒口分洪7处,造成广大平原地区严重水灾,受淹面积达4.94万公顷,受灾农田346.7万公顷,被淹房屋150万户,灾民近900万人,死伤1.332万人。冲毁京山、京汉、津浦等铁路160公里,公路565公里,交通几乎全部中断。洪水破堤,天津市被淹浸长达一个半月,市区百分之七八十的街道水深1—2米。晋、冀、鲁、豫4省及天津市经济损失合计约11.69亿元(当时币制),其中天津市经济损失6亿元。此外,苏北里下河地区沿海风暴潮灾,死亡1.3万余人。西辽河流域大水成灾,内蒙古赤峰地区24万公顷农田受淹。大渡河、沂河大水

续表

年份	灾情
1940	七大江河水势平稳。四川盆地西部、黄河上游和晋中、晋南、豫东、豫北地区及新疆北疆地区水灾。山东、浙江、贵州等省局地水灾
1941	七大江河水势平稳。四川盆地西部、嫩江流域水灾。辽宁、甘肃、山西、贵州、浙江等省部分地区水灾。全国洪涝灾害较轻
1942	新安江特大洪水，富春江、曹娥江同时大水，浙西、皖南部分县水灾较重。湖南浏阳县山洪暴发，淹死三四千人。山西清、浊漳河等中小河流洪水暴发，全省45个县市受灾。赣江、信江、饶河及辽河中下游大水。川、鲁、粤等省局地水灾
1943	豫西地区暴发2次特大洪水，北汝河紫罗山站（积水面积1800公顷）洪峰流量10000立方米/秒，豫、皖2省30多县受灾。黄河上游7月洪水暴发，青铜峡站洪峰流量5180立方米/秒；河水泛滥，宁夏沿河10余县农田被淹3.67万公顷，死伤700多人。岷江上游、赣江中下游大水。黔、甘、青、陕、浙、湘等省局地洪水
1944	七大江河水势平稳。湖北郧县、竹山、宜城、宜都等10余县水灾。宁夏贺兰山区洪水暴发，中宁、贺兰、宁朔、平罗等县水灾较重，死亡88人。新疆阿图什县洪水暴发，毁老县城。川、黔、滇、陕、甘、晋等省局地洪灾。全国洪涝灾害较轻
1945	岷、沱、涪、嘉陵江和乌江下游及长江干流上游大水，寸滩洪峰流量73800立方米/秒。四川40多县市严重水灾，淹死数千人。福建省42个县市水灾，受灾农田20万公顷，死903人。山东博山县山洪暴发，淹死1000多人。此外，湖北沿江、山东胶东地区及嫩江上游、呼兰河流域水灾
1946	黄河上游大水，兰州站洪峰流量5900立方米/秒，宁夏、内蒙古沿河灌区设施毁坏严重。岷、沱、涪、嘉陵江大水，四川30余县市受灾较重。福建沿海19个县市严重水灾，淹死3364人。浙江曹娥江等中小河流大水，30多县市水灾。鄂、皖、豫、鲁、辽、粤等省部分地区水灾
1947	珠江大水，粤、桂两省120余县市水灾，107万公顷农田受灾，死亡2万余人。四川盆地大水，80余县市受灾，死亡千余人。京津地区、海南岛、山东沂沭泗水系、辽河流域及浙、闽、赣等省部分地区水灾
1948	长江中上游大水，川、黔、湘、鄂4省200多县市水灾，洞庭湖区堤垸大多溃决，江西省3/4以上的圩堤溃决，湖南省死亡8300人。闽江大水，福建省52个县市受灾，死伤1986人，农田受灾66万公顷。海南岛各河大多发生大洪水，岛内各县市普遍受灾。西、北江中下游、嫩江以及西辽河水灾也较重。京津地区、青海东部及山东、辽宁局部地区水灾

续表

年份	灾情
1949	全国发生大面积水灾，范围包括 20 多个省市，354 个县市，灾民 4450 万人，其中长江中下游、珠江流域的西江灾情最重。长江中下游干支流普遍大水，干流许多控制河段如沙市、湖口等处出现了历史最高水位，江河圩埝堤防大多溃决，受淹农田达 180 万公顷，受灾人口 810 余万，死亡达 5.7 万人。珠江水系的西江流域发生大范围的大雨和暴雨，上游支流红水河、柳江、郁江、桂江均发生大洪水，干流梧州站洪峰流量达48900 立方米/秒，仅次于 1915 年（54500 立方米/秒），其 7 天、15 天、30 天洪量均超过 1915 年，为西江干流近百年来罕见的特大洪水。西江流域和珠江三角洲遭受严重水灾，广东、广西两省区农田受灾 39.3 万公顷，灾民 370 万人。梧州、桂林、柳州、南宁等沿江城市尽被水淹，梧州市被淹历半月之久，市区水深达 5～6 米。此外，海滦河流域、四川盆地、汉江上游、沂沭泗水系、黄河下游和辽河中下游、辽西沿海地区也发生了较严重的水灾。上海风暴潮灾，死亡 1600 余人，部分市区进水
1950	1950 年 7 月，由于河泥淤积，河床高涨，汛期期间，淮河流域全面告急，河南、皖北许多地方江河漫溢，淮北地区的灾情为百年所罕见
1951	辽河中下游特大洪水，铁岭站洪峰流量 14200 立方米/秒，辽宁、吉林 2 省 33 个县市受灾，受灾农田 37.6 万公顷，死亡 3100 人。沈山、长大铁路停运 47 天。鲁北德州、惠民地区同时出现严重涝灾。渭河、第二松花江和拉林河大水，部分沿河地区受淹
1952	七大江河水势平稳。鄂东地区、汉江下游、渭河中下游及桂北地区水灾。浙、闽沿海地区大水成灾，40 万公顷农田受灾，死 800 余人
1953	辽河中下游特大洪水，铁岭站实测洪峰流量 11800 立方米/秒，27 个县市受灾，死亡167 人，沈山、长大铁路中断行车 59 天；松花江流域同时大水，哈尔滨站实测洪峰流量 9530 立方米/秒，哈尔滨市郊受淹。海河流域及黄河下游部分地区水灾
1954	1954 年 6、7 月间，长江中下游、淮河流域降水量普遍比常年周期偏多一倍以上，而且集中，长江干堤和汉江下游堤防溃口 61 处，扒口 13 处，支堤、民堤溃口无数。湖南洞庭湖区 900 多处圩垸，溃决 70%，淹没耕地 25.7 万公顷，受灾人口达 165 万人，溃口分洪达 245 亿立方米，其余圩垸也都溃溃成灾；江汉平原的洪湖地区、东荆河两岸一直到武汉市区周围湖泊一片汪洋，荆江分洪区及其备蓄区全部淹没，湖北全省溃口、分洪水量达 602 亿立方米，淹没耕地 87.5 万公顷，受灾人口达 538 万人；江西鄱阳湖区五河尾闾及湖区周围圩垸大部分溃决，分洪量达 80 亿公顷，淹没耕地 16.2万公顷，受灾人口 171 万人；安徽省华阳河地区分洪，无为大堤溃决，决口分洪量达87 亿立方米，淹没耕地 34.3 公顷，受灾人口达 290 万人。堤防圩垸溃决、扒口共分洪1023 亿立方米，淹没耕地约 166.7 万公顷，受灾人口达 1800 余万人。此外，广大农田暴雨积涝成灾，广大山地暴雨山洪为害。长江中下游湖北、湖南、江西、安徽、江苏5 省有 123 个县市受灾，洪涝灾害农田面积 317 余万公顷，受灾人口 1888 余万人，京广铁路 100 天不能正常运行，灾后疾病流行，仅洞庭湖区死亡达 3 万余人。由于洪涝淹没地区积水时间长，房屋大量倒塌，庄稼大部分绝收，灾后数年才完全恢复。由于长江流域工农业生产和水陆交通运输在全国的重要地位，1954 年大水不仅造成当年重大经济损失，而且对以后几年经济发展都产生了很大的影响

续表

年份	灾情
1955	七大江河水势平稳。鄂东各中小河流、钱塘江流域和鄱阳湖水系诸河 6 月同时大水，鄂、浙、赣 3 省部分地区遭受严重水灾，农田受淹 42.3 万公顷，死伤近 900 人。乌江、岷江、资水中下游及嫩江先后大水，沿江地区受灾较重。海河流域部分地区和皖北地区内涝较重
1956	海河全流域大水。漳河观台站洪峰流量 9200 立方米/秒，超过 100 年一遇，为下游河道安全泄量的 6 倍；滹沱河黄壁庄洪峰流量 13100 立方米/秒，而下游河道安全泄量不足 3000 立方米/秒。全流域各河决口数十处，农田受灾 391.5 万公顷，成灾 284.4 万公顷，京广铁路一度中断。淮河流域降雨过多，上游干支流以及洪泽湖、里下河出现超 1954 年的高水位，部分支流漫决，淮河中下游地区内涝严重。全流域农田成灾 415.5 万公顷，倒房 108 万间，死亡 1200 人。松花江流域各河普遍大水，干流哈尔滨站洪峰流量 12100 立方米/秒（还原值）。黑龙江、吉林两省 66.7 万公顷农田受灾，死亡 173 人。受 5612 号台风影响，浙江沿海和北部地区遭受严重潮、洪灾，全省 75 个县市受灾，40 余万公顷农田受淹，倒房 71.5 万间，死亡 4925 人，其中台风登陆点象山县灾情最惨重，死亡 3403 人。此外，川、陕、甘局部地区水灾较重
1957	松花江特大洪水，哈尔滨站洪峰流量 14800 立方米/秒（还原值），全流域农田受灾 93 万公顷，受灾人口 370 万人，经济损失 2.4 亿元。淮河流域沂、沭、运、潍河及沙颍河、贾鲁河、涡河同时大水，造成鲁、豫、苏 3 省较严重水灾，农田受灾面积达 397.1 万公顷。其中山东省灾情最重，仅临沂、济宁、菏泽 3 个地区统计，成灾农田达 133.6 万公顷，倒房 260.5 万间，死亡 1070 人。津浦铁路一度中断。黄河中下游部分地区水灾。川、黔、陕、甘、粤、浙等省局地洪灾较重
1958	黄河中下游特大洪水，黄河三花区间干流和支流伊、洛、沁河洪水遭遇，干流花园口实测洪峰流量 22300 立方米/秒。这次洪水对黄河下游威胁很大，横穿黄河的京广铁路桥交通中断 14 天。黄河滩区和东平湖区受淹村庄 1708 个，淹没耕地 20 万公顷，倒房 30 万间。新疆库车山洪暴发，县城被冲毁，死亡 580 余人。浙、闽、粤沿海和汉江中下游、晋南、豫北地区水灾
1959	福建、广东、广西 3 省区 5—7 月持续多雨，造成较严重的洪涝灾害。其中广东东江发生了近百年来罕见的特大洪水，博罗站洪峰流量 12800 立方米/秒，沿岸 90% 以上堤围溃决，沿江 9 个县、15.9 万公顷农田受灾。福建省水灾损失也较大，全省农田受灾 15.2 万公顷，死亡 895 人。华北北部连降暴雨，河北省内涝较重；辽西沿海各河普遍发生仅次于 1930 年的大洪水，绥中县大风口等 4 座中型水库在施工中遇超标准洪水漫坝失事，死亡 707 人。川、黔、甘、湘等省局地洪灾

年份	灾情
1960	太子河特大洪水，辽阳站洪峰流量 18100 立方米/秒，浑河、鸭绿江同时大水，辽河中下游一片汪洋，辽阳、本溪等工业城市被淹。辽宁、吉林 2 省 25 个县市受灾，淹没耕地 28 万公顷，死亡 2414 人，长大、沈大铁路中断。松花江下游也相继大水，佳木斯站洪峰流量 18400 立方米/秒，为 1939 年有水文记录以来最大值。黑龙江省东部水灾较重，受灾农田 40 万公顷，死亡 121 人。江苏沿海台风暴雨，南通等 5 个地市涝灾严重，农田受灾 52.7 万公顷，死亡 193 人。受台风影响，浙、闽、粤、辽、鲁沿海潮、洪灾较重。此外，川西、安徽沿江及山东沂、沭河上游地区水灾
1961	徒骇、马颊河大水，堤决 62 处，鲁北地区倒房 70 万间，死亡 1160 人，直接经济损失 1.5 亿元。浙、闽、粤 3 省部分地区台风暴雨成灾，倒房 24 万间，死亡 937 人。四川岷、沱、涪江大水，岷江高扬站洪峰流量 34100 立方米/秒，沿江地区受灾较重。黔、湘、鄂、陕等省局地水灾
1962	滦河中下游、西辽河和大凌河特大洪水，河北、辽宁、内蒙古部分地区水灾较重。赣江中下游、闽江上游和湘、资、沅、澧四水及西江下游同时大水，湘、赣、闽、粤 4 省水灾严重。浙江全省和江苏太湖地区普降台风暴雨，苏、浙 2 省农田受灾 84.5 万公顷，倒房 6.4 万间，死亡 876 人。雅鲁藏布江中游大洪水，沿江部分地区受灾。黑龙江中部、山东大部涝灾
1963	海河流域 8 月初发生了一场连续 7 天的特大暴雨，暴雨区主要在海河南系，暴雨中心河北省内丘县獐站 7 天降雨量达 2050 毫米，为我国最高纪录，造成海河流域特大洪水。大清、子牙、南运三大水系出现大洪水，其洪水总量达 330 亿立方米。经调查估算，同时漫过京广铁路的最大流量达 43200 立方米/秒。下游平原造成严重洪涝灾害。据统计，海河流域有 104 个县（市）受灾，其中 35 个县（市）被淹，36 座县城被水围困；刘家台等 5 座中型水库垮坝，三大水系主要河道决口 2396 处，滏阳河堤全长 350 公里全部漫溢，溃不成堤；京广铁路被冲毁 75 公里，中断行车 27 天。全流域淹没农田 440 万公顷，减产粮食 30 亿公斤，倒房 1450 万间，受灾人口 2200 余万人，死亡 5600 余人，直接经济损失达 60 亿元。经大力抢险及适时调度，才保住了天津市和津浦铁路的安全。此外，淮河流域发生特大涝灾，农田受灾面积超过 666.7 万公顷（1 亿亩）。浙、闽沿海部分地区台风暴雨洪水成灾，农田受灾 51.3 万公顷，死亡 293 人。川、黔、湘、鄂、粤、桂等省局地水灾
1964	海河、淮河流域严重涝灾，冀、豫、鲁、皖、苏 5 省农田受灾面积达 1113 万公顷。山东莱州湾风暴潮灾，潮水涌入内陆 20—30 公里，沾化等 10 余县受灾，淹没耕地 7.7 万公顷，死亡 148 人。北江、东江及珠江三角洲大水，26.7 万公顷农田受灾。此外，黄河上游、嘉陵江上游、汉江上游及长江中游干流先后大水成灾

续表

年份	灾情
1965	淮河流域多雨，安徽、江苏两省北部及河南大部出现严重涝灾。受 513 号台风影响，浙南、闽东和苏北沿海暴雨洪水成灾，损失严重。雷州半岛沿海风暴潮灾，广东省电白县水东镇几乎被海水淹没。陕南、川东北和黑龙江东部、吉林东部局地水灾较重
1966	澜沧江、金沙江发生有实测资料以来最大洪水，金沙江屏山站洪峰流量 29000 立方米/秒，长江上游干流出现高水位。云南 28 个县市受灾，冲淹农田 1.9 万公顷。东江上游和北江大水，沿江部分地区水灾。福建霞浦风暴潮灾，40 个村庄被冲毁，死 127 人，伤 811 人。晋、湘、赣、皖、苏、浙等省局地水灾
1967	七大江河水势平稳，黄河上游沿河及川、黔、湘、赣、浙、陕、青等省部分地区水灾。全国洪涝灾害较轻
1968	珠江和闽江、湘江、赣江 6 月中下旬相继发生大洪水，闽江竹岐站洪峰流量 29400 立方米/秒，湘江湘潭站洪峰流量 20300 立方米/秒，赣江外洲站洪峰流量 20100 立方米/秒，珠江三角洲增江、潭江等出现历史最高水位。珠江流域及湘、赣、闽等省遭受较严重洪涝灾害。淮河干流上中游特大洪水，王家坝洪峰流量 17600 立方米/秒，蚌埠站以上行洪区大多被使用，淮滨县城被淹，豫、皖 2 省受灾农田 50.7 万公顷，死亡 374 人。此外，广西左、右江和郁江 8 月大水，南宁市防洪堤决，部分市区受淹。长江上游出现较大洪水，寸滩洪峰流量 65300 立方米/秒
1969	长江中下游及淮河支流史、涠河大水，鄂、皖两省严重水灾。淮南山区佛子岭、磨子潭两座大型水库出现严重水情，一度漫坝。新安江、分水江流域及嫩江中游先后大水，嫩江江桥站洪峰流量 10600 立方米/秒，浙西、皖南山区和黑龙江省部分地区严重水灾，滨洲铁路中断行车 1 个月。山东莱州湾风暴潮灾，最大增水 3.77 米，为世界温带风暴潮最高纪录。潮水涌入内陆 30—40 公里。粤东沿海严重风暴潮灾，死亡 954 人。此外，浙、闽沿海了出现较严重风暴潮灾
1970	七大江河水势平稳，川、黔、苏、鲁、豫、粤、琼、辽、吉等省局地水灾。全国洪涝灾害较轻
1971	七大江河水势平稳。山西运城、临汾、晋东南等地山洪暴发，淹死 276 人，同蒲、石太铁路一度中断。浑河、太子河大水，中下游局部地区水灾。海南岛、雷州半岛和广西南部沿海风暴潮灾。川、黔、滇、浙、苏等省局地水灾
1972	淮河流域多雨，皖北、豫中、苏北及鲁南地区涝灾。北京北部山区暴发山洪泥石流，死亡 47 人。浙、粤、琼沿海局地水灾

年份	灾情
1973	长江下游干流大水,大通实测洪峰流量 70000 立方米/秒,沿江水灾较重。钱塘江、闽江、北江、东江和韩江相继大水,浙、闽、粤 3 省部分地区水灾。海南岛 9 月受台风袭击,全岛死亡 903 人,伤 1955 人。甘肃庄浪县李家咀水库遇超标准洪水垮坝,死亡 580 人
1974	淮河流域的沂、沭河、潍河及海河流域的徒骇、马颊河同时大水,山东潍坊、临沂、德州和东苏徐州、淮阴地区严重水灾,133 万公顷农田受灾,倒房 88 万间,死亡 262 人。陇海铁路一度中断。汉江上游 9 月大水,石泉、安康等沿江县受灾较重。浙、沪沿海严重风暴潮灾,钱塘江 100 多公里海塘被毁,上海市区部分工厂进水
1975	淮河上游支流洪汝、沙颍河特大洪水,板桥、石漫滩 2 座大型水库溃坝,冲毁房屋 560 万间,淹死 26000 人,京广铁路中断行车 18 天。清江及汉江中游两侧中小河流大水,鄂西地区 26 个县市受灾,农田受灾 20 万公顷。死亡 677 人。嘉陵江下游 10 月发生自 1939 年有实测记录以来第二位大洪水,北碚站洪峰流量 37100 立方米/秒,沿江部分县市受淹严重。此外,湘江、赣江和闽江 4 月、5 月相继出现较大洪水,沿江部分农田受灾
1976	湘江流域大水,干流湘潭站实测洪峰流量 19300 立方米/秒。湖南省 31 个县市受灾,20 万公顷农田被淹,残疾 55 人。珠江流域大水,沿江和三角洲地区水灾较重,梧州部分市区被淹。黄河中上游陕、甘两省部分地区大水成灾
1977	黄河中游支流延河、北洛河、泾河中下游及长江上游支流嘉陵江同时大水,延河甘谷驿站实测洪峰流量 9050 立方米/秒,重现期在 100 年以上。黄河潼关站洪峰流量 15400 立方米/秒,为有实测记录以来最大值。陕北延安地区和川东北局部地区严重水灾。延巡市被淹。冀东平原和太湖流域涝灾较重。山西的晋中、吕梁,内蒙古的乌审旗,青海的德令哈及甘肃的武威等地水灾
1978	七大江河水势平稳。川、黔、粤、桂、湘、甘等省局地水灾,全国洪涝灾情轻微
1979	广东东江支流西枝江特大洪水,中下游堤围全线崩溃,惠东县城和惠州市区被淹,惠阳地区农田受灾 6.8 万公顷,死亡 151 人。海河流域北部、滦河下游及洞庭湖区大水成灾。图们江、鸭绿江上游大水,沿江部分堤防溃决
1980	长江三峡区间、嘉陵江、清江、汉江和澧水先后大水,长江中游干流连续出现 6 次洪水,汉口站最高洪水位 27.76 米（冻结吴淞基面）,最大流量 60100 立方米/秒。澧水津市站最高水位 43.11 米,为 1949 年以来最大值,相应最大流量 15100 立方米/秒,湘、鄂、赣、皖 4 省 267 万公顷农田受淹,死亡 1339 人。淮南山区、潢河 7 月出现有记录以来最大洪水。淮河干流中上游和珠江支流北江先后出现较大洪水。广东雷州半岛风暴潮灾,伤亡 700 余人,经济损失 4 亿元

续表

年份	灾情
1981	7 月岷江、沱江、嘉陵江特大洪水，嘉陵江北碚站出现有实测记录以来最大洪峰，流量 44800 立方米/秒，长江干流上游同时大水，宜昌洪峰流量 70800 立方米/秒；8 月嘉、涪、渠江再次大水。四川省 138 个县市受灾，农田受灾 117.1 万公顷，死亡 1369 人，倒房 139 万间，直接经济损失 25 亿元。汉江上游大水、石泉水库最大入库流量 16000 立方米/秒，为有水文记录以来最大值，陕西汉中地区水灾严重。渭河出现 1949 年以来第二位大洪水，咸阳洪峰流量 6210 立方米/秒。9 月黄河干流上游发生有实测记录以来最大洪水，唐乃亥站最大流量 5450 立方米/秒，兰州站洪峰流量 5600 立方米/秒。陕、甘两省洪涝灾情较重。松花江大水，黑龙江省三江平原大涝，全省农田受灾 299 万公顷，占该年播种面积的 34%，死亡 266 人。辽东半岛沿海部分河流暴发山洪泥石流，淹死 664 人，直接经济损失 5 亿元。此外，福建九龙江上游发生近 60 年最大洪水，闽南 5 座县城被淹
1982	黄河干流三花间发生 1949 年以来第二位大洪水，花园口洪峰流量 15300 立方米/秒，下游滩区普遍受淹，农田受灾 17.3 万公顷。赣江、抚河发生有水文记录以来最大洪水，赣江外洲站洪峰流量 20400 立方米/秒，抚河李家渡站洪峰流量 8480 立方米/秒。湘江及北江先后均出现 1949 年以来第二位大洪水，湘江湘潭站洪峰流量 19300 立方米/秒，北江横石站洪峰流量 18000 立方米/秒。闽江出现 1949 年以来第三位大洪水，闽江十里庵站洪峰流量 24600 立方米/秒。湘、赣、粤、闽 4 省部分地区严重水灾。淮河干流中游大水，高水行洪时间长，使用了蒙洼蓄洪区分洪。此外，浙东及四川部分地区水灾
1983	由于川水与洞庭湖、鄱阳湖水系洪水遭遇，长江干流中游出现两次较大洪水，部分河段水位超过或接近 1954 年最高水位，汉口站洪峰流量 65000 立方米/秒，最高水位 28.11 米。湘、鄂、赣、皖 4 省部分地区水灾严重，合计农田受灾 333.4 万公顷。汉江上游 8 月特大洪水，安康站洪峰流量 31000 立方米/秒，约 200 年一遇。淹没安康老城，死亡 870 人，经济损失 5 亿多元。汉江 10 月又发生全江性大洪水，沙洋站洪峰流量 21600 立方米/秒，沿江部分地区受淹。淮河中上游大水，运用了部分行蓄洪区。淮河干流王家坝洪峰流量 7250 立方米/秒，最高水位 29.44 米。广东珠江口风暴潮，许多潮站出现 1949 年以来最高水位，10 多个县市受灾。此外，闽江、钱塘江上游大水，沿江水灾较重。辽宁大连、丹东一带沿海风暴潮灾
1984	长江下游支流滁河和太湖水系东、西苕溪大水，杭嘉湖平原河网区出现接近或超过历史最高纪录的洪水位，造成较严重涝灾。淮河上中游大水，启用了部分行洪区，皖北、豫东地区水灾较重。黑龙江中下游大水，乌云站以下河段均超过历史最高水位 0.36 米以上，沿江 10 余县市受淹。黑龙江省涝灾较重，嘉荫且城被淹，水深 2—3 米，闽江、滦河和冀东沿海各河以及大凌河、鸭绿江先后大水成灾。此外，湘江、赣江流域局地山洪灾害较重

年份	灾情
1985	辽河流域大水。辽河干流洪峰虽不大（铁岭站洪峰流量 1750 立方米/秒）。但由于河道人为设障阻水等原因，造成高水位行洪时间长，下游堤防多处决口泛滥，辽宁省遭受严重水灾，农田受灾 162.4 万公顷，直接经济损失约 47 亿元。松花江中下游大水，部分堤防溃决，黑龙江小部分地区严重水灾。西江支流桂江、郁江大水、广西部分沿江县市受淹。山东青岛、烟台地区台风暴雨成灾
1986	辽河、松花江流域相继发生较大洪水，辽河干流铁岭站洪峰流量 2220 立方米/秒，松花江干流哈尔滨站洪峰流量 8510 立方米/秒，部分河堤决口泛滥，辽、吉、黑三省部分地区水灾较重。广西北部湾严重风暴潮灾，经济损失 3.9 亿元。川、粤等省局地水灾
1987	长江上游干流、汉江上中游、皖河及淮河中游先后出现较大洪水，川、黔、鄂、皖等省部分地区水灾。浙、闽沿海台风暴雨成灾。太湖流域及广东、广西等小部分地区涝灾
1988	西江上中游大水，干流梧州站洪峰流量 42500 立方米/秒。柳州、梧州等沿江城市被淹，桂北、桂中地区严重水灾。嫩江大水。嫩江大水，齐齐哈尔洪峰流量 9160 立方米/秒，黑龙江、内蒙古两省区部分地区受灾，大庆油田部分被淹，滨洲铁路一度中断。浙江宁海、奉化、嵊县一带洪水暴发，宁海、奉化县城被淹。湘西、湘北、鄂东和江汉平原及闽、赣等省部分地区水灾
1989	长江、黄河、淮河的上游干流先后发生较大洪水，川东、皖北及陕、甘部分地区水灾。嫩江、东辽河及闽江、钱塘江上游大水成灾，浙东沿海风暴潮，海门站出现 200 年一遇的高潮位 6.98 米，台州、宁波地区损失严重。广东珠东口风暴湖，有 8 个潮位站出现有记录以来最高潮位
1990	七大江河水势平稳。嘉陵江上游、汉江上游、沅江、资水和清江及渭河先后大水，川、陕、湘、鄂等省部分地区水灾较重。浙、闽沿海屡遭台风暴雨袭击，许多中小河流洪水暴发，部分沿海地区受灾严重。此外，嫩江上游及鲁北地区水灾
1991	本年全国气候异常，西太平洋副热带高压长时间滞留在长江以南，江淮流域入梅早，雨势猛，历时长，淮河发生自 1949 年以来的第二位大洪水，3 个蓄洪区、14 个行洪区先后启用；太湖出现了有实测记录以来的最高水位 4.79 米，苏、锡、常地区工矿和乡镇企业损失严重；长江支流滁河、澧水和乌江部分支流及鄂东地区中小河流举水等相继出现近 40 余年来最大洪水。松花江干流发生两次大洪水，哈尔滨站最大流量 10700 立方米/秒，佳木斯站最大流量 15300 立方米/秒，分别为 1949 年以来第三位和第二位。据统计，全国有 28 个省、市、自治区不同程度遭受水灾，农田受灾 2459.6 万公顷，成灾 1461.4 万公顷，倒房 497.9 万间，死亡 5113 人，直接经济损失 484 亿元，各占全国总数的 30%、46%、23%、70% 和 62%

续表

年份	灾情
1992	七大江河水势平稳。受9216号强热带风暴和天文大潮的作用，8月末9月初，我国东部沿海发生了1949年以来影响范围最广、损失最严重的一次风暴潮灾。闽、浙、沪、苏、鲁、冀、津、辽等省市沿海地区出现了历史上罕见的高潮位。据统计，仅闽、浙、苏、鲁、冀、津6省市受灾人口2000多万人，毁坏海塘1170千米，受灾农田193.3万公顷，死亡193人，直接经济损失90多亿元。闽江发生50年一遇的特大洪水，十里庵站洪峰流量27500立方米/秒，竹岐站洪峰流量30300立方米/秒。闽江流域遭受较严重水灾。钱塘江上游出现1949年以来第二位大洪水，兰溪站洪峰流量12100立方米/秒，沿江县市受灾较重。此外，大渡河、湘江、信江、漓江及黄河中上游部分地区也发生了较大洪水，造成了较严重的洪涝灾害
1993	全国大部分地区降水量接近常年或偏多，没有发生大范围的区域性洪涝灾害，但局部地区暴雨成灾，受灾较重的有广东、湖南、江西、浙江、江苏、四川等省。年内有7个台风在华南登陆，其中有6个在广东登陆，这是多年来罕见的，损失严重。波及18个地、市，72个县，使当地工农业生产和人民群众的生命财产遭受严重损失，37.3万公顷农作物和1.6万公顷果园受灾；死亡85人，失踪31人，受伤261人；死亡牲畜12万头，失踪12万头。据不完全统计，全国共发生较大规模的地质灾害事件107起，比上年增加57起，死亡432人，比上年增加130人
1994	广西、广东、湖南、江西等省（自治区）不少地方的季雨量为新中国成立以来同期的最大值或次大值，发生了历史上罕见的洪涝灾害，造成极为严重的损失。全年有11个台风和热带风暴在我国沿海登陆，登陆台风次数居新中国成立以来的第一位，仅次于1971年（12个），造成的损失是近几十年来最严重的年份之一。据不完全统计，1994年全国共发生较大规模的地质灾害事件60起，造成382人死亡
1995	6月至7月上旬，江南连降暴雨或大暴雨，降水量普遍达300—500毫米，部分地区达500—920毫米，比常年偏多5成至2倍，其中江西省贵溪、上饶、修水和湖南省常德等地的降水量为新中国成立以来同期的最大值，湖南岳阳、元江等地为次大值，两省受淹农田达267万公顷。7月下旬至8月上旬，辽宁大部、吉林东南部连遭暴雨或大暴雨袭击，降水量普遍达200—550毫米，比常年多1—3倍，其中吉林通化、集安等地的降水量是近40年来同期的最大值，两省受淹农田达133万公顷。辽宁省黄海北部沿岸水域的盐度骤降，造成养殖贝类大面积突发性死亡。全年共有9个台风和热带风暴在我国登陆，广东、广西局部损失严重。这一年是我国地质灾害相当严重的一年，全国因突发性的崩塌、滑坡、泥石流等灾害造成22194人受伤，1175人死亡，直接经济损失125亿元

续表

年份	灾情
1996	梅雨季节，长江中下游地区大雨、暴雨不断。据统计，大部地区 6—7 月降水量在 350—650 毫米，湘西、湘北、鄂东、皖南、黔东、桂北、川东南等地达 700—1000 毫米，局地超过 1000 毫米。安徽安庆、贵州凯里、四川重庆和涪陵等地的降水量为近 40 年来同期最大值。长江流域的沅江、资水、洞庭湖、长江中游干流部分江段以及珠江流域的柳江等出现了历史实测最高水位。1996 年，多种气象灾害频繁出现，尤其是暴雨洪涝，其范围之广、灾情之重，为新中国成立以来所少有的。7 月中旬，新疆 20 多个县市发生历史罕见的洪涝灾害。8 月上旬，北方出现了入汛以后最强的一次暴雨过程，华北中南部、东北南部等地旬降水量普遍在 100—250 毫米，比常年同期偏多 1—3 倍，河北石家庄达 471 毫米，偏多近 5 倍。黄河下游花园口出现历史最高水位；海河流域子牙河、漳卫河、大清河出现了近 33 年最大洪水，滹沱河上游发生百年一遇特大洪水。11 月上旬，淮河及汉水流域大部、江南西部普降大雨、暴雨，旬降水量达 100—160 毫米，较常年同期偏多 3—5 倍，局地偏多 6—8 倍，致使淮河干流发生新中国成立以来罕见的秋汛，汉水武汉段出现了历史同期最大洪水。这一年共有 7 次台风在我国登陆。据不完全统计，台风在受灾较重的广东、广西造成直接经济损失 200 多亿元。地质灾害属中等灾年，因崩塌、滑坡、泥石流等突发性灾害造成 1029 人死亡，7689 人受伤
1997	1997 年，我国降雨总量偏少，大江大河汛情较为平稳，没有发生流域性的大洪水，一些局部暴雨造成了区域性灾害，珠江流域西江、北江，浙江省钱塘江等江河发生了较大洪水，东南和华南沿海遭受了强台风袭击。局部地区的山洪、泥石流、滑坡灾害也很严重。总的来看，1997 年的洪涝灾情偏轻，受灾范围相对较小，损失较少，是近几年来洪涝灾害较轻的一年。全国有 30 个省、自治区、直辖市的 1594 个县（市、区）、1.8 亿人受灾，农作物受灾 1313.5 万公顷，成灾 651.5 万公顷，倒塌房屋 101.06 万间，死亡 2799 人，直接经济损失 930 亿元，其中水利设施损失 142.4 亿元。洪涝灾害损失较大的省有浙江、广东、江西、湖南、福建、江苏、云南、湖北、广西等省、自治区
1998	7 月长江中下游主要站的洪量超过 1954 年，其中宜昌站 1215 亿立方米，比 1954 年多 45 亿立方米，汉口站 1648 亿立方米，比 1954 年多 120 亿立方米。长江干堤在九江大堤处发生决口，几天之内堵口成功。自 6 月起，长江流域出现 3 次持续大范围强降雨过程。第一次是 6 月 12 日至 27 日。江南大部分地区暴雨频繁，江西、湖南、安徽等地降雨量比常年同期多 1 倍以上，江西北部多 2 倍以上。第二次是 7 月 4 日至 25 日。长江三峡地区、江西中北部、湖南西北部和其他沿长江地区，降雨量比常年同期偏多 5 成至 2 倍。第 3 次是 7 月末至 8 月末，长江上游、汉水流域，四川东部、重庆、湖北西南部、湖南西北部降雨量比常年偏多 2—3 倍。受降雨影响，长江发生了自 1954 年以来第二次全流域大洪水。 农作物受灾 1080.7 公顷，成灾 728.1 万公顷，绝收 251.5 万公顷；受灾 10169.2 万人，成灾 7094.7 万人，死亡人口 2140 人，伤病人口 1522436 人，紧急转移 1044.7 万人；倒塌房屋 350 万间，损坏房屋 732 万间，死亡大牲畜 175.7 万头；直接经济损失 1450.9 亿元

续表

年份	灾情
1999	1999 年我国长江中下游和太湖流域发生了大洪水。长江中下游干流、洞庭湖、鄱阳湖出现了仅次于 1998 年的历史第二高水位，太湖及河网地区发生历史实测最大洪水，水位超过 1991 年。珠江流域的西江干流发生了超保证水位的洪水，浙江的新安江，安徽的青弋江、水阳江，以及新疆、西藏等一些干旱地区的河流也发生了超历史纪录的大洪水。共有 5 个台风和热带风暴在广东和福建沿海登陆，对广东、广西、浙江、福建沿海局部地区造成影响。此外，局部暴雨频繁发生，造成了比较严重的洪涝灾害。据统计核实，全国共有 30 个省（自治区、直辖市）发生不同程度的洪涝灾害，洪涝受灾面积 960.52 万公顷，成灾 538.91 万公顷，受灾人口 13013.05 万人，死亡 1896 人，倒塌房屋 160.5 万间，直接经济损失 930.23 亿元，其中水利设施经济损失 132.12 亿元。安徽、湖北、浙江、湖南、江西等省灾情较重
2001	2001 年汛期，全国总降雨量偏少，局部降雨偏多。与常年同期相比，珠江和太湖流域、西南中西部和新疆西部降水偏多，其中海南、粤桂南部、北疆西部、滇中和滇西偏多 3—8 成。台风登陆频繁，时间集中。主要江河来水量显著偏少，大江大河水情基本平稳，局部地区发生暴雨洪水。全国共有 31 个省（自治区、直辖市）发生了不同程度的洪涝灾害，受灾人口 11059.35 万人，倒塌房屋 63.49 万间，死亡 1605 人，农作物受灾面积 7137.78 千公顷，成灾 4253.39 千公顷，直接经济损失 623.03 亿元，其中水利设施直接经济损失 97.71 亿元，受灾较重的有广西、广东、福建、四川、云南、山东等省（区）
2002	2002 年，我国长江流域以南和西北局部地区降雨偏多。长江中游干流及洞庭湖发生超过保证水位的较大洪水，石首至汉口江段以及城陵矶水文站出现有记录以来的第 3 位和第 4 位高水位，西江、淮河发生一般性洪水，汉江支流子午河、旬河，黄河支流庄浪河、清涧河等多条中小河流发生超实测记录的大洪水，湖南湘江先后出现 7 次洪水过程，江西赣江、湖南湘江发生罕见秋汛。有 7 个台风或热带风暴在我国东南沿海登陆。陕西、湖南、云南等省的局部地区发生了严重的山洪、泥石流灾害。2002 年，全国共有 30 个省、自治区、直辖市（未包括台湾地区）遭受不同程度的洪涝灾害，农作物洪涝受灾面积 12384 千公顷，成灾面积 7439 千公顷，受灾人口 1.52 亿人，死亡 1819 人，倒塌房屋 146 万间，直接经济损失 838 亿元，水利工程水毁损失 166 亿元。受灾严重的有湖南、广西、福建、浙江、江西、陕西、云南等省（区）。洪涝灾害较常年偏轻

年份	灾情
2003	2003 年，我国淮河发生了新中国成立以来仅次于 1954 年的第二位流域性大洪水，黄河中游干流局部河段发生历史最大洪水，黄河、长江的主要支流渭河、汉江发生罕见的秋汛，部分中小河流发生了大洪水。据统计，2003 年全国有 30 个省（自治区、直辖市）以及新疆生产建设兵团遭受不同程度的洪涝灾害，农作物受灾面积 20365.7 千公顷，成灾面积 12999.8 千公顷，绝收面积 4310.5 千公顷，受灾人口 2.26 亿人（次），因灾死亡 1551 人，倒塌房屋 245.4 万间，直接经济损失 1300.5 亿元。受灾较重的有江苏、安徽、河南、山东、陕西、广东、湖北、湖南等省
2004	2004 年，我国大江大河水势基本平稳，西江、淮河、洞庭湖以及长江干流先后出现超警戒水位洪水。部分中小河流发生较大洪水，其中淮河支流沙颍河、洪汝河上游及湖南沅江发生超过堤防保证水位的大洪水，广西柳江发生近 20 年一遇的较大洪水，云南怒江发生有历史资料以来的最大洪水，东北鸭绿江发生 1995 年以来的最大洪水，西藏年楚河、尼洋河发生超过警戒水位的洪水，长江支流渠江发生有实测记录以来的较大洪水。 2004 年全国农作物洪涝（含台风）受灾面积 7782 千公顷，成灾面积 4017 千公顷，受灾人口 1.07 亿人，死亡 1282 人，倒塌房屋 93 万间，直接经济损失 713.51 亿元，水利工程损失 112 亿元。受灾较重的有浙江、四川、云南、重庆、湖南、湖北、河南、广西等省（自治区、直辖市）
2005	2005 年，我国珠江、淮河和辽河流域以及福建闽江等江河发生了较大洪水和大洪水，其中珠江流域西江发生了超过百年一遇的特大洪水，长江支流汉江、黄河支流渭河发生了较为严重的秋汛。黑龙江、湖南等省发生了严重的山洪灾害。8 个台风或热带风暴在我国沿海登陆，给浙江、福建、海南等省造成严重损失。2005 年，全国有 30 个省（自治区、直辖市）以及新疆生产建设兵团发生了不同程度的洪涝灾害。全国农作物洪涝受灾面积 14967.48 千公顷，其中成灾 8216.68 千公顷，受灾人口 20026 万人，因灾死亡 1660 人，倒塌房屋 3.29 万间，直接经济损失 1662.20 亿元，水利工程直接经济损失 248.77 亿元
2006	2006 年，全国大江大河水势平稳，珠江流域的北江干流发生了有实测记录以来的最大洪水，闽江流域发生了仅次于 1998 年的大洪水，长江流域的湘江上中游干流发生有实测记录以来的第二位大洪水，淮河里下河地区发生了较严重的涝灾。台风（含热带风暴）灾害严重，山洪灾害频发。2006 年，全国 30 个省（自治区、直辖市）以及新疆生产建设兵团均发生不同程度的洪涝灾害，全国农作物受灾面积 10522 千公顷，其中成灾 5592 千公顷、绝收 1928 千公顷，受灾人口 13882 万人，因灾死亡 2276 人，倒塌房屋 105.8 万间，直接经济损失 1332.6 亿元，其中水利工程损失 208.5 亿元。受灾较重的有湖南、福建、广东、浙江、广西等省（自治区）

续表

年份	灾情
2007	2007 年，我国气候异常，降雨分布不均。与多年平均相比，降水量总体呈西多东少格局，其中西北地区中西部显著偏多，东部地区则呈中间多、南北少的态势。淮河流域和华北南部降雨偏多，其中苏皖北部和鲁东明显偏多。淮河流域发生了新中国成立以来仅次于 1954 年的第二位流域性大洪水，长江上中游、珠江流域、浙闽沿海及西南等地区的众多中小河流暴雨洪水频发，部分河流发生了超过历史纪录的特大洪水。有 8 个台风（含热带风暴）在我国沿海登陆。2007 年，我国洪涝灾害属中等偏重年份。全国 31 个省（自治区、直辖市）和新疆生产建设兵团均发生了不同程度的洪涝灾害。全国农作物受灾面积 12548.9 千公顷，其中成灾 5969.0 千公顷、绝收 1855.1 千公顷，受灾人口 17698.5 万人，死亡 1230 人，倒塌房屋 103.0 万间，直接经济损失 1123.3 亿元，其中水利工程损失 176.9 亿元
2008	2008 年，我国旱涝灾害频发。往年易受洪涝影响的省区如黑龙江、吉林、广西、湖南等地区，发生了罕见旱情，一些地区因旱灾出现临时饮水困难。与此同时，淮河发生了流域性大洪水；西南、西北等地发生了山洪灾害。2008 年以来，我国的汛情特点是：台风登陆早、强度大，暴雨多、雨量大，汛情早、涨势猛、灾害重。到目前，全国共有 20 个省区市和新疆生产建设兵团发生了不同程度的洪涝灾害。农作物受灾面积 232 万公顷，成灾近 113 万公顷，受灾人口达 4062 万人，因灾死亡 171 人，失踪 52 人，倒塌房屋 13.39 万间，直接经济损失 277 亿元
2009	2009 年，我国洪涝灾害频繁发生，全国 210 多条河流发生较大洪水，其中长江上游干流发生 2004 年以来最大洪水，太湖发生 1999 年以来最大洪水，广西柳江发生了 20 年一遇的大洪水，柳江支流龙江、赣江支流章水、黄河上游支流汝箕沟口、浙江鳌江支流南港、曹娥江支流黄泽江等 12 条河流发生了超历史纪录大洪水，西南、华南部分地区发生了严重山洪、泥石流、滑坡灾害，先后有 9 个台风登陆我国。受强降雨影响，全国 29 个省（自治区、直辖市）和新疆生产建设兵团均发生不同程度的洪涝灾害。据统计，2009 年全国受灾人口 1.11 亿人，因灾死亡 538 人，失踪 110 人，倒塌房屋 55.59 万间，直接经济损失 845.96 亿元
2010	2010 年我国汛情发生早，超警戒水位多，入汛以来发生严重洪水灾害，导致直接经济损失约 1422 亿元。 4 月入汛以来，全国已有 230 多条河流发生超警以上洪水，25 条中小河流发生超过历史纪录的大洪水，长江上游干流发生了 1987 年以来的最大洪水，三峡水库出现了建库以来的最大入库洪水。 全国 27 个省、自治区、直辖市农作物受灾 7002.4 千公顷，受灾人口 1.13 亿人，因灾死亡 701 人，失踪 347 人，倒塌房屋 64.55 万间，与 2000 年以来同期相比，洪涝灾害损失各项指标均偏多。 2010 年军队和武警部队共动用兵力 28.7 万人次，组织民兵预备役 59 万人次参加抗洪救灾，出动飞机和直升机 21 架次，车辆 2.1 万台次，工程机械 1686 台次，舟艇 1.2 万艘次，转移安置群众 98 万人次，挖掘土石 43.8 万方，疏通道路 1902 公里，加固堤坝 724 公里

年份	灾情
2011	2011 年洪涝灾害已造成 27 个省（自治区、直辖市）农作物受灾面积 2598 千公顷，成灾 1159 千公顷，受灾人口 3673 万人，因灾死亡 239 人、失踪 86 人，倒塌房屋 10.65 万间，直接经济损失 432 亿元。 2011 年以来，我国气候复杂多变，低温、干旱和洪涝等灾害频发、多发、重发。继年初北方冬麦区发生严重干旱之后，长江中下游五省区又发生了罕见的春夏连旱，部分地区人饮困难问题突出。6 月以来，南方大部发生 4 次大范围强降雨过程，长江、珠江、闽江等流域 130 多条河流发生超警戒水位以上洪水，其中贵州望谟河、安徽阳江等 24 条河流发生超过保证水位的洪水，湖北陆水等 6 条河流发生超历史实测记录的大洪水，浙江钱塘江发生 1955 年以来最大洪水，太湖发生超警戒水位洪水。台风生成晚、登陆早、登陆比例高，生成的 5 个热带气旋中有 3 个在我国登陆，较常年偏多 2 个。局部地区发生了严重的山洪、泥石流、滑坡等灾害
2012	2012 年全国 31 个省（自治区、直辖市）均不同程度遭受了洪涝灾害，农作物受灾 1.7 亿亩，受灾人口 1.2 亿人，因灾死亡 673 人、失踪 159 人，直接经济损失 2675 亿元。 2012 年我国气候复杂多变，降雨总体偏多，江河洪水多发，台风登陆频繁密集，山洪灾害点多面广，部分城市内涝严重，局部地区持续受旱。全国有 70 多条河流发生超保证水位洪水，40 多条河流发生超历史纪录的特大洪水。长江干流发生 5 次洪水，其中 7 月就发生 4 次，上游出现 1981 年以来最大洪峰，三峡水库迎来建库以来最大洪水；黄河干流 7 月下旬至 8 月初接连发生 4 次洪水，上中游出现 1989 年以来最大洪水；淮河流域沂河、沭河分别发生 1993 年和 1991 年以来最大洪水；多年没有大水的海河流域发生罕见洪水，北运河水系发生超历史实测洪水，大清河水系拒马河发生 1963 年以来最大洪水。江河洪水发生之多、分布之广、量级之大、时间之集中多年少有。 从洪涝灾情看，山洪灾害多点频发，城市内涝十分突出。2012 年全国 31 个省（自治区、直辖市）均不同程度遭受了洪涝灾害，农作物受灾 1.7 亿亩，受灾人口 1.2 亿，因灾死亡 673 人、失踪 159 人，直接经济损失 2675 亿元。甘肃、四川、河北等地发生严重山洪泥石流灾害，全国山洪泥石流灾害死亡人数占因灾死亡人数的 3/4。184 座县级以上城市遭受特大暴雨袭击，城区部分受淹或发生内涝。一些特大城市道路积水、交通受阻，给城市正常生产生活秩序造成重大影响

续表

年份	灾情
2013	2013 年，我国东北、华北大部、西北东部和西部、西南东北部、华南大部降雨量较常年偏多 1—2 成，黑龙江、松花江流域汛期平均降雨量较常年偏多 3—4 成。先后有 9 个台风在我国登陆。有 340 余条河流发生超警戒水位以上洪水，65 条河流发生超保证水位的洪水，23 条河流发生超历史实测记录的大洪水，其中松花江发生 1998 年以来最大流域性洪水，黑龙江发生 1984 年以来最大流域性大洪水，辽河流域浑河上游发生超 50 年一遇特大洪水，珠江流域北江发生超 20 年一遇洪水。全国 31 省（自治区、直辖市）均遭受不同程度洪涝灾害，部分地区山洪灾害严重。2013 年全国洪涝灾害受灾人口 1.2 亿人，因灾死亡 774 人、失踪 374 人，倒塌房屋 53 万间，农作物受灾 11901 千公顷、成灾 6623 千公顷，受损水库 1241 座、堤防 3.7 万处、护岸 5.3 万处、水闸 7187 座，县级以上城市受淹 234 个，洪涝灾害直接经济损失 3146 亿元。与 1990 年以来均值相比，受灾人口减少 3 成，死亡人口减少 7 成，倒塌房屋减少 7 成，农作物受灾面积减少 1 成。 全国损失总体偏轻，但局部地区受灾仍然较重。其中，东北地区黑龙江、吉林、内蒙古东部、辽宁合计受灾 1030 万人，死亡 116 人、失踪 88 人，倒塌房屋 10.6 万间，农作物受灾 3927 千公顷、成灾 2619 千公顷，直接经济损失 591 亿元；四川、广东两省死亡失踪人数占全国总数的 4 成，直接经济损失占全国总数的 3 成。 2013 年因洪涝灾害死亡的主要原因是局地强降雨造成中小河流发生洪水和山洪灾害，共造成 560 人死亡，占洪涝灾害死亡总人数的 72%。其中，四川省中小河流洪水和山洪灾害死亡失踪人数占全省死亡失踪总人数的 90%，仅都江堰 "7·9" 山洪引发特大型高位山体滑坡就导致 45 人死亡、116 人失踪。 面对灾情，各级防汛抗旱指挥部门和广大军民奋起抗灾，紧急转移危险区域群众 1112 万人，解救洪水围困群众 195 万人，减少受灾人口 3787 万人，避免粮食损失 2029 万吨，减灾效益约 2362 亿元

资料来源：根据《中国水灾年表》、《中国环境状况公报——气候变化与自然灾害、全国洪涝灾情》等资料整理。

二 我国干旱灾害资料

1. 1953 年干旱

时 间	1953 年春、夏
成灾范围	长江以北及南方部分地区
成 因	长期少雨
灾 情	1953 年全国因干旱农田受灾面积 861.6 万公顷，成灾面积 134.1 万公顷，其中春旱面积 400 余万公顷，夏旱面积 200 余万公顷。春旱主要发生在黄河以北地区，入春后一直少雨，持续到 9 月，有的到 8 月，3—6 月降水比常年同期少 3—5 成，不少地区牧草干枯，河流断流；长江流域以南大部地区夏旱，华东、中南几个省，除广东外，受旱面积 186 万公顷，成灾面积 68.93 万公顷，其中湖南省因旱灾减产粮食 65 万吨。 旱灾面积：受灾 861.6 万公顷，成灾 134.1 万公顷
灾度评估	旱

资料来源：中华人民共和国农业部计划司，中国农村经济统计大全和农业部自然灾害资料，《全国干旱状况及其影响与成因》，《全国旱灾及抗旱行动情况》等，以下同。

2. 1955 年干旱

时　　间	1955 年春、夏
成灾范围	陕北、山西、广东、广西、福建
成　　因	长期少雨
灾　　情	1955 年全国大部地区发生干旱，主要旱区在陕北、晋西北、广东、广西、福建。陕北：入春到 8 月底，大部地区未下透雨，夏秋田普遍减产，榆林、延安、绥德 3 专区，成灾乡 791 个，成灾的农田面积 69.53 万公顷，成灾人口 129 万余人。山西：受旱 55 个县，成灾面积 134.53 万公顷，占全省农作物总面积的 34.26%，成灾人口 341 万人，占全省农业人口的 26.5%。广东：大部地区 1954 年 9 月—1955 年立夏前未下透雨，成灾面积 52 万公顷，重灾县平均减产 60%，有的达 90% 以上，受灾面积 150.8 万公顷，占总受灾面积的 42%。广西：入春后一直干旱，全省 20% 的耕地不能播、插。福建：春、夏、秋均有干旱发生。入春到 5 月上旬，全省受灾面积 20.13 万公顷，成灾面积 15.73 万公顷；6 月下旬又夏旱，受灾面积 5.4 万公顷；后又秋旱，对晚秋作物威胁很大。全年受灾面积 38.6 万公顷，成灾面积 16.07 万公顷。旱灾面积：全国农田受灾面积 1343.27 万公顷，成灾面积 402.4 万公顷
灾度评估	大旱

3. 1959 年干旱

时　　间	1959 年春、夏
成灾范围	黄河中下游、长江中下游、华南、东北
成　　因	长期少雨
灾　　情	1959 年全国大部地区少雨干旱，旱灾中以夏旱为主，占总受旱面积的 80% 以上，据冀、晋、陕、鲁、苏、皖、浙、豫、鄂、湘、赣 11 个严重受旱省统计，受旱面积 2533.33 万公顷，东北的黑龙江省因旱受灾面积 166.67 万公顷，全年因各种自然灾害减产粮食 1500 万吨，其中因旱灾减产粮食 1000 万吨。 旱灾面积：全国农田受灾面积 3380.67 万公顷，成灾面积 1117.33 万公顷
灾度评估	大旱

4. 1960 年干旱

时　间	1960 年春、夏、秋
成灾范围	全国大部地区
成　因	长期少雨
灾　情	华北、长江中下游等全国大部地区受旱，其中以河北、山东、河南 3 省受灾最重，受灾面积 533.33 万公顷，成灾面积 200 万—330 万公顷。 春旱：据华北 5 省及陇东、皖北统计，受旱麦田约 1333.33 万公顷，其中 133.33 万公顷春播作物因旱改为夏播。 夏旱：长江中下游及华南部分地区。据湘、赣、浙、闽等省统计，受旱农田达 138.93 万公顷，江西伏秋旱，受旱面积 42.67 万公顷，成灾面积 22.8 万公顷。 秋旱：华北、内蒙古、西北、西南秋旱重，受旱农田达 666.67 万公顷。 旱灾面积：受灾面积 3812.47 万公顷，成灾面积 1617.67 万公顷
灾度评估	大旱

5. 1961 年干旱

时　间	1961 年春、夏
成灾范围	华北、长江中下游、西南部分地区
成　因	长期少雨
灾　情	春旱：华北大部、东北西部地区。到 2 月下旬计，华北地区受旱农田面积 1666.67 万公顷，其中麦田受旱约 800 万公顷；到 4 月中旬为 1533.33 万公顷，大部地区土壤湿度小于 10%。 春夏旱：豫南、鄂北重旱，降水量比常年同期偏少 40%—65%。 夏旱：长江中下游、黔北、川东南地区重旱，降水量比常年同期偏少 45%—85%。 旱灾面积：全国旱灾受灾面积 3784.67 万公顷，占全国总受灾面积的 70.7%，成灾面积 1865.4 万公顷，占总成灾面积的 69.9%
灾度评估	大旱

6. 1972 年干旱

时　　间	1972 年春、夏
成灾范围	北方大部、南方的湘、鄂、黔、桂、川
成　　因	长期少雨
灾　　情	全国大部地区少雨，北方出现近 30 年来最严重的干旱。 春夏旱：北方大部地区春夏旱。据 7 月初统计，冀、晋、鲁、京、津、辽、陕、豫等地，受旱面积 1133.33 万公顷，其中以河北省受旱面积最大，约 333.33 万公顷。 伏旱：南方各省均有伏旱，其中鄂、黔、湘、川、桂等省区伏旱持续时间长、旱情重。到 7 月，湘、鄂、赣、浙 4 省受旱面积 156.67 万公顷；湘、资、沅、澧 4 水和洞庭湖水位比上年同期低 1—3 米，江西水库蓄水量只占计划的 30%—40%，为 1949 年以来蓄水量最少的一年；北方的陇东和陕中、陕南分别在 7—10 月和 8—10 月持续少雨，降水量比常年同期均偏少 4—8 成。 旱灾面积：全国旱灾受灾面积 3069.93 万公顷，其中成灾面积 1360.53 万公顷，粮食产量比上年减少 965 万吨
灾度评估	大旱

7. 1977 年干旱

时　　间	1977 年冬、春、秋
成灾范围	主要冬小麦产区和江南、华南、云南的部分地区
成　　因	长期少雨
灾　　情	全国大部地区少雨，北方出现近 30 年来最严重的干旱。 冬春旱：华北、西北、华南大部冬春旱，鲁南、豫北、苏北、皖北秋冬春连旱。据晋、冀、鲁、豫、陕、苏、皖等地统计，受旱麦田 1066.67 万公顷，占 7 省麦田的 65%，为全国麦田的 45%；云南的滇东、滇西北，干旱持续到 6 月下旬，受旱县占 67%，成灾面积 58.67 万公顷；广东省冬春旱严重，全省受旱面积 126.67 万公顷，损失稻谷 60 万吨；福建全省最大受旱面积 31.53 万公顷。 伏旱：全国伏旱面积 133 万—200 万公顷。 秋旱：8 月中旬至 9 月底，东北、华北、西北、黄淮流域秋旱受旱面积达 866.67 万公顷。 旱灾面积：全国旱灾受灾面积 2985.6 万公顷，其中成灾面积 700.6 万公顷
灾度评估	大旱

8.1978 年干旱

时　　间	1978 年夏、秋
成灾范围	江淮流域、冀南、豫北及陕、晋、鲁等省部分地区
成　　因	长期少雨
灾　　情	全国大部地区少雨，北方出现近 30 年来最严重的干旱。 主要产麦区受旱严重。据陕、晋、冀、鲁、豫、苏、皖 7 个重旱区统计，到 4 月底，受旱面积达 2000 万公顷，占全国受旱总面积的 75%。 夏旱：以江淮流域持续时间长，一般 3—4 个月，形成夏秋连旱。其中江西全省受旱范围 72 个县市，伏旱、秋旱、连冬旱，受旱面积 113.33 万公顷，损失粮食约 100 万吨。 夏秋旱：长江下游。 秋旱：陕西大部、川东、河南、山东和山西部分，8—10 月降水量比常年同期偏少 4—8 成。 旱灾面积：全国旱灾受灾面积 3990.67 万公顷，其中成灾面积 1747.07 万公顷
灾度评估	大旱

9.1986 年干旱

时　　间	1986 年春、夏、秋
成灾范围	北方冬麦区大部、长江中下游部分及华南部分
成　　因	长期少雨
灾　　情	1986 年干旱范围是近 10 年来最大的，以华北平原、黄土高原、江南等部分地区较重，春、夏、秋旱重复出现。 春旱：到 5 月上旬计，全国受旱面积为 1200 万公顷，其中以淮河以北为重。河北省承德地区 30 余万公顷耕地，即有 23 万余公顷受旱，缺苗占 27%，2.9 万公顷耕地因旱无法播种。 夏旱：黄河流域及江南大部，其中以黄河中下游、内蒙古中西部、浙江沿海部分地区、西藏部分地区、江南南部等地严重。据农业部统计，到 8 月，全国受旱面积 1333.33 万公顷，比上年同期增加 1 倍余。河南省至 7 月底，全省 15 座大型水库蓄水量比常年同期少 10 亿—12 亿立方米。山西省仅长治市即有 24 万人缺水。 秋旱：主要发生在北方冬麦区，其中以陇中、关中、陕北、山西、冀南、山东的秋旱较严重。据河南省统计，秋作物受旱面积 400.3 万公顷，尤其是新乡市，受旱面积占秋播面积的 88%；山西省 80% 秋作物受旱严重，全省仅玉米就减产 30 万吨。 伏秋旱：江南大部、华南北部严重，使晚稻插种推迟。仅浙江省即有 1.3 万公顷晚稻因旱改种旱作。塘库也干涸，山溪断流，平原和河道水位接近历史最低值；北方冬麦区因伏秋旱也影响了冬小麦的播种。 旱灾面积：全国受灾 3104.2 万公顷，其中成灾 1476.5 万公顷
灾度评估	大旱

10. 1988 年干旱

时　间	1988 年冬、夏、秋
成灾范围	黄淮地区、长江中下游及西南的部分地区
成　因	长期少雨
灾　情	冬旱：自 1987 年 12 月以来，全国大部地区少雨雪，到 1988 年 2 月上旬，冬麦区大部降水量不足 5 毫米，比常年少 8 成以上，淮河以南大部少 5—9 成。 春旱：北方大部春旱，部分地区冬春连旱，山东、河北 2 省旱情重，受旱农田达 667 万公顷。南方春旱主要发生在云贵高原东部、两湖盆地、广西南部和西部。 夏旱：全国大部地区出现大范围高温少雨天气，以黄淮及云南西部较重。6 月上、中旬，黄淮至长江中下游、华北平原、华南等地日最高气温达 35—39℃，局地达 41℃，江西省弋阳县 7 月 18 日气温达 41.4℃。全国夏旱受旱面积约 2066.67 万公顷。到 6 月底，河南省 713 万公顷秋作物中，受旱面积 593 万公顷，其中严重受旱 440 万公顷，有 87 万公顷因旱播不下种；河北省受旱面积 200 万公顷；陕西省约有 23 万公顷玉米播后出不了苗；山东省受旱面积 380 万公顷；湖北省到 7 月上旬受旱面积达 80 万公顷，7 月底达 287 万公顷，占耕地面积的 76%；棉花、花生等经济作物损失也较大，如江西九江地区 3.7 万公顷棉花中有 3 万公顷受旱，严重受旱的有 2 万公顷；湖南省到 7 月底有 170 万人饮水困难，水库蓄水量也比上年同期少 30.7 亿立方米；海南省到 7 月底水库蓄水量 11.02 亿立方米，有 2964 个村庄、59.08 万人生活用水困难。 秋旱：北方主要在黄河中下游、内蒙古中部、山东，降水量较常年同期少 5—9 成，秋旱严重；南方主要在长江中下游、华南部分、西南部分。 旱灾面积：全国受灾面积 3290.4 万公顷，其中成灾面积 1530.33 万公顷，绝收 274.53 万公顷，全国 9000 余万人因旱缺粮
灾度评估	大旱

11.1989 年干旱

时　间	1989 年春、夏、秋
成灾范围	东北、山东、内蒙古、河北、湖南、陕西、广西
成　因	长期少雨
灾　情	旱灾主要发生在东北三省和山东、内蒙古、河北、湖南、陕西、广西等省区的部分地区，其中辽宁和山东两省的旱灾为新中国成立以来最严重的一年。辽宁 14 个地区农作物受灾面积 253.33 万公顷，成灾面积 166.7 万公顷，绝收 26 万公顷，全省因旱直接经济损失达 30 亿元，粮食减产 290 万吨，造成 960 万人缺少口粮。 春旱：主要发生在东北及华北大部。到 5 月上旬，辽宁和黑龙江两省受旱农田 333.33 万公顷。其中辽宁省受旱面积 206.67 万公顷；吉林省有 40% 的耕地耕作层土壤含水量不足 10%；冀北、冀东有 70 万公顷山坡岗地等雨下种；鲁中小麦出现凋萎死亡现象。据统计，全国春旱最大受旱面积 233.33 万公顷，成灾面积 693.33 万公顷。 伏旱：东北及华北部分地区旱情重。东北 3 省受旱面积 733.33 万公顷，其中辽宁省受旱农田 253.33 万公顷，绝收 26 万公顷，全省因旱经济损失达 30 亿元，粮食减产 290 万吨；山东省伏旱面积 400 万公顷，绝收 38 万公顷；河北坝上数个县亩产仅 10 余公斤。 秋旱：黄淮海地区秋旱，主要影响冬小麦播种和出苗。河南省受旱麦田 213.33 万公顷；山东省造墒播种面积 266.67 万公顷。 伏秋旱：南方伏秋旱范围大，但时间短，程度轻，以广西为重。到 8 月底，广西有 6.67 万公顷未能按计划栽插；10 月，中晚稻受旱面积 40.27 万公顷，干枯死亡的 7 万公顷。湖南仅零陵地区受旱晚稻即有 13.47 万公顷，占晚稻总面积的 69%。 旱灾面积：全国农田受灾面积 2933.33 万公顷，成灾面积 1526.67 万公顷，绝收 240 余万公顷
灾度评估	大旱

12. 1990 年干旱

时　间	1990 年夏、秋
成灾范围	东北、西北、山东、河南、湖南、江苏、安徽、云南等地
成　因	高温少雨
灾　情	1990 年，全国受旱率为 0.122。成灾率为 0.053，粮食减产率 0.028，受灾人口率 0.063。 1990 年上半年我国干旱范围小，程度轻，下半年南方伏旱范围较大，部分地区伏秋连旱，旱情严重。东北三省、山东和华北北部等地，由于上年干旱重，地面蓄水少，土壤底墒不足，前春干旱明显。5—6 月，西部陕、甘、宁、青大部分地区降雨偏少，旱情较重。 南方地区出梅早，7 月初出现大范围持续少雨高温天气，8 月初因降水部分地区旱情有所缓和，但而后又出现持续少雨高温天气，皖、赣、鄂、湘、粤、桂、川、滇、黔等省发生大面积干旱，以湘、鄂、桂和川东地区伏秋连旱最为严重。湖南 7—9 月平均降雨 183.6 毫米，比历年同期偏少 41.7%；湖北伏秋连旱 60 余天，大部分地区降水量比常所同期省 5—7 成；川东等地受旱较重，人畜饮水也发生困难；广西 8—10 月上旬伏秋连旱，江河流量、水位低于或接近有记录以来最低值，给抗旱灌溉用水增加了困难。 10 月秋播期间，鲁西、鲁南、豫北、豫东、冀南、晋南、苏北、皖北冬麦生产区月雨量不足 10 毫米，影响小麦播种。新疆前冬气温高，积雪较同期减少 3—9 成，冬麦越冬困难，北部和东部春季降水减少 3—9 成，春旱严重，全疆受旱县（市）48 个，受旱、成灾面积 43.0 万公顷和 27.8 万公顷，为 1949 年以来之首位
灾度评估	一般干旱

13. 2000 年干旱

时　　间	2000 年春、夏
成灾范围	东北西部、华北大部、西北东部、黄淮及长江中下游地区
成　　因	降水持续偏少气温偏高
灾　　情	2000 年全国农作物因旱受灾面积 608 亿亩，其中成灾 402 亿亩，绝收 1.20 亿亩，因旱损失粮食 5996 万吨，损失经济作物 511 亿元，受灾面积、成灾面积、绝收面积和旱灾损失都是新中国成立以来最大的。北方地区还有 5000 多万亩耕地春播转为夏播，有 2300 多万亩耕地因严重缺墒一直未能播种。新疆、天津、山西、山东、河南等省（区、市）因干旱少雨发生较大面积、高密度的蝗灾。 2000 年旱情特点：一是受旱范围广，全国大部分地区发生了严重旱灾；二是受旱程度重，旱灾损失巨大；三是城乡人畜饮水困难
灾度评估	特大干旱

14. 2001 年干旱

时　　间	2001 年春、夏
成灾范围	吉林、黑龙江、辽宁、内蒙古、山西、河北、陕西、安徽、山东、四川、甘肃、湖北、河南等省（区）
成　　因	降水持续偏少并频繁出现沙尘暴天气，气温偏高
灾　　情	2001 年全国农作物因旱受灾面积 5.77 亿亩，其中成灾 3.56 亿亩，绝收 9630 万亩，因旱损失粮食 548 亿公斤，经济作物损失 538 亿元，受灾面积是新中国成立以来的第三位（仅次于 1978 年和 2000 年），成灾面积和因旱造成的损失是新中国成立以来的第二位（仅次于 2000 年）。 2001 年干旱的主要特点：一是发生范围广，一般年份北方容易发生大旱，今年长江流域上中游地区主汛期也发生了严重旱灾；二是持续时间长，自 1999 年以来北方大部和西南东部已连续 3 年发生大旱；三是受旱程度重，旱灾损失大，旱区群众生产生活十分困难；四是城市供水紧张和农村人畜饮水困难
灾度评估	特大干旱

15. 2002 年干旱

时　　间	2002 年春、夏、秋、冬
成灾范围	东北、西北、华北大部分地区
成　　因	降水持续偏少、气温偏高
灾　　情	2002 年全国农作物因旱受灾面积 3.33 亿亩，成灾面积 1.99 亿亩，绝收面积 3852 万亩，因旱损失粮食 3130 万吨，经济作物直接损失 325 亿元。 2002 年旱灾影响主要表现在三个方面： 一是农牧业生产受到一定损失。全国农作物因旱受灾面积 3.33 亿亩，比新中国成立以来多年平均值（3.26 亿亩）略大，但成灾面积、因旱损失粮食分别达到 1.99 亿亩、3130 万吨，大大超过新中国成立以来多年平均值（1.4 亿亩和 1390 万吨），经济作物损失 325 亿多元。山东省农作物受灾面积达到 5681 万亩，其中 1068 万亩干枯绝收；福建、广东两省高效经济作物和水产养殖损失高达 30 多亿元。另外，内蒙古、青海、新疆等省（区）牧区草场受旱面积达到 3 万平方公里，受灾牲畜 2000 多万头（只），因缺水、缺草、缺料死亡牲畜 40 多万头（只）。 二是重旱区城乡供水紧张。全国一度有 21 个省（区、市）719 座城镇因旱缺水，影响 3100 万人。山东省饮水困难人口最高达到 792 万人，其中近 90 万人靠异地送水维持生活；山西省一度有 338 万人、56 万头大牲畜发生临时饮水困难；广东东部、福建南部一度有 400 多万人因旱发生临时饮水困难，一些县（市）动用消防车为旱区群众拉水、送水。 三是虫害普遍发生。由于北方地区连年干旱和去年的"暖冬"气候，残蝗的基数比较大，致使北方大部分地区普遍发生虫害，山东、河南、河北、天津等 14 个省（区、市）夏季和秋季飞蝗发生面积 4300 万亩。内蒙古、黑龙江、吉林、河北、山西、陕西、宁夏等北方农牧区草地螟成虫发生面积 1.3 亿亩，比 2001 年增加近 1 亿亩。 四是生态环境恶化。春季前期北方地区多次发生严重沙尘天气，其中 3 月 18—21 日沙尘暴是 20 世纪 90 年代以来我国覆盖范围最广、强度最大、影响最重的沙尘天气，影响范围 140 多万平方公里，波及 18 个省（区、市）的 1.3 亿人
灾度评估	中等偏重

16. 2003 年干旱

时　间	2003 年春、夏、秋
成灾范围	黄河以北大部、西南地区、华南南部
成　因	降水持续偏少、气温偏高
灾　情	2003 年全国农作物因旱受灾面积 3.73 亿亩，其中成灾 2.17 亿亩，绝收 4470 万亩，因旱损失粮食 3080 万吨、经济作物损失 346 亿元；全国草场受旱面积 53 万平方公里，受灾牲畜 2810 万头，死亡 53 万头，直接经济损失 14.2 亿元；林业因旱受灾面积 12.3 万平方公里，造成直接经济损失 49.8 亿元；水产养殖受灾面积 1479 万亩，减少产量 53 万吨，直接经济损失 44.1 亿元；全国工矿企业由于干旱引起缺水缺电，造成直接经济损失 209.2 亿元；上述工农业生产直接经济损失合计 663 亿元（不含粮食损失）。此外，全国还有 2441 万城乡人口、1384 万头大牲畜因旱发生饮水困难。 2003 年我国旱情主要有四个特点：一是春旱范围较大，但除东北西部和内蒙古东部旱情严重外，其他地区旱情解除早；二是南方夏伏旱异常严重，旱情发生时间早，高温少雨持续时间长，工农业生产和城乡居民生活受到严重影响；三是北方大部分地区旱情较前几年偏轻，但由于主汛期少雨，部分江河来水仍然偏少，水利工程蓄水不足问题仍较突出；四是南方部分省区持续干旱，发生夏秋冬三季连旱
灾度评估	中等偏重

17. 2006 年干旱

时　间	2006 年春、夏、秋、冬
成灾范围	我国大部分地区发生了不同程度的干旱，其中以重庆、四川东部最为严重
成　因	降水持续偏少、气温偏高

续表

时　间	2006 年冬、春、夏、秋
灾　情	全国农作物因旱受灾面积 3.11 亿亩，其中成灾 2.01 亿亩，绝收 3443 万亩，因旱造成粮食损失 416.5 亿公斤、经济作物损失 316.2 亿元。旱灾造成林业、牧业、水产养殖直接经济损失分别为 47.0 亿元、25.2 亿元、13.9 亿元。因旱减少水力发电 36.2 亿千瓦·小时。全年共有 3578 万人、2936 万头大牲畜因旱发生饮水困难；有 10 个省、3 个直辖市的 93 座城市（45 座地级、48 座县级）一度出现不同程度供水短缺现象，影响人口 1332 万人，影响工业产值 160.2 亿元。 总体而言，2006 年我国干旱灾害属中等偏重水平。主要表现在三个方面： 一是耕地受灾面积低于常年水平，但成灾率高。全国农作物因旱受灾面积 3.11 亿亩，其中成灾 2.01 亿亩，占受灾面积的 65%。受灾面积小于 1991 年以来平均值（3.90 亿亩），成灾面积与 1991 年以来平均值（2.06 亿亩）大致相当。 二是人畜饮水困难大。全年累计有 3578 万农村人口、2936 万头大牲畜因旱发生饮水困难，均大于 1991 年以来平均值（2879 万人、2275 万头）。8 月下旬，全国一度有 1991 万人、2047 万头大牲畜因旱发生临时性饮水困难，其数量分别是常年同期的 2 倍和 3.3 倍。重庆、四川两省市有 282 万群众近 1 个月时间靠政府送水维持基本生活用水。华北北部、西北东北部一些山区群众要到几公里以外的地方挑水或几十公里外的地方运水，局部地区群众靠拉水解决生活用水的时间超过 3 个月。 三是旱灾损失高于常年，局部地区损失严重。旱灾造成全国粮食损失 416.5 亿公斤，大于 1998 年以来均值（350.7 亿公斤）；经济作物损失 316 亿元，小于 1998 年以来均值（333 亿元）；林业、牧业及水产养殖直接经济损失合计 86.1 亿元，大于 2003 年以来均值（60.3 亿元）。其中林业、牧业直接经济损失均为 2003 年以来最大值。重庆市旱灾达到百年一遇，因旱损失粮食 301 万吨，水果、蔬菜减产 30% 以上，经济林木枯死 335 万亩，发生森林火灾 116 起、过火面积 1.3 万亩，旱灾造成直接经济损失 90.7 亿元。四川省因旱造成粮食损失 682 万吨，因缺水造成稻田养鱼、蚕桑等损失严重，生猪提前出栏，全省因旱林木枯死 130 万亩，农业直接经济损失达 125 亿元；此外，受干旱影响，有 942 座水库大坝出现裂缝。内蒙古自治区因旱有 1484 万头（只）牲畜受灾，其中死亡 24.7 万头（只）。辽宁阜新市因旱返贫人口达 25 万，有 10 万人因旱缺粮
灾度评估	中旱

18. 2008 年干旱

时　　间	2008 年春、夏、秋
成灾范围	我国旱区主要分布在中东北、西北和黄淮海等地区
成　　因	降水持续偏少、气温偏高
灾　　情	2008 年，全国因旱作物受灾面积 12136.80 千公顷，其中成灾 6797.52 千公顷，绝收 811.80 千公顷。1145.70 万农村人口、699 万头大牲畜因旱发生饮水困难；87 座城市先后出现不同程度供水短缺，1303.23 万城市居民用水受到影响，影响工业产值 72.59 亿元。全国因旱粮食损失 160.55 亿公斤，经济作物损失 226.20 亿元，林业、牧业、渔业直接经济损失 44.30 亿元，减少水力发电 14.77 亿千瓦时，直接经济总损失 545.70 亿元。 春旱：1—3 月，东北大部、华北大部、黄淮大部及内蒙古中东部等地受降水持续偏少、气温偏高的影响，北方大部分地区出现严重春旱。全国耕地受旱面积达到 19398 千公顷，比多年同期多 4800 千公顷，582 万人、543 万头大牲畜因旱发生饮水困难。3 月中旬至 4 月，云南、海南、四川、西藏的部分地区出现旱情。 夏伏旱：6—7 月，西北大部出现持续高温少雨天气，降水量较多年同期偏少 3—8 成，气温偏高 1—4℃，新疆大部、宁夏中部、陕西北部、甘肃东部及内蒙古西部发生夏旱。夏旱高峰期，新疆、宁夏、陕西、甘肃及内蒙古 5 省（自治区）作物受旱面积 3765 千公顷，有 190 万人、234 万头大牲畜因旱发生饮水困难。8 月，华北西部、东北西南部以及内蒙古东部发生严重伏旱。伏旱高峰期，全国农作物受旱面积 7631 千公顷，270 万人、210 万头大牲畜发生临时饮水困难。此外，湖南、重庆、江西、湖北 4 省（直辖市）7 月下旬出现插花旱，耕地受旱面积最高时达 1037 千公顷，113 万人、65 万头大牲畜发生临时饮水困难。 秋冬旱：11 月中旬以后冬麦主产区的河北、河南、安徽北部和陕西中部以及山西、山东的一些地区出现旱情，冬小麦生长受到影响，12 月底冬麦区作物受旱面积达到 4198 千公顷
灾度评估	旱

19. 2009 年干旱

时　　间	2009 年冬、春、夏、秋
成灾范围	我国旱区主要分布在西南、江南、华南等部分地区
成　　因	降雨少、气温高、蒸发大、墒情差

续表

时　间	2009 年冬、春、夏、秋
灾　情	2009 年全国耕地累计受旱面积 6.32 亿亩，农作物受灾面积 4.39 亿亩，成灾面积 1.98 亿亩，绝收面积 4904 万亩，因旱造成粮食损失 348 亿公斤、经济作物损失 433 亿元，林牧业和水产养殖业直接经济损失 143 亿元，因旱减少水力发电 58 亿千瓦。全年共有 1751 万农村人口、1099 万头大牲畜因旱发生饮水困难，有 15 个省（直辖市、自治区）的 89 座城市出现不同程度供水短缺，影响人口 1670 万人、工业产值 154 亿元。 初冬麦主产区的冬春旱：2009 年 1 月，冬麦区大部降水仍持续偏少，气温偏高，旱情发展蔓延迅速，截至 2 月上旬高峰期，全国作物受旱面积 1.61 亿亩，其中冬麦主产区河南、安徽、山东、江苏、山西、陕西、河北、甘肃 8 省作物受旱面积 1.53 亿亩，重旱面积 5422 万亩，干枯面积近 400 万亩，有 451 万人、222 万头大牲畜因旱发生饮水困难。 北方和西南部分地区的春旱：进入 3 月，中国大部分地区气温回暖，但降水偏少，特别是三北及西南南部部分地区受持续气温偏高和少雨大风天气影响，耕地失墒严重。4 月上旬，全国耕地受旱面积一度达到 2.38 亿亩，其中春播白地缺水缺墒面积 1.93 亿亩，有 829 万人、681 万头大牲畜因旱发生饮水困难。以华北北部、东北西南部旱情最为严重，河北、山西、内蒙古、辽宁 4 省（自治区）合计有上千座小水库干涸，17 万眼机电井出水不足或吊泵。4 月中旬以后，中东部及西南地区出现大范围降水过程，旱情缓和，大部分地区春播进展顺利。进入 5 月，黑龙江大部和内蒙古东部降水量比多年同期偏少 8 成，气温显著偏高，同时大风天气多，旱情迅速发展。5 月下旬，两省区耕地受旱面积达 1.37 亿亩，内蒙古牧区受旱草场面积达 46 万亩，有的牧民拉水距离达 20 公里。6 月初，两省区旱情因降雨缓和，全国耕地受旱面积下降到 5420 万亩。 北方部分地区的夏伏旱：进入 6 月中旬后，西北东部及华北西部再次出现持续高温少雨天气，旱情快速发展。7 月上旬，全国耕地受旱面积达到 1.25 亿亩。7 月中旬后，西北大部旱情缓和，但山西北部、内蒙古中部及新疆南部旱情一直持续。进入 7 月下旬后，受高温少雨天气影响，东北地区南部旱情再度露头并迅速发展。8 月中旬高峰时，全国作物受旱面积达 1.91 亿亩，其中重旱 7221 万亩，同时有 421 万人、445 万头大牲畜因旱发生饮水困难。8 月下旬后，北方地区出现多次降雨过程，部分旱区旱情缓解，但内蒙古东南部、辽宁西部、河北北部、山西北部一些重旱区旱情一直持续到秋收。另外，受干旱影响，新疆塔里木河干流断流河段达 1100 公里，英巴扎、乌斯满等主要水文站全年累计断流时间超过 300 天。 南方部分地区的伏秋旱：进入 7 月后，江南、华南局部地区受持续高温和降水偏少影响，旱情露头。江西、湖南、湖北、广东、广西、重庆、贵州 7 省（自治区、直辖市）部分地区 8 月后先后发生严重伏秋旱，9 月中旬受旱高峰时，农作物受旱面积达 3586 万亩，有 525 万人、265 万头大牲畜因旱发生饮水困难。9 月中旬以后，受降水影响，农作物旱情逐渐缓解。受汛期降雨持续偏少影响，长江、珠江流域干支流来水明显偏少。10 月，湘江、赣江及北江陆续出现历史最低水位，洞庭湖、鄱阳湖及西江出现历史同期低水位，沿江沿湖地区生活、生产和生态用水及航运交通受到较大影响。11 月 9 日后，江南、华南出现大范围降雨过程，河流水位回升，上述大部分地区旱情缓解。但西南部分地区尤其是云南省由于降雨持续偏少，旱情露头并发展。截至 12 月底统计，南方地区作物受旱面积 1060 万亩，其中重旱 298 万亩，干枯 61 万亩，有 232 万人、96 万头大牲畜因旱饮水困难。
灾度评估	大旱

20. 2010 年干旱

时　间	2010 年春、夏、秋
成灾范围	我国旱区主要分布在内蒙古、东北、华北、西南、华南、西北、黄淮、江淮以及江南等地
成　因	长期少雨、高温和大气环流异常
灾　情	存在 3 个明显的干旱中心，分别是西南大部和华南西部组成的南方旱区，内蒙古中部和东部、东北中部和北部部分地区组成的北方旱区以及华北中南部、江淮和黄淮大部组成的东部旱区。 据统计，2010 年全国耕地累计受旱面积 3.98 亿亩，农作物受灾面积 1.99 亿亩、成灾面积 1.35 亿亩、绝收面积 4008 万亩。全国因旱造成粮食损失 168 亿公斤、经济作物损失 388 亿元，因旱直接经济总损失 1509 亿元。全年共有 3335 万人、2441 万头大牲畜因旱发生饮水困难。 与 1991 年以来的农业旱灾损失相比，2010 年我国农作物受灾面积、成灾面积、绝收面积和因旱粮食损失均低于 19 年来的平均值 3.80 亿亩、2.02 亿亩、4208 万亩和 287 亿公斤，但因旱造成的经济作物损失略高于 1998 年有统计数据以来的平均值 341 亿元，因旱人畜饮水困难数量明显高于 19 年来的平均值 2150 万人、1544 万头。
灾度评估	中等干旱

21. 2011 年干旱

时　间	2011 年冬、春、秋
成灾范围	我国旱区主要分布在内蒙古、东北、西南、西北、黄淮、江淮以及长江中下游等地区
成　因	长期少雨、高温和大气环流异常
灾　情	存在 3 个明显的干旱中心，分别是西南旱区，内蒙古中部和东部、西北东部、东北大部组成的北方旱区和江淮、黄淮大部及长江中下游组成的东部旱区。 据统计，2011 年全国耕地累计受旱面积 4.8 亿亩，农作物受灾面积 2.44 亿亩、成灾面积 9898 万亩、绝收面积 2258 万亩，因旱造成粮食损失 2320 万吨、经济作物损失 252 亿元，因旱直接经济损失 1028 亿元。全年共有 2895 万人、1617 万头大牲畜因旱发生临时饮水困难。 2011 年我国农作物受灾、成灾、绝收面积均明显低于 1991 年以来的平均值（3.71 亿亩、1.99 亿亩、4198 万亩），因旱粮食损失和经济作物损失均低于 1991 年以来的平均值（2813 万吨、345 亿元），但因旱饮水困难人数略高于 1991 年以来的平均值（2788 万人）。
灾度评估	旱灾总体上属于偏轻年份，但局部地区灾情十分严重

22. 2012 年干旱

时　　间	2012 年冬、春、秋
成灾范围	我国旱区主要分布在西南大部、华北、江淮、黄淮、江汉、西北地区东部、内蒙古东部、东北大部、华南大部以及西藏中东部等地区
成　　因	长期少雨、高温和大气环流异常
灾　　情	主要存在 4 大旱区 5 大干旱事件，分别是西南地区的春旱和秋冬连旱、内蒙古东北部和黑龙江西部的春旱、江淮和黄淮区域的初夏旱以及华南地区的秋旱。 2012 年全国作物受旱面积 3.1 亿亩，农作物受灾面积 1.4 亿亩、成灾面积 5263 万亩、绝收面积 561 万亩，因旱直接经济损失 533 亿元，因旱造成粮食损失 1161 万吨、经济作物损失 144 亿元。全年共有 1637 万人、848 万头大牲畜因旱发生临时饮水困难。 2012 年我国农作物受灾、成灾、绝收面积均明显低于 1991 年以来的平均值（3.65 亿亩、1.94 亿亩、4106 万亩），直接经济损失、因旱粮食损失、经济作物损失均低于 1991 年以来的平均值（997 亿元、2790 万吨、338 亿元），因旱造成临时饮水困难人数远低于 1991 年以来的平均值（2793 万人）
灾度评估	旱灾总体上属于偏轻年份，但局部地区灾情十分严重

23. 2013 年干旱

时　　间	2013 年冬、春、夏、秋
成灾范围	我国旱区主要分布在西南、西北地区中东部、内蒙古中西部、东北、华北、江淮、黄淮、江汉、江南以及华南北部等地区
成　　因	长期少雨和高温

续表

时 间	2013 年冬、春、夏、秋
灾 情	2013 年全国农作物因旱受灾 1.68 亿亩、成灾 1.04 亿亩、绝收 2257 万亩,造成粮食损失 2064 万吨、经济作物损失 404 亿元,直接经济损失 1256 亿元。全年共有 2241 万人、1179 万头大牲畜因旱发生临时饮水困难。与常年相比,受灾面积和成灾面积均偏少五成,因旱饮水困难人数偏少近两成。 其中,主要存在 4 大干旱事件,分别是: 西南地区的秋冬春连旱:2012 年秋末至 2013 年春季西南大部地区出现的旱情给旱区农业、人畜饮水、河流和库塘来水量等带来一定影响。据西南各省、直辖市民政部门统计,截至 4 月上旬,旱情造成西南 3 省 1 市共 277 个县(区、市)2938.7 万人受灾,725.9 万人饮水困难,434.8 万人需生活救助;饮水困难的大牲畜 329.4 万头(只);农作物受灾面积 253.49 万亩,其中绝收面积 28.42 万亩,直接经济损失 117.9 亿元。 长江以北区域的春旱:截至 4 月上旬,长江以北区域出现的旱情共造成甘肃、陕西、宁夏、山西、河南以及湖北 6 省(区)228 个县(区)1683.2 万人受灾,194.2 万人饮水困难,197.9 万人需生活救助,饮水困难的大牲畜 82.73 万头(只),农作物受灾面积 205.26 万亩,直接经济损失 40.92 亿元。 长江以南区域的夏旱:长江以南区域出现的夏旱给旱区农业、人畜饮水等带来一定影响。据旱区各省、直辖市民政厅报告,截至 8 月上旬,旱情较为严重的湖南、湖北、江西、浙江以及贵州、重庆 5 省 1 市共有 477 个县(区、市)5696 万人受灾,1233.1 万人饮水困难,925.4 万人需生活救助,饮水困难的大牲畜 390 万头(只),农作物受灾面积 581.2 万亩,其中绝收 89.0 万亩,直接经济损失 366.4 亿元。 东部的秋旱:9 月底以来,黄淮西部的旱情使河南洛阳市栾川县、新乡市卫辉市 2.6 万人和 1.1 万头(只)大牲畜饮水困难。同时,持续干旱少雨也导致鄱阳湖水域面积缩小,10 月 22 日鄱阳湖主体及附近水域面积仅为 1497 公顷,较历史同期偏小 25%,为近 10 年来卫星遥感监测同期最小水面,湖口水位仅有 9.1 米,为近 10 年来最低水位。陕西东南部的旱情造成商洛市 53 万人受灾,农作物受灾面积 2.62 万亩、成灾面积 1.11 万亩、绝收面积 0.02 万亩,直接经济损失 4570 万元
灾度评估	旱灾总体上属于偏轻年份,但局部地区灾情十分严重

三 登陆我国热带气旋灾害资料

年份	序号	英文名	总计登陆次数	登陆次序	登陆地区	登陆时强度等级
1949	4	Elaine	1	1	香港	TS
	6	Gloria	3	1	浙江	TY
				2	上海、浙江	TY
				3	山东	STS
	8	Irma	1	1	台湾	STS
	11		2	1	海南	TD
				2	广东	
	13		1	1	福建	
	19		1	1	广东	STS
	20	Nelly	2	1	台湾	TY
				2	广东	TD
	24		2	1	台湾	TD
				2	福建	
	25	Omilia	1	1	广东	TS
1950	3		1	1	台湾	TS
	5		1	1	广东	TD
	7	Grace	1	1	辽宁	TD
	9		1	1	台湾	TD
	10		1	1	江苏	TD
	12		1	1	广东	TD
	30	Ossia	1	1	广东	TS
	31		1	1	海南	TD
	32		1	1	海南	TD
	40	Delilah	1	1	海南	TS
1951	5		1	1	广东	TD
	6		1	1	海南	TD
	12	Louise	1	1	广东	TY
	15		2	1	广东	
				2	广西	
				1	海南	TY
				1	广东	

续表

年份	序号	英文名	总计登陆次数	登陆次序	登陆地区	登陆时强度等级
1951				1	浙江	TS
				2	上海、浙江	TD
	18	Nora	1	1	海南	TY
	21	Ora	1	1	广东	
	22	Pat	2	1	浙江	TS
				2	上海、浙江	TD
1952	1	Charlotte	1	1	广东	STS
	3		1	1	广东	TD
	4	Emma	1	1	广东	STS
	7	Gilda	1	1	浙江	TD
	8	Harriet	1	1	广东	TS
	12		1	1	广东	TD
	14		1	1	广东	TD
	15	Lois	1	1	海南	TY
	16	Mary	1	1	福建	TS
	16	Mary[(-)1]	1	1	福建	TD
	17	Nora	1	1	海南	TY
			2	1	台湾	STS
				2	广东	STS
	21		1	1	海南	TS
	29	Bess	1	1	台湾	TY
	31	Della	1	1	台湾	TD
1953	5	Kit	2	1	台湾	TY
				2	福建	TY
	6		1	1	广东	TD
	10	Nina	1	1	浙江	TY
	12		1	1	海南	TD
	13	Ophelia	1	1	海南	TY
	14	Phyllis	2	1	台湾	TY
				2	福建	TS
	15	Rita	1	1	广东	TY

续表

年份	序号	英文名	总计登陆次数	登陆次序	登陆地区	登陆时强度等级
1953	17	Susan	1	1	广东	STS
	20		1	1	海南	TD
	22		1	1	海南	
	26	Betty	1	1	海南	TY
1954	2	Elsie	2	1	海南	TY
				2	广西	TS
	7	Elsie	1	1	广东	TD
	11		1	1	江苏	TS
	13	Ida	1	1	广东	TY
	16		2	1	广东	TS
				2	广西	TD
	27	Pamela	2	1	广东	TS
				2	广东	
	29	Ruby	1	1	广东	TD
1955	5	Billie	1	1	广东	STS
	6		1	1	海南	STS
	7	Clara	1	1	山东	TD
	8		1	1	广东	
	18		1	1	浙江	TD
	19	Iris	2	1	台湾	TY
				2	福建	TD
	19	Iris(-)1	1	1	福建	
	24		1	1	台湾	
	25		1	1	广东	
	26	Kate	1	1	海南	TY
1956	7		1	1	广东	TD
	9	Vera	1	1	海南	STS
	11		1	1	福建	TS
	12	Wanda	1	1	浙江	TY
	15		1	1	海南	
	19		2	1	海南	TD
				2	广西	

年份	序号	英文名	总计登陆次数	登陆次序	登陆地区	登陆时强度等级
1956	20		1	1	海南	
	22	Dinah	2	1	台湾	TY
				2	福建	TY
	25		1	1	海南	
	26	Freda	2	1	台湾	TY
				2	福建	STS
	27	Gilda	2	1	台湾	TY
				2	福建	TS
	30		1	1	海南	TD
1957	5	Virginia	1	1	台湾	TY
	7		1	1	海南	TD
	8	Wendy	1	1	广东	STS
	11		1	1	广东	TS
	17	Carmen	1	1	福建	TY
	19	Gloria	1	1	广东	TY
	23		1	1	广东	TD
	28		1	1	广东	
1958	4		1	1	海南	TS
	10	Winnie	2	1	台湾	TY
				2	福建	STS
	13		1	1	福建	TS
	15		1	1	广东	STS
	19		1	1	海南	TD
	20		2	1	台湾	STS
				2	福建	TS
	21		1	1	广东	TD
	22	Grace	1	1	福建	TY
	23		2	1	海南	STS
				2	广西	TD
	28		1	1	广东	

续表

年份	序号	英文名	总计登陆次数	登陆次序	登陆地区	登陆时强度等级
	5	Wilda	1	1	广东	TD
	6	Billie	2	1	浙江、福建	TY
				2	上海	STS
	7		1	1	海南	
	10	Hope	1	1	海南	
	12	Iris	1	1	福建	TY
	14	Joan	2	1	台湾	TY
				2	福建	TY
	15	Louise	2	1	台湾	TY
				2	福建	STS
	16	Marge	1	1	广东	
	17	Nora[(-)1]	1	1	广东	STS
	6	Mary	1	1	香港	TY
	7	Olive	1	1	广东	STS
1959	9	Polly	2	1	山东	STS
				2	辽宁	TD
	11	Shirley	3	1	台湾	TY
				2	福建	TY
				3	山东	TS
	12		1	1	广东	TD
	13	Trix	2	1	台湾	TY
				2	福建	STS
	13	Trix[(-)1]	2	1	台湾	TS
				2	福建	
	18	Agnes	2	1	台湾	STS
				2	广东	
	24	Elaine	2	1	台湾	STS
				2	广东	
	31		1	1	海南	TD
	34	Kit	1	1	海南	TY

年份	序号	英文名	总计 登陆次数	登陆 次序	登陆地区	登陆时 强度等级
	6	Mary	1	1	香港	TY
	7	Olive	1	1	广东	STS
	9	Polly	2	1	山东	STS
				2	辽宁	TD
	11	Shirley	3	1	台湾	TY
				2	福建	TY
				3	山东	TS
	12		1	1	广东	TD
	13	Trix	2	1	台湾	TY
1960				2	福建	STS
	13	Trix$^{(-)1}$	2	1	台湾	TS
				2	福建	
	18	Agnes	2	1	台湾	STS
				2	广东	
	24	Elaine	2	1	台湾	STS
				2	广东	
	31		1	1	海南	TD
	34	Kit	1	1	海南	TY
	4	Alice	1	1	香港	TY
	5	Betty	2	1	台湾	TY
				2	浙江	TD
	7		1	1	台湾	
	8		1	1	海南	TD
	12	Doris	1	1	广东	TS
1961	14	Elsie	2	1	台湾	TY
				2	广东	TS
	15	Flossie	1	1	香港	TD
	19	June	2	1	台湾	TY
				2	福建	TD
	20	June$^{(-)1}$	2	1	浙江	TD
				2	江苏	TD

年份	序号	英文名	总计 登陆次数	登陆 次序	登陆地区	登陆时 强度等级
1961	24	Lorna	2	1	台湾	TY
				2	福建	STS
	27		1	1	广东	TS
	28	Olga	1	1	广东	TY
	29	Pamela	2	1	台湾	TY
				2	福建	TY
	32	Sally	2	1	台湾	TY
				2	广东	STS
	33	Tilda	1	1	浙江	TY
1962	4		2	1	海南	TD
				2	广西	
	8	Kate	2	1	台湾	TY
				2	福建	STS
	13	Opal	3	1	台湾	TY
				2	福建	TY
				3	山东	TS
	14	Patsy	2	1	海南	TY
				2	广西	STS
	19	Wanda	2	1	香港	TY
				2	海南	
	20	Amy	2	1	台湾	TY
				2	福建	STS
	23	Carla	1	1	海南	TY
	27	Dinah	1	1	广东	TY
1963	6	Trix	1	1	广东	TY
	8	Wendy	2	1	台湾	TY
				2	福建	STS
	10	Agness	1	1	广东	STS
	12		3	1	海南	TS
				2	广东	TD
				3	广西	TD

续表

年份	序号	英文名	总计登陆次数	登陆次序	登陆地区	登陆时强度等级
1963	13	Carmen	2	1	海南	TY
				2	广东	TY
	14		1	1	海南	TD
	17		1	1	海南	
	18	Faye	1	1	海南	TY
	20	Gloria	1	1	福建	STS
1964	2	Viola	1	1	广东	STS
	3	Winnie	1	1	海南	TY
	11	Helen	1	1	辽宁	TS
	12	Ida	1	1	广东	TY
	13	June	2	1	广东	TD
				2	海南	TD
	19	Ruby	1	1	广东	TY
	20	Sally	1	1	广东	TY
	29	Dot	1	1	广东	TY
1965	12		1	1	海南	TD
	13	Dinah	1	1	台湾	TY
	17	Freda	2	1	广东	TY
				2	广西	TS
	19	Gilda	1	1	广东	TS
	21	Harriet	3	1	台湾	TY
				2	福建	STS
				3	山东	TD
	25	Mary	2	1	台湾	TY
				2	福建	TS
	26	Nadine	1	1	海南	TS
	30	Rose	1	1	广东	STS
	35	Agnes	1	1	广东	TS
	39	Elaine	1	1	海南	TD
1966	4	Judy	1	1	台湾	STS
	6	Lola	1	1	广东	STS

续表

年份	序号	英文名	总计 登陆次数	登陆 次序	登陆地区	登陆时 强度等级
1966	7	Mamie	1	1	广东	TS
	9		1	1	台湾	
	11	Ora	2	1	广东	TY
				2	广西	STS
	12	Phyllis	1	1	海南	TD
	16	Tess	1	1	福建	STS
	18	Winnie	1	1	辽宁	TD
	20	Alice	1	1	福建	TY
	21	Cora	1	1	福建	TY
	25	Elsie	1	1	台湾	TY
1967	8	Anita	1	1	广东	TY
	11	Clara	2	1	台湾	TY
				2	福建	TS
	14	Dot	2	1	山东	STS
				2	辽宁	TS
	17	Fran	1	1	广东	TY
	19		2	1	台湾	TD
				2	福建	TS
	22		1	1	广东	
	24	Iris	1	1	广东	TD
	26	Kate	1	1	广东	TS
	31	Nora	2	1	台湾	STS
				2	福建	TD
	33	Patsy	1	1	海南	TS
	47	Carla	1	1	广东	TS
	49	Emma	1	1	广东	TS
	51	Gilda	1	1	台湾	TY
1968	9	Nadine	2	1	台湾	TY
				2	台湾	TS
	13		1	1	海南	
	15	Rose	1	1	海南	STS

年份	序号	英文名	总计登陆次数	登陆次序	登陆地区	登陆时强度等级
1968	17	Shirley	1	1	香港	TY
	21	Wendy	1	1	广东	TY
	23	Bess	1	1	海南	
	27	Elaine	1	1	广东	STS
1969	7	Viola	1	1	广东	TY
	8		1	1	海南	
	11	Betty	1	1	福建	TY
	16		1	1	台湾	TS
	18		1	1	台湾	TS
	20	Elsie	2	1	台湾	TY
				2	福建	STS
1970	4		1	1	台湾	
	5		1	1	海南	TD
	8	Ruby	1	1	广东	TS
	14		1	1	广东	TS
	17	Violet	1	1	广东	TD
	27	Fran	2	1	台湾	STS
				2	福建	TD
	29		1	1	海南	
	30	Georgia	1	1	广东	TS
	39	Joan	2	1	海南	TY
				2	广东	TS
1971	5	Wanda	1	1	海南	TS
	10	Dinah	2	1	海南	STS
				2	广西	TS
	12	Freda	1	1	广东	STS
	14	Gilda	3	1	海南	TY
				2	广东	TY
				3	广西	TY
	18	Jean	1	1	海南	TS
	19	Lucy	1	1	广东	STS

年份	序号	英文名	总计登陆次数	登陆次序	登陆地区	登陆时强度等级
1971	21	Nadine	2	1	台湾	TY
				2	福建	TD
	25	Rose	1	1	广东	STS
	32	Agnes	2	1	台湾	TY
				2	福建	TS
	35	Bess	2	1	台湾	TY
				2	福建	TY
	37	Della	1	1	海南	STS
	39	Elaine	1	1	海南	STS
1972	8	Ora	1	1	广东	TS
	9	Rita	2	1	山东	STS
				2	天津	TD
	10	Susan	1	1	福建	TD
	16	Winnie	1	1	浙江	STS
	18	Betty	1	1	浙江	TY
	19	Cora	1	1	海南	STS
	33	Pamela	2	1	海南	TY
				2	广东	STS
1973	1	Wilda	1	1	福建	TY
	3	Billie	2	1	山东	TS
				2	辽宁	TD
	4	Dot	1	1	广东	STS
	8	Georgia	1	1	广东	STS
	12	Joan	1	1	广东	TD
	13	Kate	1	1	海南	STS
	15		1	1	广东	TD
	16	Louise	1	1	广东	TY
	17	Marge	1	1	海南	SuperTY
	19	Nora	1	1	福建	TY
	22	Ruth	1	1	海南	TY

年份	序号	英文名	总计登陆次数	登陆次序	登陆地区	登陆时强度等级
1974	5		1	1	广东	TS
	6	Dinah	1	1	海南	STS
	12	Jean	2	1	台湾	STS
				2	浙江	STS
	13	Ivy	1	1	广东	TY
	17	Lucy	1	1	福建	TD
	18	Mary	1	1	浙江	TY
	25		2	1	山东	STS
				2	辽宁	TS
	27		1	1	广东	TS
	30	Wendy	1	1	台湾	STS
	32	Bess	1	1	海南	STS
	34	Della	1	1	海南	TY
	39	Irma	1	1	广东	TS
1975	3		1	1	海南	TD
	6	Nina	2	1	台湾	SuperTY
				2	福建	TY
	9	Ora	1	1	浙江	TY
	10		2	1	海南	TD
				2	广东	TD
	13		1	1	海南	
	20	Alice	1	1	海南	STS
	21	Betty	2	1	台湾	TY
				2	福建	TY
	23	Doris	1	1	广东	TY
	25	Flossie	1	1	广东	STS
1976	10		3	1	海南	
				2	广东	
				3	广西	
	14	Violet	1	1	广东	STS
	17	Billie	2	1	台湾	STY
				2	福建	TY

年份	序号	英文名	总计 登陆次数	登陆 次序	登陆地区	登陆时 强度等级
1976	18	Clara	1	1	广东	STS
	20	Ellen	1	1	广东	STS
	23	Iris	3	1	广东	STS
				2	海南	TD
				3	海南	TD
1977	4	Ruth	1	1	福建	TD
	5	（－）¹	1	1	海南	
	5		1	1	广东	TD
	6	Sarah	1	1	海南	STS
	7	Thelma	2	1	台湾	TY
				2	福建	TD
	8	Vera	2	1	台湾	STY
				2	福建	STS
	12	Amy⁽⁻⁾¹	1	1	台湾	TD
	16	Babe	1	1	上海	STS
	19	Freda	1	1	广东	TS
1978	4	Rose	1	1	台湾	
	5		1	1	广东	
	8	Trix	1	1	浙江	TY
	11	Agnes	2	1	广东	TS
				2	广东	
	13	Bess	1	1	海南	TS
	15	Della	2	1	台湾	TS
				2	福建	TD
	18	Elaine	2	1	广东	STS
				2	广西	STS
	27	Lola	1	1	海南	STS
1979	8	Ellis	1	1	广东	TD
	11	Hope	1	1	广东	TY
	12	Gordon	1	1	广东	STS
	18	Judy	1	1	浙江	STS

续表

年份	序号	英文名	总计登陆次数	登陆次序	登陆地区	登陆时强度等级
1979	23	Mac	2	1	广东	TS
				2	广东	
	24	Nancy	1	1	海南	TS
1980	6	Georgia	1	1	广东	TS
	7	Herbert	2	1	海南	TS
				2	广西	TS
	9	Ida	1	1	广东	TS
	10		1	1	广东	TS
	11	Joe	1	1	广东	TY
	12	Kim	1	1	广东	STS
	15		1	1	广东	TD
	16	Norris	2	1	台湾	TY
				2	福建	STS
	17		1	1	海南	
	22	Ruth	1	1	海南	STS
	23	Percy	2	1	台湾	SuperTY
				2	福建	STY
1981	4	Ike	1	1	台湾	STS
	5	June	1	1	台湾	STS
	6	Kelly	1	1	海南	STY
	7	Lynn	1	1	广东	STS
	8	Maury	2	1	福建	STS
				2	广西	TD
	9		1	1	浙江	TS
	13	Roy	1	1	海南	TD
	17	Warren	1	1	海南	TS
	21	Clara	1	1	广东	STS
	23		1	1	广东	TD
	25		3	1	广东	TD
				2	广东	TD
				3	广西	
	29		1	1	海南	TS

年份	序号	英文名	总计登陆次数	登陆次序	登陆地区	登陆时强度等级
1982	9	Winona	2	1	广东	TS
				2	广西	TD
	10	Andy	1	1	台湾	STY
	10	Andy(-)1	1	1	福建	TS
	13	Dot	2	1	台湾	STS
				2	福建	TS
	19	Irving	2	1	广东	STS
				2	广西	STS
1983	2	Tip	2	1	海南	TD
				2	广东	TD
	3	Vera	1	1	海南	TY
	4	Wayne	1	1	福建	TY
	9	Ellen	1	1	广东	TY
	11	Georgia	1	1	海南	STS
	15	Kim	1	1	广东	STS
1984	2	Wynne	2	1	广东	
				2	广西	
	3	Alex	1	1	台湾	
	3	Alex(-)1	1	1	浙江	
	4	Betty	1	1	广东	
	7	Ed	2	1	江苏	
				2	山东	
	8	Freda	2	1	台湾	
				2	福建	
	9		1	1	海南	
	12	Gerald	1	1	广东	
	14		1	1	山东	
	15	Ike	3	1	海南	
				2	广东	
				3	广西	
	16	June	1	1	广东	TS

续表

年份	序号	英文名	总计登陆次数	登陆次序	登陆地区	登陆时强度等级
1985	5		1	1	海南	
	7	Hal	1	1	广东	STS
	10		1	1	广东	
	11	Jeff	2	1	浙江	TY
				2	辽宁	TD
	13		1	1	广东	
	15	Mimie	3	1	江苏	STS
				2	山东	STS
				3	辽宁	STS
	16	Nelson	1	1	福建	STY
	17		2	1	广东	
				2	广东	TS
	22	Tess	1	1	广东	STS
	23		1	1	辽宁	TD
	25	Winona	1	1	广东	STS
	26	Andy	1	1	海南	STS
	30	Dot	1	1	海南	TY
1986	4	Mac	1	1	海南	
	6	Nancy	1	1	台湾	TY
	7		1	1	广东	
	9	Peggy	1	1	广东	STS
	11		2	1	广东	TS
				2	广西	TS
	15		1	1	海南	TD
	15	Peggy(-)1	1	1	海南	
	18	Wayne	3	1	台湾	TY
				2	海南	TY
				3	广东	TY
	20	Abby	1	1	台湾	STY
	24	Ellen	1	1	广东	TS

续表

年份	序号	英文名	总计登陆次数	登陆次序	登陆地区	登陆时强度等级
1987	3	Ruth	1	1	广东	STS
	7	Vernon	1	1	台湾	STS
	9	Alex	3	1	台湾	TY
				2	浙江	STS
				3	山东	TD
	12	Cary	1	1	海南	TY
	15	Gerald	1	1	福建	STS
	23	Luynn	1	1	广东	TD
1988	2	Susan	1	1	台湾	TY
	5	Vanessa	1	1	广东	TD
	7	Warren	1	1	广东	TY
	10		1	1	海南	TD
	11	Bill	1	1	浙江	TY
	23	Kit	1	1	广东	STS
	24	Mimie	1	1	广东	TD
	26		1	1	海南	TD
	31	Pat	1	1	海南	TY
	32	Ruby	1	1	海南	STS
1989	4	Brenda	1	1	广东	STS
	6	Dot	1	1	海南	TY
	9	Faye	1	1	海南	TS
	10	Gordon	1	1	广东	TY
	11	Hope	1	1	浙江	TY
	14	Ken	1	1	上海	STS
	15		1	1	台湾	TS
	17		2	1	海南	
				2	广西	
	21		1	1	福建	TD
	26	Sarah	1	1	台湾	SuperTY
	26	Sarah[(-)1]	2	1	台湾	TY
				2	福建	STS

年份	序号	英文名	总计登陆次数	登陆次序	登陆地区	登陆时强度等级
1989	28	Vera	1	1	浙江	STS
	31	Brian	1	1	海南	TY
	34	Elsie	1	1	海南	STS
1990	3	Marian	1	1	台湾	TD
	5		1	1	海南	
	6	Nathan	1	1	广东	STS
	8	Ofelia	2	1	台湾	TY
				2	福建	STS
	9	Percy	1	1	福建	TY
	15	Tasha	1	1	广东	STS
	18	Yancy	4	1	台湾	STY
				2	福建	TS
				3	福建	TS
				4	福建	TS
	22	Abe	1	1	浙江	TY
	23	Cecil	1	1	福建	TS
	24	Dot	1	1	台湾	TY
	24	Dot(-)1	1	1	福建	STS
	33		1	1	海南	STS
1991	3	Vanessa	1	1	海南	TD
	7	Zeke	1	1	海南	TY
	8	Amy	1	1	广东	TY
	9	Brendan	1	1	广东	TY
	13	Fred	2	1	广东	STY
				2	海南	TY
	18	Joel	1	1	广东	STS
	22	Nat	2	1	台湾	STY
				2	广东	STS
1992	4	Chuck	1	1	海南	TY
	6	Eli	1	1	海南	TY
	7	Faye	1	1	广东	TS

续表

年份	序号	英文名	总计登陆次数	登陆次序	登陆地区	登陆时强度等级
1992	8	Gary	1	1	广东	STS
	14	Mark	1	1	广东	TS
	16	Omar	2	1	台湾	STS
				2	福建	STS
	17	Polly	2	1	台湾	STS
				2	福建	TS
	20	Ted	2	1	台湾	TY
				2	浙江	STS
	21		1	1	海南	TD
1993	3	Koryn	1	1	广东	TY
	5	Lewis	1	1	海南	STS
	12	Tasha	1	1	广东	TY
	18	Abe	1	1	广东	TY
	19	Becky	1	1	广东	TY
	20	Dot	1	1	广东	TY
	25		1	1	广东	TD
	27	Ira	1	1	广东	TS
1994	3	Russ	1	1	广东	STS
	4	Sharon	1	1	广东	TD
	5		1	1	广东	TS
	6	Tim	2	1	台湾	STY
				2	福建	STS
	11		1	1	广西	TD
	15	Caitlin	2	1	台湾	STS
				2	福建	TS
	16	Dous	2	1	台湾	STY
				2	江苏	TD
	17	Ellie	2	1	山东	STS
				2	辽宁	TS
	19	Fred	1	1	浙江	TY
	20	Gladys	2	1	台湾	TY
				2	福建	STS

年份	序号	英文名	总计登陆次数	登陆次序	登陆地区	登陆时强度等级
1994	21	Harry	1	1	广东	STS
	24	Joel	1	1	海南	TS
	26	Luke	1	1	海南	STS
1995	2	Deanna	1	1	台湾	TD
	4	Gary	1	1	广东	STS
	5	Helen	1	1	广东	STS
	6	Irving	2	1	广东	TS
				2	广西	TD
	7	Janis	1	1	浙江	STS
	8	Lois	1	1	海南	STS
	9	Kent	1	1	广东	TY
	11	Nina	2	1	海南	TS
				2	广东	TD
	15	Sibyl	1	1	广东	STS
	16	Ted	1	1	广西	TS
	21	Angela	1	1	海南	TD
1996	7	Frankie	1	1	海南	STS
	8	Gloria	1	1	福建	TS
	9	Herb	2	1	台湾	TY
				2	福建	TY
	12	Lisa	1	1	福建	TS
	14	Niki	1	1	海南	TY
	17	Sally	3	1	广东	STY
				2	广西	STS
				3	广西	TS
	21	Willie	1	1	广东	STS
1997	13	Victor	1	1	香港	STS
	14	Winnie	2	1	浙江	TY
				2	辽宁	TS
	16	Zita	1	1	广东	STS
	17	Amber	2	1	台湾	TY
				2	福建	STS
	19	Cass	1	1	福建	TD

年份	序号	英文名	总计登陆次数	登陆次序	登陆地区	登陆时强度等级
1998	1	Nichole	1	1	台湾	TS
	3	Otto	2	1	台湾	STS
				2	福建	TS
	4	Penny	1	1	广东	STS
	5		1	1	广东	TD
	8		1	1	海南	TD
	10	Todd	1	1	浙江	STS
1999	3	Leo	1	1	广东	TD
	4	Maggie	3	1	广东	TY
				2	香港	STS
				3	广东	TS
	9		1	1	福建	TD
	12	Rachel	1	1	台湾	TD
	13	Sam	1	1	广东	STS
	17	Wendy	1	1	广东	TD
	18	York	1	1	广东	STS
	22	Cam	1	1	香港	TD
	23	Dan	1	1	福建	TY
2000	5		1	1	香港	TD
	7	Kai – tak	2	1	台湾	STS
				2	浙江	STS
	8		1	1	广东	TD
	12	Jelawat	1	1	浙江	TY
	14	Bilis	2	1	台湾	TY
				2	福建	TY
	17	Maria	1	1	广东	STS
	20	Wukong	1	1	海南	TY
2001	2	Chebi	1	1	福建	TY
	3	Durian	2	1	广东	TY
				2	广西	STS
	4	Utor	1	1	广东	STS

续表

年份	序号	英文名	总计 登陆次数	登陆 次序	登陆地区	登陆时 强度等级
2001	5	Trami	1	1	台湾	TS
	7	Yutu	1	1	广东	TY
	8	Toraji	3	1	台湾	TY
				2	福建	STS
				3	山东	TD
	9		2	1	台湾	TD
				2	福建	TD
	16	Fitow	3	1	海南	TD
				2	广西	TS
				3	海南	
	18	Nari	2	1	台湾	TY
				2	广东	STS
	21	Lekima	1	1	台湾	TY
2002	10	Nakri	1	1	台湾	TS
	11	Fengshen	1	1	山东	TD
	15	Kammuri	1	1	广东	STS
	17	Vongfong	1	1	广东	STS
	19	Sinlaku	1	1	浙江	TY
	21	Hagupit	1	1	广东	STS
	23	Mekkhala	3	1	海南	TS
				2	广西	TS
				3	广东	TD
2003	8	Koni	1	1	海南	TS
	9	Imbudo	1	1	广东	TY
	10	Morakot	2	1	台湾	STS
				2	福建	TD
	12	Krovanh	2	1	海南	TY
				2	广东	TY
	13	Vamco	1	1	浙江	TS
	15	Dujuan	3	1	广东	TY
				2	广东	TY
				3	广东	TY
	23	Nepartak	1	1	海南	TY

续表

年份	序号	英文名	总计登陆次数	登陆次序	登陆地区	登陆时强度等级
2004	10	Mindule	2	1	台湾	STS
				2	浙江	STS
	12	Kompasu	1	1	香港	TS
	14		1	1	广东	TS
	17	Rananim	1	1	浙江	STY
	20	Chaba	1	1	福建	TY
	25	Haima	2	1	台湾	TD
				2	浙江	TS
	29	Nock – ten	1	1	台湾	STY
	32	Nanmadol	1	1	台湾	STS
2005	5	Haitang	2	1	台湾	STY
				2	福建	TY
	8	Washi	1	1	海南	STS
	9	Matsa	2	1	浙江	STY
				2	辽宁	TD
	10	Sanvn	1	1	广东	STS
	13	Talim	2	1	台湾	TY
				2	福建	TY
	15	Khanun	1	1	浙江	STY
	18	Damrcy	1	1	海南	STY
	19	Longwang	2	1	台湾	STY
				2	福建	STS
2006	2	Chanchu	1	1	广东	TY
	3	Jelawat	1	1	广东	TD
	5		1	1	海南	TD
	6	Bilis	2	1	台湾	STS
				2	福建	STS
	7	Kaemi	2	1	台湾	TY
				2	福建	TY
	8	Prapiroon	1	1	广东	TY
	10	Saomai	1	1	浙江	SuperTY

续表

年份	序号	英文名	总计登陆次数	登陆次序	登陆地区	登陆时强度等级
2006	11	Bopha	1	1	台湾	TS
	14		1	1	广东	TD
	17		1	1	广东	TD
2007	3	Toraji	2	1	海南	TD
				2	广西	TS
	7	Pabuk	3	1	台湾	S
				2	香港	TS
				3	广东	TD
	8	Wutip	1	1	台湾	TS
	9	Sepat	2	1	台湾	STY
				2	福建	TY
	13	Wipha	1	1	浙江	STY
	14	Francisco	1	1	海南	TS
	16	Krosa	3	1	台湾	STY
				2	台湾	STY
				3	浙江、福建	TY
2008	2	Neoguri	2	1	海南	STS
				2	广东	TD
	7	Fengshen	1	1	广东	TS
	8	Kalmaegi	2	1	台湾	TY
				2	福建	STS
	9	Fung－wong	2	1	台湾	STY
				2	福建	TY
	10	Kammuri	2	1	广东	TS
				2	广西	TS
	13	Nuri	2	1	香港	STS
				2	广东	STS
	15	Sinlaku	1	1	台湾	STY
	16	Hagupit	1	1	广东	STY
	17	Jangmi	1	1	台湾	SuperTY
	19	Higos	2	1	海南	TS
				2	广东	TD

年份	序号	英文名	总计 登陆次数	登陆 次序	登陆地区	登陆时 强度等级
2009	3	Linfa	1	1	福建	STS
	4	Nangka	1	1	广东	TS
	5	Soudelor	2	1	海南	TS
				2	广东	TS
	6		2	1	台湾	TY
				2	福建	TS
	7	Molave	1	1	广东	TY
	8	Goni	1	1	广东	STS
	9	Morakot	2	1	台湾	TY
				2	福建	TY
	14	Mujigae	1	1	海南	TS
	16	Koppu	1	1	广东	TY
	17	Pama	1	1	海南	TS
	23		1	1	海南	TD
2010	2	Conson	1	1	海南	TY
	3	Chanthu	1	1	广东	TY
	7	Lionrock	1	1	福建	TS
	9	Namtheun	1	1	福建	TS
	11	Meranti	1	1	福建	TY
	12	Fanapi	2	1	台湾	STY
				2	福建	TY
	14		1	1	海南	TD
	15	Megi	1	1	福建	TY
2011	6	Sarika	1	1	广东	TS
	7	Haima	2	1	广东	TS
				2	广东	TS
	8	Meari	1	1	山东	TS
	11	Nock – ten	1	1	海南	STS
	15	Nanmadol	2	1	台湾	TY
				2	福建	TS
	21	Nesat	2	1	海南	STY
				1	广东	TY
	23	Nalgae	1	1	海南	STS

续表

年份	序号	英文名	总计登陆次数	登陆次序	登陆地区	登陆时强度等级
2012	7	Doksuri	1	1	广东	STS
	9	Vicente	1	1	广东	TY
	10	Saola	2	1	台湾	TY
				2	福建	STS
	11	Damrey	1	1	江苏	TY
	12	Haikui	1	1	浙江	STY
	14	Kai – tak	1	1	广东	TY
	15	Tembin	1	1	台湾	STY
2013	5	Bebinca	1	1	海南	TS
	6	Rumbia	1	1	广东	STS
	7	Soulik	2	1	台湾	STY
				2	福建	STS
	8	Cimaron	1	1	福建	TS
	9	Jebi	1	1	海南	STS
	11	Utor	1	1	广东	STY
	12	Trami	1	1	福建	TY
	13		1	1	浙江	TD
	20	Usagi	1	1	广东	STY
	25	Fitow	1	1	福建	STY

说明：热带气旋英文名一栏有"（−1)^n"标记的为副中心登陆。根据中国气象局"关于实施热带气旋等级国家标准"GBT 19201—2006 的通知，热带气旋按中心附近地面最大风速划分为六个等级：

超强台风（STY）：底层中心附近最大平均风速≥51.0 米/秒，也即 16 级或以上。

强台风（STY）：底层中心附近最大平均风速41.5—50.9 米/秒，也即 14—15 级。

台风（TY）：底层中心附近最大平均风速32.7—41.4 米/秒，也即 12—13 级。

强热带风暴（STS）：底层中心附近最大平均风速24.5—32.6 米/秒，也即风力 10—11 级。

热带风暴（TS）：底层中心附近最大平均风速17.2—24.4 米/秒，也即风力 8—9 级。

热带低压（TD）：底层中心附近最大平均风速10.8—17.1 米/秒，也即风力为 6—7 级。

资料来源：中国气象局热带气旋资料中心。

四 地震灾害资料

1. 2001—2013 年我国 5 级以上地震资料

（1）2001 年我国 5 级以上地震资料

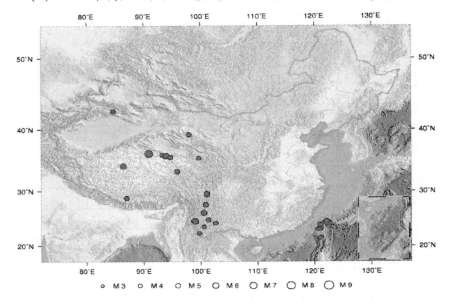

序号	发震时刻	纬度（°）	经度（°）	深度（km）	震级（M）	参考地区
1	2001 - 01 - 11 16：36：52	24	121.1	15	5.1	台湾南投
2	2001 - 02 - 14 15：27：29	29.6	101.1	15	5	四川雅江
3	2001 - 02 - 23 08：09：20	29.4	101.1	15	6	四川雅江
4	2001 - 03 - 02 00：37：47	24	121	0	5.6	台湾南投
5	2001 - 03 - 05 23：50：02	34.2	86.5	10	6.4	西藏玛尼
6	2001 - 03 - 12 16：57：50	22.3	99.8	0	5	云南澜沧
7	2001 - 03 - 24 07：23：01	42.7	84.7	0	5.1	新疆和静
8	2001 - 04 - 10 11：13：04	24.5	99.1	0	5.2	云南施甸
9	2001 - 04 - 12 18：46：57	24.7	98.9	0	5.9	云南施甸
10	2001 - 04 - 27 10：02：33	23.7	121.1	10	5.1	台湾南投
11	2001 - 04 - 28 18：37：53	28.8	87	0	5.2	西藏定日

续表

序号	发震时刻	纬度 (°)	经度 (°)	深度 (km)	震级 (M)	参考地区
12	2001 - 05 - 24 05：10：39	27.6	100.9	0	5.8	四川盐源
13	2001 - 06 - 08 02：03：28	24.8	99.1	10	5.3	云南施甸
14	2001 - 06 - 13 21：17：58	24.7	122.1	33	5.5	台湾苏澳东北海中
15	2001 - 06 - 14 10：35：25	24.4	122.1	33	6.4	台湾苏澳以东海中
16	2001 - 06 - 19 13：16：18	23.3	121	10	5.5	台湾台南嘉义以东
17	2001 - 06 - 19 13：43：35	23.3	121.1	10	5.4	台湾台南嘉义以东
18	2001 - 07 - 10 07：51：32	24.9	101.4	0	5.3	云南楚雄
19	2001 - 07 - 11 05：41：06	39.2	98	0	5.3	甘肃肃南裕固族自治县
20	2001 - 07 - 15 02：36：05	24.3	102.6	0	5.1	云南江川
21	2001 - 07 - 17 19：32：52	35.5	99.7	10	5	青海兴海
22	2001 - 07 - 26 00：02：53	33.3	95.9	10	5.7	青海治多、杂多交界
23	2001 - 08 - 07 11：53：43	21.5	121.1	0	5.4	台湾南部海中
24	2001 - 09 - 04 12：05：55	23.6	100.6	10	5	云南景谷
25	2001 - 09 - 11 16：39：00	24.5	121.8	10	5.1	台湾苏澳
26	2001 - 09 - 18 06：44：42	23.1	120.6	0	5.2	台湾台南
27	2001 - 10 - 27 13：35：39	26.2	100.6	10	6	云南永胜
28	2001 - 11 - 14 17：26：13	36.2	90.9	15	8.1	新疆、青海交界（新疆境内若羌）
29	2001 - 11 - 15 07：05：29	35.6	94.7	10	5.3	青海格尔木
30	2001 - 11 - 19 05：59：53	35.9	94	10	5.7	青海格尔木
31	2001 - 11 - 20 01：45：22	35.8	93.8	0	5.6	青海格尔木
32	2001 - 11 - 30 18：43：12	36.1	90.9	0	5.1	新疆、青海交界
33	2001 - 12 - 08 12：12：51	36	93.3	10	5.4	青海格尔木
34	2001 - 12 - 23 05：40：27	24.2	122.8	0	5.2	台湾地区
35	2001 - 12 - 28 08：41：42	24.4	122.6	10	5.5	台湾花莲以东海中

资料来源：国家地震科学数据共享中心网站，以下同。

（2）2002 年我国 5 级以上地震资料

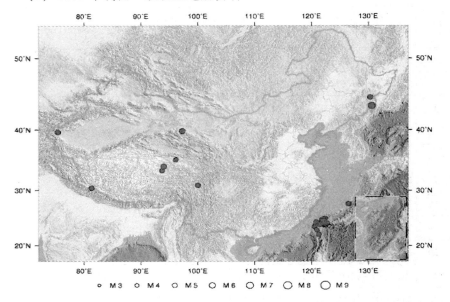

序号	发震时刻	纬度 (°)	经度 (°)	深度 (km)	震级 (M)	参考地区
1	2002 - 01 - 09 01：00：38	24.4	120.8	0	5.1	台湾苗栗县
2	2002 - 02 - 12 11：27：24	23.9	121.5	10	5.7	台湾花莲东北
3	2002 - 03 - 31 14：52：50	24.4	122.1	0	7.5	台湾以东海中
4	2002 - 04 - 04 02：06：07	24.3	121.9	0	5.4	台湾苏澳与花莲间
5	2002 - 04 - 28 21：23：49	24.2	122.8	33	5.1	台湾以东海中
6	2002 - 05 - 15 11：46：02	24.5	122.1	0	6.5	台湾苏澳以东海中
7	2002 - 05 - 29 00：45：17	24.1	122.2	0	6.2	台湾苏澳以东海中
8	2002 - 06 - 04 22：36：04	30.4	81.3	33	5.7	西藏普兰
9	2002 - 06 - 14 04：40：27	24.9	122.1	0	5.4	台湾宜兰东北海中
10	2002 - 06 - 29 01：19：31	43.5	130.6	540	7.2	吉林汪清
11	2002 - 06 - 29 14：54：36	34.1	94	0	5.9	青海治多县
12	2002 - 07 - 11 15：36：20	24	122.3	10	5.9	台湾花莲以东海中
13	2002 - 07 - 18 18：13：21	27.6	126.5	10	5.3	中国东海
14	2002 - 08 - 08 19：42：02	30.9	100	0	5.3	四川新龙县
15	2002 - 08 - 10 17：03：16	24.3	121.7	0	5	台湾花莲
16	2002 - 08 - 29 01：05：29	22.1	121.3	0	5.4	台湾兰屿地区

续表

序号	发震时刻	纬度 (°)	经度 (°)	深度 (km)	震级 (M)	参考地区
17	2002 – 08 – 30 04：05：51	24.8	121.8	96	5	台湾宜兰
18	2002 – 09 – 01 13：56：19	24.1	122.3	0	5.6	台湾以东海中
19	2002 – 09 – 01 15：07：32	24	122.6	33	5.5	台湾花莲以东海中
20	2002 – 09 – 06 19：01：59	23.8	120.7	33	5	台湾南投
21	2002 – 09 – 15 09：06：51	24	122.4	15	5	台湾以东海中
22	2002 – 09 – 15 16：39：31	44.7	130.3	540	5.6	黑龙江穆棱
23	2002 – 09 – 16 08：03：27	25	122.4	160	5.5	宜兰以东海中
24	2002 – 09 – 25 06：43：24	22.9	120.9	0	5	台湾台东县
25	2002 – 09 – 28 01：14：37	33.4	93.7	0	5.2	青海杂多县
26	2002 – 09 – 30 16：35：11	23.5	120.5	0	5.1	台湾嘉义
27	2002 – 10 – 27 04：28：48	35.2	96.1	15	5.4	青海都兰县与曲玛莱县交界
28	2002 – 12 – 14 21：27：27	39.8	97.3	0	5.9	甘肃玉门市
29	2002 – 12 – 25 20：57：10	39.6	75.4	10	5.7	新疆喀什

（3）2003 年我国 5 级以上地震资料

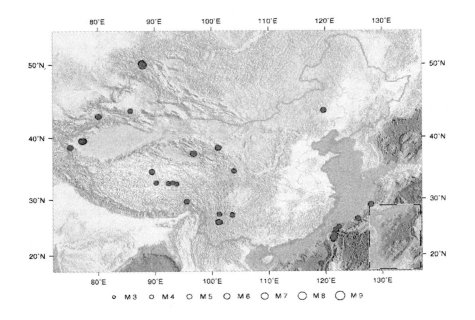

序号	发震时刻	纬度（°）	经度（°）	深度（km）	震级（M）	参考地区
1	2003 – 12 – 24 07：54：55.0	26.5	125.8	10	5.1	东海
2	2003 – 12 – 24 07：15：28.8	26.6	125.7	10	5.4	东海
3	2003 – 12 – 24 07：01：12.4	26.5	125.8	10	5.1	东海
4	2003 – 12 – 18 00：27：22.8	22.7	121.3	15	5	台湾台东近海
5	2003 – 12 – 11 08：01：49.8	22.9	121.3	15	5.3	台湾台东
6	2003 – 12 – 10 16：46：44.6	23.0	121.4	15	5	台湾台东东北近海
7	2003 – 12 – 10 12：38：11.0	23.1	121.4	10	7	台湾台东东北近海
8	2003 – 12 – 01 09：38：28.5	43.1	80.1	15	6.1	中、哈交界
9	2003 – 11 – 26 21：38：59.0	27.3	103.6	33	5	云南鲁甸
10	2003 – 11 – 15 02：49：43.1	27.2	103.6	15	5.1	云南鲁甸
11	2003 – 11 – 13 10：35：09.4	34.7	103.9	10	5.2	甘肃岷县、临潭间
12	2003 – 10 – 25 20：48：02.6	38.4	101.1	15	5.8	甘肃民乐、山丹间
13	2003 – 10 – 25 20：41：36.3	38.4	101.2	33	6.1	甘肃民乐、山丹间
14	2003 – 10 – 16 20：28：04.5	26.0	101.3	10	6.1	云南大姚
15	2003 – 10 – 01 09：03：27.3	50.1	87.8	33	7.3	俄、蒙、中交界
16	2003 – 09 – 28 06：12：02.0	29.0	128.0	10	5.9	中国东海
17	2003 – 09 – 28 02：52：47.4	50.0	87.9	10	6.9	俄、蒙、中交界
18	2003 – 09 – 27 19：33：28.0	49.9	87.9	15	7.9	俄、蒙、中交界
19	2003 – 09 – 02 07：16：33.4	38.5	75.1	15	5.9	新疆阿克陶
20	2003 – 08 – 21 10：17：51.2	27.4	101.3	10	5	四川盐源县
21	2003 – 08 – 18 17：03：03.8	29.6	95.6	33	5.7	西藏墨脱、波密间
22	2003 – 08 – 16 18：58：43.2	43.9	119.7	15	5.9	内蒙古巴林、阿鲁旗间
23	2003 – 08 – 06 20：23：04.5	23.9	121.5	0	5	台湾花莲
24	2003 – 07 – 21 23：16：32.2	26.0	101.2	15	6.2	云南大姚
25	2003 – 07 – 18 04：10：42.6	18.4	119.2	0	5.1	中国南海
26	2003 – 07 – 07 14：55：45.4	34.6	89.5	33	6.1	西藏、青海交界
27	2003 – 06 – 17 02：33：35.0	23.7	121.6	0	5.1	台湾以东海中
28	2003 – 06 – 10 16：40：31.4	23.6	121.6	15	6	台湾花莲以东海域
29	2003 – 06 – 09 09：52：52.7	24.6	121.8	33	5.8	台湾宜兰、苏澳间
30	2003 – 06 – 05 00：28：41.9	39.5	77.6	33	5.2	新疆伽师
31	2003 – 05 – 25 03：32：36.1	32.7	92.4	33	5	西藏、青海交界

续表

序号	发震时刻	纬度 (°)	经度 (°)	深度 (km)	震级 (M)	参考地区
32	2003 - 05 - 21 02：34：33.5	32.8	93.1	0	5	青海杂多县
33	2003 - 05 - 15 09：17：40.0	25.1	122.4	0	5	东海
34	2003 - 05 - 04 23：44：36.1	39.4	77.3	15	5.8	新疆巴楚、伽师间
35	2003 - 04 - 17 08：48：41.1	37.5	96.8	15	6.6	青海德令哈
36	2003 - 03 - 31 07：15：45.0	39.6	77.5	10	5.2	新疆巴楚、伽师间
37	2003 - 03 - 16 06：59：25.2	39.5	77.4	0	5	新疆伽师、巴楚间
38	2003 - 03 - 12 12：47：51.9	39.5	77.4	15	5.9	新疆巴楚、伽师间
39	2003 - 02 - 25 11：52：44.0	39.5	77.3	33	5.5	新疆伽师
40	2003 - 02 - 25 05：18：45.2	39.6	77.2	33	5	新疆伽师
41	2003 - 02 - 24 10：03：45.8	39.5	77.2	33	6.8	新疆伽师
42	2003 - 02 - 14 01：34：17.5	43.9	85.7	0	5.4	新疆石河子
43	2003 - 02 - 11 18：36：22.5	32.6	93.8	33	5.1	青海、西藏交界
44	2003 - 01 - 17 06：15：33.5	32.8	90.2	0	5	西藏班戈
45	2003 - 01 - 04 19：07：15.6	39.5	77.0	0	5.4	新疆伽师

（4）2004 年我国 5 级以上地震资料

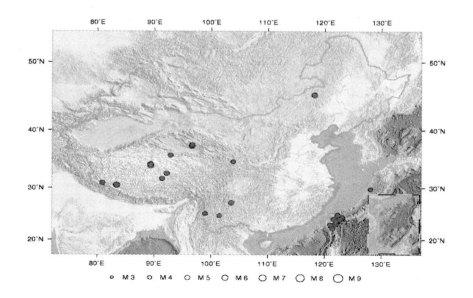

序号	发震时刻	纬度 (°)	经度 (°)	深度 (km)	震级 (M)	参考地区
1	2004 - 12 - 26 15：30：12. 2	24. 7	101. 5	15	5	云南楚雄、双柏间
2	2004 - 11 - 11 10：16：41. 0	24. 3	122. 2	15	5. 7	台湾以东海中
3	2004 - 11 - 09 03：38：09. 7	24	122. 6	15	5	台湾以东海中
4	2004 - 11 - 08 23：54：58. 0	24	122. 6	15	6. 5	台湾以东海中
5	2004 - 10 - 26 10：11：35. 0	30. 9	80. 9	33	5. 7	西藏札达、普兰间
6	2004 - 10 - 1 06：11：41. 0	25. 1	99	10	5	云南保山
7	2004 - 10 - 15 12：08：47. 1	24. 4	123	96	6. 2	台湾以东海中
8	2004 - 09 - 07 20：15：50. 0	34. 7	103. 9	33	5	甘肃岷县
9	2004 - 08 - 24 18：05：36. 6	32. 6	92. 2	25	5. 8	西藏安多
10	2004 - 08 - 10 18：26：14. 1	27. 2	103. 6	15	5. 6	云南鲁甸、昭通间
11	2004 - 07 - 12 07：08：44. 1	30. 5	83. 4	33	6. 7	西藏仲巴县与隆格尔县间
12	2004 - 07 - 06 15：31：56. 4	24. 9	122. 3	10	5. 4	台湾宜兰东北海中
13	2004 - 07 - 03 22：10：48. 1	34. 3	89. 4	33	5. 2	西藏班戈
14	2004 - 06 - 29 16：11：34. 6	35. 8	92. 9	15	5. 3	青海治多
15	2004 - 05 - 23 15：38：10. 7	34. 3	89. 3	33	5. 3	西藏班戈、青海海西间
16	2004 - 05 - 19 15：04：11. 5	22. 8	121. 3	15	6. 7	台湾以东沿海
17	2004 - 05 - 16 14：04：06. 7	23. 1	122	15	5. 4	台湾以东海中
18	2004 - 05 - 11 07：27：28. 3	37. 4	96. 7	20	5. 9	青海德令哈
19	2004 - 05 - 08 16：02：55. 0	22. 3	121. 4	25	5. 6	台湾以东海中
20	2004 - 05 - 04 19：36：04. 6	37. 5	96. 7	20	5. 1	青海德令哈
21	2004 - 05 - 04 13：04：59. 6	37. 5	96. 7	20	5. 5	青海德令哈
22	2004 - 05 - 01 15：56：06. 1	24. 1	121. 6	15	5. 2	台湾花莲
23	2004 - 04 - 22 18：02：19. 7	34. 2	89. 3	25	5	西藏班戈、青海海西间
24	2004 - 04 - 03 05：45：04. 7	29. 8	128. 1	10	5	东海
25	2004 - 03 - 29 06：27：29. 5	34. 2	89. 3	33	5	西藏班戈县、青海间
26	2004 - 03 - 29 06：05：45. 6	34. 3	89. 4	33	5	西藏班戈县、青海间
27	2004 - 03 - 28 02：47：31. 8	34	89. 3	33	6. 3	西藏班戈、青海间
28	2004 - 03 - 28 02：45：30. 3	34. 2	89. 3	33	5. 8	西藏班戈、青海间
29	2004 - 03 - 24 09：53：45. 0	45. 4	118. 2	10	5. 9	内蒙古东乌珠穆沁旗
30	2004 - 03 - 17 05：23：20. 7	37. 6	96. 7	33	5. 2	青海德令哈
31	2004 - 03 - 07 21：29：47. 2	31. 7	91. 4	15	5. 6	西藏安多、那曲间
32	2004 - 02 - 26 12：33：08. 0	24. 1	122. 7	10	5. 1	台湾花莲以东海中
33	2004 - 02 - 25 04：21：51. 3	37. 6	96. 7	33	5	青海德令哈
34	2004 - 02 - 04 11：24：01. 4	23. 5	122	33	5. 1	台湾花莲东南海中
35	2004 - 01 - 29 03：13：24. 7	23	121	10	5	台湾台东

（5）2005 年我国 5 级以上地震资料

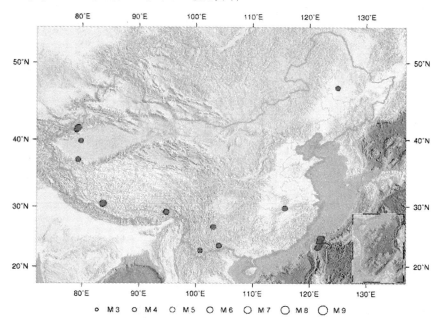

序号	发震时刻	纬度 （°）	经度 （°）	深度 （km）	震级 （M）	参考地区
1	2005 - 11 - 26 08：49：39	29.7	115.7	15	5.7	江西九江、瑞昌间
2	2005 - 09 - 27 02：50：22	23.2	121.4	15	5.3	台湾台东沿岸
3	2005 - 09 - 06 09：16：00	24	122.1	15	6	台湾花莲以东海中
4	2005 - 08 - 26 05：08：14	37.1	79.3	33	5.2	新疆墨玉
5	2005 - 08 - 25 06：32：44	39.8	79.8	33	5.1	新疆阿瓦提与巴楚间
6	2005 - 08 - 13 12：58：44	23.5	104.1	15	5.3	云南文山
7	2005 - 08 - 05 22：14：43	26.6	103.1	20	5.3	云南会泽与四川会东交界
8	2005 - 07 - 25 23：43：33	46.9	125	15	5.1	黑龙江林甸县
9	2005 - 07 - 20 21：06：02	24.8	122.3	10	5.3	台湾宜兰以东海中
10	2005 - 06 - 08 00：45：04	24.1	121.8	10	5.5	台湾以东海中
11	2005 - 06 - 02 04：06：42	29.1	94.8	33	5.9	西藏墨脱
12	2005 - 06 - 02 00：02：03	24.7	122	50	5.4	台湾宜兰近海
13	2005 - 04 - 30 22：48：15	24.1	121.7	15	5.4	台湾花莲
14	2005 - 04 - 08 05：41：38	30.3	83.6	33	5.2	西藏仲巴
15	2005 - 04 - 08 04：04：43	30.5	83.7	33	6.5	西藏仲巴

序号	发震时刻	纬度 (°)	经度 (°)	深度 (km)	震级 (M)	参考地区
16	2005－04－06 16：44：57	41.3	79	33	5.1	新疆乌什县
17	2005－03－06 03：06：53	24.7	121.9	15	6.3	台湾宜兰沿岸
18	2005－02－19 04：18：20	23.4	121.7	33	5.6	台湾台东以东海中
19	2005－02－15 19：16：17	41.7	79.4	15	5.1	新疆乌什
20	2005－02－15 07：38：10	41.6	79.3	33	6.2	新疆乌什
21	2005－02－01 09：59：46	24.3	121.8	15	5	台湾宜兰、花莲间沿岸
22	2005－01－26 00：30：40	22.7	100.8	15	5	云南思茅

（6）2006年我国5级以上地震资料

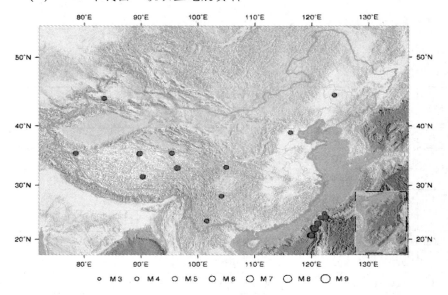

序号	发震时刻	纬度 (°)	经度 (°)	深度 (km)	震级 (M)	参考地区
1	2006－12－27 10：30：36	22.1	120.4	15	5.3	南海
2	2006－12－27 01：35：12	21.9	120.4	15	5.0	南海
3	2006－12－26 23：41：41	22.2	120.3	15	5.0	南海
4	2006－12－26 20：34：11	21.9	120.6	33	6.7	南海

序号	发震时刻	纬度 (°)	经度 (°)	深度 (km)	震级 (M)	参考地区
5	2006 - 12 - 26 20：26：19	21.9	120.6	15	7.2	南海
6	2006 - 12 - 24 01：28：24	24.8	122.3	10	5.0	台湾宜兰东北海中
7	2006 - 11 - 23 19：04：43	44.2	83.5	15	5.1	新疆乌苏、精河间
8	2006 - 11 - 18 19：08：47	20.8	119.9	15	5.0	南海
9	2006 - 11 - 13 16：02：46	20.8	120	15	5.1	南海
10	2006 - 10 - 12 22：46：29	24.1	122.6	33	5.8	台湾以东海中
11	2006 - 10 - 11 14：43：54	20.8	119.9	15	5.7	南海
12	2006 - 10 - 11 09：26：13	20.7	119.7	15	5.3	南海
13	2006 - 10 - 11 09：24：18	20.7	119.8	15	5.3	南海
14	2006 - 10 - 09 19：43：32	20.7	119.9	15	5.1	南海
15	2006 - 10 - 09 19：08：25	20.7	119.9	15	5.7	南海
16	2006 - 10 - 09 18：01：47	20.7	120	33	6.3	南海
17	2006 - 09 - 12 02：12：21	35.5	78.5	25	5.4	新疆和田
18	2006 - 08 - 25 13：51：43	28	104.2	15	5.1	云南盐津
19	2006 - 07 - 28 15：40：12	24.1	122.3	15	6.0	台湾花莲以东海中
20	2006 - 07 - 22 09：10：23	28	104.2	15	5.1	云南盐津
21	2006 - 07 - 19 17：53：08	33	96.3	15	5.6	青海玉树
22	2006 - 07 - 18 04：41：54	33	96.5	15	5.0	青海玉树县
23	2006 - 07 - 04 11：56：24	38.9	116.3	15	5.1	河北文安
24	2006 - 06 - 21 00：52：57	33.1	105	33	5.0	甘肃武都、文县间
25	2006 - 05 - 07 09：53：01	21.8	120.7	33	5.0	南海
26	2006 - 04 - 28 17：05：25	24	121.6	10	5.4	台湾花莲
27	2006 - 04 - 20 05：05：36	31.5	90.3	15	5.6	西藏班戈
28	2006 - 04 - 16 06：40：53	23	121.2	15	5.9	台湾台东
29	2006 - 04 - 14 17：27：39	35.4	89.7	15	5.6	青海治多与西藏班戈间
30	2006 - 04 - 01 18：02：17	22.9	121.1	15	6.5	台湾台东
31	2006 - 03 - 31 20：23：16	44.7	124	15	5.0	吉林乾安、前郭间
32	2006 - 03 - 30 07：38：49	35.5	95.4	10	5.2	青海格尔木
33	2006 - 02 - 26 10：13：54	35.5	89.8	33	5.5	青海治多与西藏交界处
34	2006 - 01 - 12 09：05：29	23.4	101.6	15	5.0	云南墨江哈尼族自治县

（7）2007 年我国 5 级以上地震资料

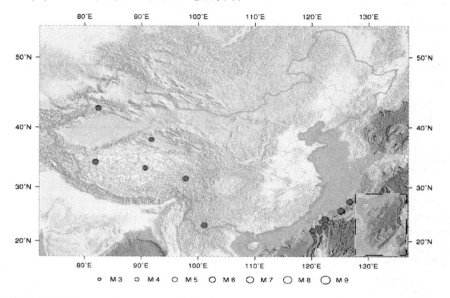

序号	发震时刻	纬度（°）	经度（°）	深度（km）	震级（M）	参考地区
1	2007 - 09 - 07 01：51：26	24.2	122.3	33	6.3	台湾宜兰以东海中
2	2007 - 08 - 29 11：00：18	21.9	121.4	15	5.5	台湾以东海中
3	2007 - 08 - 09 08：55：48	22.6	121.1	10	5.5	台湾台东近海
4	2007 - 07 - 31 23：07：38	27.4	126.7	20	6	东海海域
5	2007 - 07 - 23 21：40：00	23.7	121.7	33	5.5	台湾花莲以东近海
6	2007 - 07 - 20 18：06：53	42.9	82.4	20	5.7	新疆伊犁地区特克斯县
7	2007 - 06 - 03 05：34：56	23	101.1	33	6.4	云南普洱哈尼族彝族自治县
8	2007 - 05 - 07 19：59：49	31.5	97.8	33	5.6	西藏妥坝县
9	2007 - 05 - 05 16：51：41	34.3	81.9	33	6.1	西藏日土、改则交界地区
10	2007 - 04 - 20 10：23：40	25.7	125.1	33	6	东海
11	2007 - 04 - 20 09：46：03	25.7	125.2	33	6.5	东海
12	2007 - 04 - 20 08：26：45	25.7	125.1	33	6.3	东海
13	2007 - 02 - 25 09：49：41	33.3	90.7	25	5.3	青海海西、西藏交界
14	2007 - 02 - 19 05：04：59	22	120.2	15	5.2	南海
15	2007 - 02 - 03 06：32：21	38	91.8	33	5.5	青海海西州
16	2007 - 01 - 25 18：59：16	22.8	122.1	15	5.5	台湾以东海中
17	2007 - 01 - 16 11：10：34	24	122.4	15	5	台湾花莲以东海中

（8）2008 年我国 5 级以上地震资料

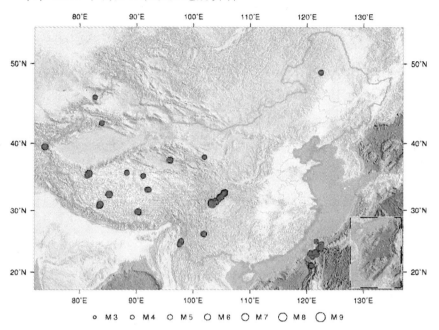

○ M3　○ M4　○ M5　○ M6　○ M7　○ M8　○ M9

序号	发震时刻	纬度 (°)	经度 (°)	深度 (km)	震级 (M)	参考地区
1	2008 - 12 - 23 08：04：40	23	120.6	10	5.2	台湾高雄县
2	2008 - 12 - 10 02：53：11	32.6	105.4	15	5	四川广元市青川县
3	2008 - 12 - 08 05：18：37	23.9	122.1	20	5.2	台湾花莲以东海中
4	2008 - 12 - 02 11：16：56	23.4	121.6	30	5.1	台湾以东海域
5	2008 - 11 - 16 06：59：50	32.2	104.7	22	5.1	四川绵阳市平武县
6	2008 - 11 - 12 05：56：05	37.6	95.9	10	5.1	青海海西蒙古族藏族自治州
7	2008 - 11 - 10 09：22：06	37.6	95.9	10	6.3	青海海西蒙古族藏族自治州
8	2008 - 10 - 14 00：05：20	39.5	73.7	8	5.3	中、塔、吉交界
9	2008 - 10 - 13 17：23：30	39.5	73.9	8	5.3	中、塔、吉交界地区
10	2008 - 10 - 08 22：07：18	29.8	90.4	9	5.4	西藏拉萨市当雄县
11	2008 - 10 - 06 20：10：33	29.6	90.4	10	5.2	西藏拉萨市当雄县
12	2008 - 10 - 06 16：30：46	29.8	90.3	8	6.6	西藏拉萨市当雄县
13	2008 - 10 - 06 00：11：12	39.5	73.9	33	5.7	新疆克孜勒苏柯尔克孜自治州 乌恰县

续表

序号	发震时刻	纬度 (°)	经度 (°)	深度 (km)	震级 (M)	参考地区
14	2008 - 10 - 05 23：52：49	39.5	73.9	33	6.8	新疆克孜勒苏柯尔克孜自治州乌恰县
15	2008 - 09 - 25 09：47：14	30.8	83.6	20	6	西藏日喀则地区仲巴县
16	2008 - 09 - 12 01：38：59	32.9	105.6	6	5.5	四川广元市青川县、甘肃陇南市武都区、陕西汉中市宁强县交界
17	2008 - 09 - 10 09：28：12	31	83.6	33	5.2	西藏日喀则地区仲巴县
18	2008 - 09 - 10 09：14：37	31	83.6	33	5.1	西藏日喀则地区仲巴县
19	2008 - 09 - 09 15：43：13	24.6	122.6	96	5.2	台湾宜兰以东海中
20	2008 - 08 - 31 16：31：11	26.2	101.9	10	5.6	四川凉山彝族自治州会理县、攀枝花市仁和区交界
21	2008 - 08 - 30 20：46：46	42.7	83.9	10	5.3	新疆巴音郭楞蒙古自治州和静县
22	2008 - 08 - 30 16：30：51	26.2	101.9	10	6.1	四川攀枝花市仁和区、凉山彝族自治州会理县交界
23	2008 - 08 - 26 03：13：56	30.7	83.4	33	5	西藏日喀则地区仲巴县
24	2008 - 08 - 25 21：39：01	31	83.6	10	5.2	西藏日喀则地区仲巴县
25	2008 - 08 - 25 21：22：00	31	83.6	10	6.8	西藏日喀则地区仲巴县
26	2008 - 08 - 21 20：24：32	24.9	97.8	10	5.9	云南德宏傣族景颇族自治州盈江县
27	2008 - 08 - 20 05：35：10	25.1	97.9	10	5	云南德宏傣族景颇族自治州盈江县
28	2008 - 08 - 07 16：15：34	32.1	104.7	10	5	四川绵阳市平武县、北川羌族自治县交界
29	2008 - 08 - 05 17：49：19	32.8	105.5	10	6.1	四川广元市青川县
30	2008 - 08 - 01 16：32：45	32.1	104.7	20	6.1	四川绵阳市平武县、北川羌族自治县交界
31	2008 - 07 - 24 15：09：29	32.8	105.5	10	6	四川广元市青川县、陕西汉中市宁强县交界
32	2008 - 07 - 24 03：54：47	32.8	105.6	10	5.6	陕西汉中市宁强县、四川广元市青川县交界

续表

序号	发震时刻	纬度（°）	经度（°）	深度（km）	震级（M）	参考地区
33	2008 - 07 - 17 06：58：22	33.2	92.1	33	5.3	青海唐古拉地区
34	2008 - 07 - 15 17：26：21	31.6	104	15	5	四川绵竹
35	2008 - 07 - 13 22：58：29	21.1	120.8	10	6	台湾恒春海域
36	2008 - 07 - 12 05：35：08	21.1	120.9	33	5.2	台湾恒春海域
37	2008 - 07 - 03 04：23：00	35.8	88.3	33	5.1	西藏班戈县
38	2008 - 06 - 29 20：47：28	35.7	88.3	33	5.5	西藏班戈县
39	2008 - 06 - 18 16：12：15	33.3	92.1	33	5	青海唐古拉地区
40	2008 - 06 - 18 13：23：34	35.3	91.2	33	5.4	青海治多县
41	2008 - 06 - 11 06：23：20	30.9	103.4	33	5	四川汶川县
42	2008 - 06 - 10 22：15：39	33.2	92	33	5.4	青海海西唐古拉山地区
43	2008 - 06 - 10 19：04：18	33.3	91.9	33	5.1	青海海西唐古拉山地区
44	2008 - 06 - 10 18：04：58	33.2	91.9	33	5.5	青海海西唐古拉山地区
45	2008 - 06 - 10 14：05：03	49	122.5	33	5.2	内蒙古鄂伦春自治旗与阿荣旗交界地区
46	2008 - 06 - 09 15：28：36	31.4	103.8	33	5	四川彭县
47	2008 - 06 - 09 01：56：24	33.2	92.2	33	5	青海海西自治州
48	2008 - 06 - 05 12：41：08	32.3	105	33	5	四川青川县
49	2008 - 06 - 02 00：59：22	25	121.7	96	5	台湾台北
50	2008 - 05 - 27 16：37：53	32.8	105.6	33	5.7	陕西宁强县
51	2008 - 05 - 27 16：03：24	32.7	105.6	33	5.4	四川青川县
52	2008 - 05 - 25 16：21：47	32.6	105.4	33	6.4	四川青川县
53	2008 - 05 - 20 01：52：36	32.3	104.9	33	5	四川平武县
54	2008 - 05 - 19 14：06：55	32.5	105.3	33	5.4	四川青川县
55	2008 - 05 - 18 01：08：23	32.1	105	33	6	四川江油市
56	2008 - 05 - 17 04：16：52	31.3	103.5	33	5	四川汶川县
57	2008 - 05 - 17 00：14：46	31.2	103.5	33	5.1	四川汶川县
58	2008 - 05 - 16 13：25：49	31.4	103.2	33	5.9	四川理县
59	2008 - 05 - 15 05：01：08	31.6	104.2	33	5	四川安县
60	2008 - 05 - 14 17：26：44	31.4	104	33	5.1	四川什邡县
61	2008 - 05 - 14 10：54：37	31.3	103.4	33	5.6	四川汶川县
62	2008 - 05 - 14 02：27：53	22.6	121	33	5.1	台湾台东
63	2008 - 05 - 13 15：07：11	30.9	103.4	33	6.1	四川汶川县

序号	发震时刻	纬度 （°）	经度 （°）	深度 （km）	震级 （M）	参考地区
64	2008 - 05 - 13 07：54：46	31.3	103.5	33	5.1	四川汶川县
65	2008 - 05 - 13 07：46：23	31.2	103.4	33	5.3	四川汶川县
66	2008 - 05 - 13 04：45：32	31.7	104.5	33	5.2	四川安县
67	2008 - 05 - 13 04：08：50	31.4	104	33	5.7	四川什邡县
68	2008 - 05 - 13 01：54：31	31.3	103.4	19	5	四川汶川县
69	2008 - 05 - 12 23：28：56	31	103.5	33	5	四川都江堰市
70	2008 - 05 - 12 23：05：29	31.3	103.6	17	5	四川都江堰市
71	2008 - 05 - 12 22：46：09	32.7	105.5	33	5.1	四川青川县
72	2008 - 05 - 12 21：40：54	31	103.5	33	5.1	四川汶川县
73	2008 - 05 - 12 19：10：58	31.4	103.6	33	6	四川汶川县
74	2008 - 05 - 12 18：23：40	31	103.3	15	5	四川汶川县
75	2008 - 05 - 12 17：42：26	31.5	103.9	33	5.2	四川什邡县
76	2008 - 05 - 12 17：07：03	31.3	103.8	33	5	四川彭县
77	2008 - 05 - 12 16：21：47	31.3	104.1	33	5.2	四川绵竹县
78	2008 - 05 - 12 15：34：48	31	103.5	10	5	四川汶川县
79	2008 - 05 - 12 14：43：15	31	103.5	33	6	四川汶川县
80	2008 - 05 - 12 14：28：04	31	103.4	14	8	四川汶川县
81	2008 - 05 - 11 03：42：01	24	122.5	33	5.6	台湾以东海中
82	2008 - 04 - 24 02：28：45	23	121.7	33	6.1	台湾东部海中
83	2008 - 04 - 20 21：14：49	46	82.7	33	5.1	新疆裕民县
84	2008 - 03 - 30 16：32：29	38	102	33	5	甘肃肃南裕固族自治县
85	2008 - 03 - 26 18：39：28	35.7	81.6	33	5	新疆于田县
86	2008 - 03 - 21 20：36：56	24.5	97.6	33	5	云南盈江县与缅甸交界地区
87	2008 - 03 - 21 20：02：58	35.3	81.3	33	5	新疆洛浦与西藏日土交界地区
88	2008 - 03 - 21 08：26：17	35.5	81.5	33	5.2	新疆于田县
89	2008 - 03 - 21 08：10：41	35.5	81.5	33	5	新疆于田县
90	2008 - 03 - 21 07：12：03	35.5	81.5	33	5.2	新疆于田县
91	2008 - 03 - 21 06：38：59	35.5	81.5	33	5.1	新疆于田县
92	2008 - 03 - 21 06：33：03	35.6	81.6	33	7.3	新疆于田县
93	2008 - 03 - 05 01：31：47	23.2	120.7	10	5.1	台湾台南、高雄县间
94	2008 - 02 - 18 04：33：02	23.3	121.5	33	5.5	台湾花莲沿岸
95	2008 - 01 - 23 02：43：35	32.4	85.2	33	5.5	西藏改则县
96	2008 - 01 - 16 19：54：47	32.5	85.2	33	6	西藏改则县
97	2008 - 01 - 09 16：26：47	32.5	85.2	33	6.9	西藏改则县

（9）2009 年我国 5 级以上地震资料

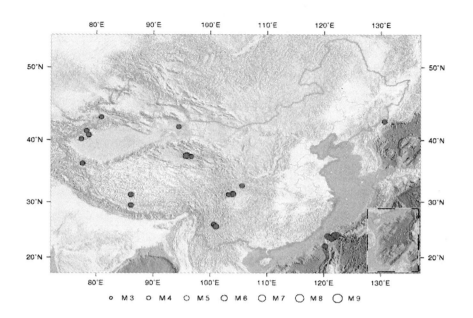

序号	发震时刻	纬度（°）	经度（°）	深度（km）	震级（M）	参考地区
1	2009 - 12 - 21 13：15：10	37.5	96.7	10	5	青海海西蒙古族藏族自治州德令哈市
2	2009 - 12 - 19 21：02：14	23.8	121.7	30	6.7	台湾花莲海域
3	2009 - 12 - 14 00：03：59	41.9	94.5	4	5.1	新疆哈密地区哈密市
4	2009 - 11 - 28 00：04：03	31.3	103.9	21	5	四川德阳市什邡市、成都市、彭州市交界
5	2009 - 11 - 08 04：08：49	29.4	86.1	33	5.6	西藏日喀则地区昂仁县、萨嘎县交界
6	2009 - 11 - 05 19：34：18	23.9	120.7	6	5.4	台湾南投县
7	2009 - 11 - 05 17：32：54	23.9	120.7	7	5.9	台湾南投县
8	2009 - 11 - 05 05：56：09	37.6	95.8	6	5.1	青海海西蒙古族藏族自治州
9	2009 - 11 - 02 05：07：16	26	100.7	10	5	云南大理白族自治州宾川县
10	2009 - 10 - 04 01：36：03	23.7	121.6	10	6.2	台湾花莲海域

续表

序号	发震时刻	纬度 (°)	经度 (°)	深度 (km)	震级 (M)	参考地区
11	2009 - 09 - 19 16：54：14	32.8	105.6	7	5.1	陕西汉中市宁强县、甘肃陇南市武都区、四川广元市青川县交界
12	2009 - 08 - 31 18：15：27	37.7	95.9	10	5.9	青海海西蒙古族藏族自治州
13	2009 - 08 - 31 01：15：51	37.7	95.7	7	5	青海海西蒙古族藏族自治州
14	2009 - 08 - 29 00：28：41	37.7	95.8	7	5	青海海西蒙古族藏族自治州
15	2009 - 08 - 28 10：14：56	37.6	95.8	7	5.3	青海海西蒙古族藏族自治州
16	2009 - 08 - 28 09：52：06	37.6	95.8	7	6.4	青海海西蒙古族藏族自治州
17	2009 - 07 - 30 00：53：02	22.1	120.3	10	5.3	台湾屏东海域
18	2009 - 07 - 26 14：10：58	23.4	121.4	9	5.3	台湾花莲县、台东县交界
19	2009 - 07 - 26 09：00：10	23.7	121	6	5.3	台湾南投县
20	2009 - 07 - 24 11：11：58	31.3	86.1	33	5.6	西藏那曲地区尼玛县
21	2009 - 07 - 16 18：48：11	24.1	122.3	10	5.2	台湾花莲海域
22	2009 - 07 - 14 04：28：52	24.1	122.2	6	5	台湾花莲海域
23	2009 - 07 - 14 02：05：01	24.1	122.2	6	6.7	台湾花莲海域
24	2009 - 07 - 10 17：02：01	25.6	101	14	5.2	云南楚雄彝族自治州姚安县、大理白族自治州祥云县交界
25	2009 - 07 - 09 19：19：13	25.6	101.1	10	6	云南楚雄彝族自治州姚安县
26	2009 - 06 - 30 15：22：19	31.5	104	20	5	四川德阳市什邡市、绵竹市交界
27	2009 - 06 - 30 02：03：50	31.4	104.1	20	5.6	四川德阳市、绵竹市交界
28	2009 - 06 - 28 17：34：54	24.2	121.8	7	5.1	台湾以东海中
29	2009 - 05 - 21 20：33：54	36.4	77.6	96	5.2	新疆喀什地区叶城县、和田地区皮山县交界
30	2009 - 04 - 22 17：26：08	40.1	77.4	7	5	新疆克孜勒苏柯尔克孜自治州阿图什市

续表

序号	发震时刻	纬度（°）	经度（°）	深度（km）	震级（M）	参考地区
31	2009－04－19 12：08：18	41.3	78.3	7	5.5	新疆克孜勒苏柯尔克孜自治州阿合奇县
32	2009－04－18 11：56：32	42.7	130.7	540	5.3	中国吉林珲春市与俄罗斯交界
33	2009－02－20 18：02：29	40.7	78.7	6	5.2	新疆阿克苏地区柯坪县
34	2009－01－25 09：47：44	43.3	80.9	10	5	新疆伊犁哈萨克自治州察布查尔锡伯自治县
35	2009－01－15 02：23：36	31.3	103.3	21	5.1	四川阿坝藏族羌族自治州汶川县
36	2009－01－04 06：04：30	24.2	121.8	10	5	台湾花莲以东海域

（10）2010 年我国 5 级以上地震资料

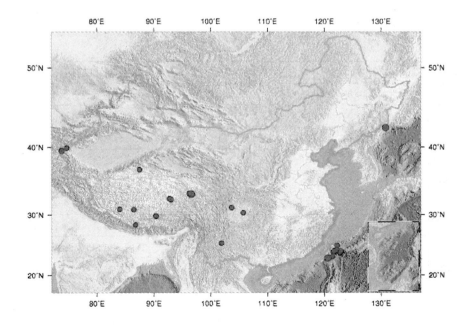

序号	发震时刻	纬度 (°)	经度 (°)	深度 (km)	震级 (M)	参考地区
1	2010 - 12 - 30 02：31：03	30.8	86.5	30	5	西藏那曲地区尼玛县
2	2010 - 11 - 30 16：40：00	29.8	90.4	9	5.2	西藏拉萨市当雄县
3	2010 - 11 - 21 20：31：46	23.9	121.6	10	5.6	台湾花莲县
4	2010 - 11 - 12 21：08：50	24.1	122.4	8	5	台湾花莲县附近海域
5	2010 - 11 - 06 10：12：51	36.8	87.5	10	5	新疆巴音郭楞蒙古自治州且末县、若羌县交界
6	2010 - 09 - 07 23：41：37	39.5	73.8	7	5.6	中、塔、吉交界
7	2010 - 08 - 30 16：45：10	25	122.2	8	5.3	台湾宜兰县附近海域
8	2010 - 07 - 25 11：52：10	22.9	120.6	10	5.2	台湾高雄县、屏东县交界
9	2010 - 07 - 09 03：43：36	24.3	122.1	12	5	台湾宜兰海域
10	2010 - 06 - 15 08：31：19	24.1	121.7	8	5.5	台湾花莲海域
11	2010 - 06 - 10 14：38：04	39.9	74.7	8	5.1	新疆克孜勒苏柯尔克孜自治州乌恰县
12	2010 - 06 - 03 13：35：45	33.3	96.3	7	5.3	青海玉树藏族自治州玉树县
13	2010 - 05 - 29 10：29：53	33.3	96.3	10	5.7	青海玉树藏族自治州玉树县
14	2010 - 05 - 25 14：11：53	31.1	103.7	10	5	四川成都市都江堰市、彭州市交界
15	2010 - 04 - 17 08：58：57	32.5	92.8	10	5.2	西藏那曲地区聂荣县
16	2010 - 04 - 14 09：25：18	33.2	96.6	19	6.3	青海玉树藏族自治州玉树县
17	2010 - 04 - 14 07：49：38	33.2	96.6	14	7.1	青海玉树藏族自治州玉树县
18	2010 - 04 - 14 04：49：05	23.1	121.4	9	5	台湾台东海域
19	2010 - 03 - 24 10：44：51	32.5	92.8	7	5.5	西藏那曲地区聂荣县
20	2010 - 03 - 24 10：06：12	32.4	93	8	5.7	西藏那曲地区聂荣县
21	2010 - 03 - 04 16：16：13	22.9	120.7	7	5.2	台湾高雄县、屏东县交界
22	2010 - 03 - 04 08：18：50	22.9	120.6	6	6.7	台湾高雄县、屏东县交界
23	2010 - 02 - 26 12：42：32	28.4	86.8	33	5	西藏日喀则地区定日县
24	2010 - 02 - 26 09：07：56	23.8	122.8	8	5.1	台湾花莲海域
25	2010 - 02 - 25 12：56：51	25.4	101.9	16	5.1	云南楚雄彝族自治州禄丰县、元谋县交界
26	2010 - 02 - 22 13：21：04	24.1	122.9	33	5.1	台湾花莲海域

续表

序号	发震时刻	纬度 (°)	经度 (°)	深度 (km)	震级 (M)	参考地区
27	2010 - 02 - 18 09：13：17	42.6	130.8	540	6.5	中、俄交界
28	2010 - 01 - 31 05：36：57	30.3	105.7	10	5	四川遂宁市市辖区、重庆市潼南县交界
29	2010 - 01 - 01 10：22：29	30.9	84	10	5	西藏日喀则地区仲巴县

（11）2011 年我国 5 级以上地震资料

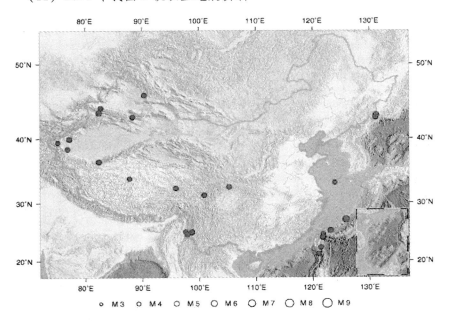

序号	发震时刻	纬度 (°)	经度 (°)	深度 (km)	震级 (M)	参考地区
1	2011 - 01 - 01 09：56：04.5	39.4	75.2	10	5.1	新疆克孜勒苏柯尔克孜自治州乌恰县
2	2011 - 01 - 08 07：34：10.8	43.0	131.1	560	5.6	吉林延边朝鲜族自治州珲春市
3	2011 - 01 - 12 09：19：50.0	33.3	123.9	10	5	南黄海
4	2011 - 02 - 01 06：16：32.6	24.2	121.8	7	5.3	台湾花莲县附近海域

续表

序号	发震时刻	纬度 (°)	经度 (°)	深度 (km)	震级 (M)	参考地区
5	2011-02-15 05：18：15.1	21.2	121.1	10	5.1	台湾南部海域
6	2011-03-10 02：58：12.0	24.7	97.9	10	5.8	云南德宏傣族景颇族自治州盈江县
7	2011-03-20 06：00：50.0	22.4	121.4	30	5.2	台湾台东县附近海域
8	2011-04-10 07：02：41.8	31.3	100.9	7	5.3	四川甘孜藏族自治州炉霍县
9	2011-04-30 06：35：38.9	24.7	121.8	60	5.0	台湾宜兰县
10	2011-05-10 03：26：04.2	43.3	131.2	560	6.1	中、俄交界
11	2011-05-22 09：34：12.7	24.1	121.7	10	5.2	台湾花莲县
12	2011-06-08 09：53：27.0	43.0	88.3	5	5.3	新疆吐鲁番地区托克逊县
13	2011-06-20 08：16：49.0	25.1	98.7	10	5.2	云南保山市腾冲县
14	2011-06-26 05：48：17.0	32.4	95.9	10	5.2	青海玉树藏族自治州囊谦县
15	2011-07-25 03：05：26.7	46.0	90.4	10	5.2	新疆阿勒泰地区青河县
16	2011-08-02 03：40：56.1	33.9	87.8	10	5.1	西藏那曲地区尼玛县
17	2011-08-09 09：50：16.3	25.0	98.7	11	5.2	云南保山市腾冲县、隆阳区交界
18	2011-08-11 08：06：29.5	39.9	77.2	8	5.8	新疆克孜勒苏柯尔克孜自治州阿图什市、喀什地区伽师县交界
19	2011-09-15 03：27：03.9	36.5	82.4	6	5.5	新疆和田地区于田县
20	2011-10-16 01：44：46.3	44.3	82.7	4	5.0	新疆博尔塔拉蒙古自治州精河县
21	2011-10-30 01：23：42.2	25.3	123.1	223	5.7	台湾东北部海域
22	2011-11-01 05：58：16.9	32.6	105.3	20	5.4	四川广元市青川县、甘肃省陇南市文县交界
23	2011-11-01 08：21：28.3	43.6	82.4	28	6.0	新疆伊犁哈萨克自治州尼勒克县、巩留县交界
24	2011-11-08 00：59：06.8	27.2	125.9	220	7.0	东海海域
25	2011-11-28 03：06：50.1	25.1	97.6	7	5.1	中缅交界
26	2011-12-01 00：48：19.8	38.4	76.9	10	5.2	新疆喀什地区莎车县

（12）2012 年我国 5 级以上地震资料

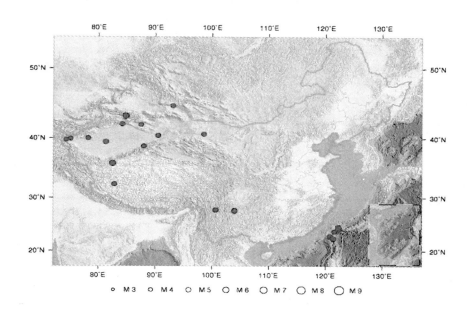

序号	发震时刻	纬度 (°)	经度 (°)	深度 (km)	震级 (M)	参考地区
1	2012 - 01 - 08 14：20：08.0	42.1	87.5	7	5	新疆巴音郭楞蒙古自治州和硕县
2	2012 - 02 - 10 02：57：02.6	44.9	93.1	7	5.3	新疆哈密地区巴里坤哈萨克自治县
3	2012 - 02 - 17 23：44：25.9	32.4	82.8	20	5.2	西藏阿里地区革吉县
4	2012 - 02 - 26 10：34：59.8	22.8	120.8	20	6.0	台湾屏东县
5	2012 - 03 - 02 21：40：10.3	39.7	74.3	10	5.0	新疆克孜勒苏柯尔克孜自治州乌恰县
6	2012 - 03 - 09 06：50：09.1	39.4	81.3	30	6.0	新疆和田地区洛浦县
7	2012 - 04 - 09 05：43：30.5	24.1	122.3	8	5.5	台湾花莲县附近海域
8	2012 - 05 - 03 18：19：35.2	40.6	98.6	8	5.4	甘肃酒泉市金塔县、内蒙古阿拉善盟额济纳旗交界

续表

序号	发震时刻	纬度 (°)	经度 (°)	深度 (km)	震级 (M)	参考地区
9	2012 - 06 - 01 20：32：24.5	39.9	75.1	7	5.0	新疆克孜勒苏柯尔克孜自治州乌恰县
10	2012 - 06 - 06 09：08：33.5	22.4	121.4	20	5.6	台湾台东县附近海域
11	2012 - 06 - 10 05：00：15.1	24.5	122.3	50	5.9	台湾宜兰县附近海域
12	2012 - 06 - 15 05：51：29.2	42.2	84.2	20	5.4	新疆巴音郭楞蒙古自治州轮台县
13	2012 - 06 - 15 00：15：13.7	23.7	121.6	9	5.3	台湾花莲县附近海域
14	2012 - 06 - 24 15：59：35.6	27.7	100.7	11	5.7	云南丽江市宁蒗彝族自治县、四川凉山彝族自治州盐源县交界
15	2012 - 06 - 30 05：07：31.6	43.4	84.8	7	6.6	新疆伊犁哈萨克自治州新源县、巴音郭楞蒙古自治州和静县交界
16	2012 - 08 - 11 17：34：21.4	40.0	78.2	9	5.2	新疆克孜勒苏柯尔克孜自治州阿图什市
17	2012 - 08 - 12 18：47：12.2	35.9	82.5	30	6.2	新疆和田地区于田县
18	2012 - 09 - 07 12：16：29.0	27.6	104.0	10	5.6	云南昭通市彝良县
19	2012 - 09 - 07 11：19：40.0	27.5	104.0	14	5.7	云南昭通市彝良县、贵州毕节市威宁彝族回族苗族自治县交界
20	2012 - 11 - 26 13：33：50.2	40.4	90.5	8	5.5	新疆巴音郭楞蒙古自治州若羌县
21	2012 - 12 - 07 22：08：43.1	38.7	88.0	9	5.1	新疆巴音郭楞蒙古自治州若羌县

（13）2013 年我国 5 级以上地震资料

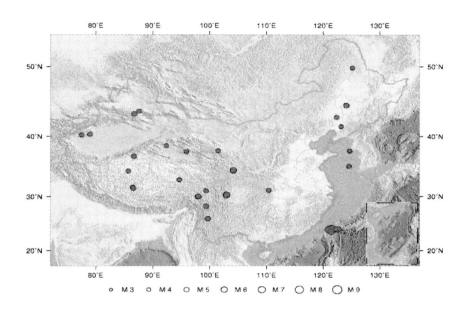

序号	发震时刻	纬度（°）	经度（°）	深度（km）	震级（M）	参考地区
1	2013 - 01 - 18 20：42：49	31.0	99.4	15	5.4	四川甘孜藏族自治州白玉县
2	2013 - 01 - 23 12：18：16	41.5	123.2	7	5.1	辽宁辽阳市灯塔市、沈阳市苏家屯区交界
3	2013 - 01 - 30 17：27：03	32.9	94.7	20	5.1	青海玉树藏族自治州杂多县
4	2013 - 02 - 12 03：13：03	38.5	92.4	10	5.1	青海海西蒙古族藏族自治州
5	2013 - 02 - 25 13：11：11	34.4	85.7	9	5.4	西藏阿里地区改则县
6	2013 - 03 - 03 13：41：15	25.9	99.7	9	5.5	云南大理白族自治州洱源县
7	2013 - 03 - 07 11：36：47	24.3	121.5	6	5.7	台湾花莲县
8	2013 - 03 - 11 11：01：37	40.2	77.5	8	5.2	新疆克孜勒苏柯尔克孜自治州阿图什市
9	2013 - 03 - 27 10：03：19	24.0	121.0	8	6.5	台湾南投县
10	2013 - 03 - 29 13：01：10	43.4	86.8	13	5.6	新疆昌吉回族自治州昌吉市、乌鲁木齐市乌鲁木齐县交界

续表

序号	发震时刻	纬度（°）	经度（°）	深度（km）	震级（M）	参考地区
11	2013 - 04 - 17 09：45：54	25.9	99.8	11	5.0	云南大理白族自治州洱源县、漾濞彝族自治县交界
12	2013 - 04 - 20 08：02：46	30.3	103.0	13	7.0	四川雅安市芦山县
13	2013 - 04 - 20 08：07：32	30.3	102.9	10	5.1	四川雅安市芦山县、宝兴县交界
14	2013 - 04 - 20 11：34：17	30.1	102.9	11	5.3	四川雅安市天全县、芦山县交界
15	2013 - 04 - 21 04：53：44	30.3	103.0	16	5.0	四川雅安市芦山县、成都市邛崃市交界
16	2013 - 04 - 21 07：21：28	35.2	124.6	10	5.0	黄海海域
17	2013 - 04 - 21 17：05：23	30.3	103.0	17	5.4	四川雅安市芦山县、成都市邛崃市交界
18	2013 - 04 - 22 17：11：54	42.9	122.4	6	5.3	内蒙古通辽市科尔沁左翼后旗、辽宁阜新市彰武县交界
19	2013 - 05 - 15 18：54：30.9	31.6	86.5	10	5.2	西藏那曲地区尼玛县
20	2013 - 05 - 16 11：34：17.6	31.6	86.5	10	5.0	西藏那曲地区尼玛县
21	2013 - 05 - 18 06：02：23.2	37.7	124.7	8	5.1	黄海海域
22	2013 - 06 - 02 13：43：03	23.9	120.9	9	6.7	台湾南投县
23	2013 - 06 - 05 08：43：36	37.6	95.9	4	5.0	青海海西蒙古族藏族自治州
24	2013 - 06 - 08 0：38：03	24.0	122.7	40	5.9	台湾花莲县附近海域
25	2013 - 06 - 20 17：05：13	49.8	125.2	6	5.0	内蒙古呼伦贝尔市莫力达瓦达斡尔族自治旗、黑龙江黑河市嫩江县交界
26	2013 - 06 - 29 7：51：52	24.0	122.3	8	5.6	台湾花莲县附近海域
27	2013 - 07 - 16 18：11：35.8	24.2	121.5	8	5.0	台湾花莲县
28	2013 - 07 - 22 07：45：55.1	34.5	104.2	20	6.6	甘肃定西市岷县、漳县交界
29	2013 - 07 - 22 09：12：34.8	34.6	104.2	14	5.6	甘肃定西市岷县、漳县交界
30	2013 - 08 - 06 23：31：32.0	31.4	86.6	10	5.2	西藏那曲地区尼玛县

续表

序号	发震时刻	纬度 (°)	经度 (°)	深度 (km)	震级 (M)	参考地区
31	2013 - 08 - 12 05：23：40.1	30.0	98.0	10	6.1	西藏昌都地区左贡县、芒康县交界
32	2013 - 08 - 12 07：58：48.1	30.1	97.9	10	5.1	西藏昌都地区左贡县
33	2013 - 08 - 28 04：44：48.9	28.2	99.3	9	5.1	四川甘孜藏族自治州得荣县，云南迪庆藏族自治州德钦县、香格里拉县交界地区
34	2013 - 08 - 30 13：27：30.3	43.8	87.6	12	5.1	新疆乌鲁木齐市
35	2013 - 08 - 31 08：04：18.9	28.2	99.4	10	5.9	云南迪庆藏族自治州香格里拉县、德钦县，四川甘孜藏族自治州得荣县交界
36	2013 - 09 - 20 05：37：01.2	37.7	101.5	7	5.1	甘肃张掖市肃南裕固族自治县、青海海北藏族自治州门源回族自治县交界
37	2013 - 10 - 31 11：03：34.9	44.6	124.2	8	5.5	吉林松原市前郭尔罗斯蒙古族自治县
38	2013 - 10 - 31 11：10：07.0	44.6	124.2	6	5.0	吉林松原市前郭尔罗斯蒙古族自治县
39	2013 - 10 - 31 20：02：10.0	23.5	121.4	20	6.7	台湾花莲县
40	2013 - 11 - 22 16：18：51.1	44.7	124.1	8	5.3	吉林松原市乾安县、前郭尔罗斯蒙古族自治县交界
41	2013 - 11 - 23 06：04：23.1	44.6	124.1	9	5.8	吉林松原市前郭尔罗斯蒙古族自治县
42	2013 - 11 - 23 06：32：29.2	44.6	124.1	8	5.0	吉林松原市前郭尔罗斯蒙古族自治县
43	2013 - 11 - 24 07：30：46.1	36.8	86.7	10	5.6	新疆巴音郭楞蒙古自治州且末县
44	2013 - 12 - 01 16：34：23.4	40.3	79.0	9	5.3	新疆阿克苏地区柯坪县
45	2013 - 12 - 16 13：04：52.9	31.1	110.4	5	5.1	湖北恩施土家族苗族自治州巴东县

2. 2001—2013 年世界 7 级以上地震资料

（1）2001 年世界 7 级以上地震资料

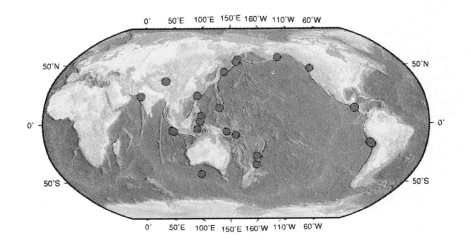

序号	发震时刻	纬度（°）	经度（°）	深度（km）	震级（M）	参考地区
1	2001 - 01 - 01 14：56：56.1	7	127.4	0	7	菲律宾
2	2001 - 01 - 11 00：02：37.0	57	- 153	0	7.4	阿拉斯加湾
3	2001 - 01 - 14 01：33：31.6	13.2	- 88.7	33	8	萨尔瓦多
4	2001 - 01 - 16 21：24：41.0	- 5.7	101.1	0	7.2	印度尼西亚
5	2001 - 01 - 26 11：16：36.4	23.2	70	0	7.8	印度
6	2001 - 02 - 14 03：28：15.2	- 6.1	102.1	0	7.4	印尼苏门答腊
7	2001 - 02 - 24 15：23：45.6	1.9	126.5	0	7.1	印度尼西亚
8	2001 - 03 - 01 02：54：30.0	47.2	- 122.5	33	7	美国华盛顿州
9	2001 - 05 - 25 08：40：49.7	44	147.9	0	7	千岛群岛
10	2001 - 06 - 03 10：42：08.2	- 27.3	- 179.7	160	7	新西兰克马德克群岛地区
11	2001 - 06 - 24 04：33：16.0	- 16	- 73.7	0	7.9	秘鲁
12	2001 - 06 - 26 12：18：31.0	- 17.6	- 71.4	15	7	秘鲁、智利交界沿海
13	2001 - 07 - 07 17：38：47.0	- 17.1	- 72.5	33	7.2	秘鲁海岸近海

（2）2002 年世界 7 级以上地震资料

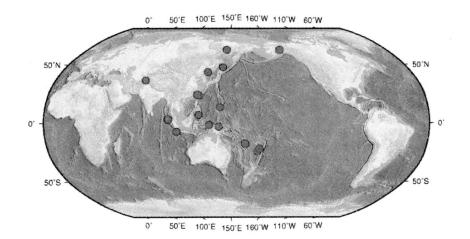

序号	发震时刻	纬度 （°）	经度 （°）	深度 （km）	震级 （M）	参考地区
1	2002－01－03 01：22：51	－17.6	168	33	7.6	新赫布里底群岛
2	2002－03－03 20：08：01	36.4	69.8	160	7.1	阿富汗
3	2002－03－06 05：16：15	6.8	124.5	33	7.1	菲律宾
4	2002－03－26 11：45：42	23.4	124.3	0	7	琉球群岛西南
5	2002－03－31 14：52：50	24.4	122.1	0	7.5	中国台湾以东海中
6	2002－04－27 00：06：01	13.4	144.6	0	7.1	马里亚纳群岛
7	2002－06－27 13：50：37	－7.3	103.8	33	7.4	苏门答腊西南以远地区
8	2002－06－29 01：19：31	43.5	130.6	540	7.2	中国吉林汪清
9	2002－08－19 19：08：08	－24.2	－179.9	540	7	斐济
10	2002－08－19 19：01：00	－21.9	－178.3	540	7.5	斐济
11	2002－09－09 02：44：28	－3.1	143.3	33	7.5	新几内亚近海
12	2002－10－10 18：50：22	－1.6	134.4	0	7.5	印尼伊里安地区
13	2002－10－23 19：27：19	63.4	148.3	0	7.2	美国阿拉斯加
14	2002－11－02 09：26：14	3.1	96.1	33	7.8	印尼苏门答腊北部海中
15	2002－11－04 06：12：41	63.3	－148.2	0	7.8	美国阿拉斯加
16	2002－11－17 12：53：51	47.4	145.6	413	7	鄂霍次克海

（3）2003 年世界 7 级以上地震资料

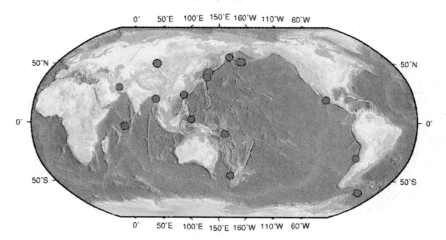

序号	发震时刻	纬度 （°）	经度 （°）	深度 （km）	震级 （M）	参考地区
1	2003 - 12 - 26 09：56：57.7	29.3	58.4	33	7	伊朗南部
2	2003 - 12 - 10 12：38：11.0	23.1	121.4	10	7	中国台湾台东东北近海
3	2003 - 12 - 06 05：26：13.0	55.7	165.4	15	7.1	科曼多尔群岛
4	2003 - 11 - 17 14：43：09.0	51.3	178.5	33	7.6	拉特群岛
5	2003 - 10 - 31 09：06：28.8	37.8	142.8	33	7.1	日本本州东海岸近海
6	2003 - 10 - 01 09：03：27.3	50.1	87.8	33	7.3	俄、蒙、中交界
7	2003 - 09 - 27 19：33：28.0	49.9	87.9	15	7.9	俄、蒙、中交界
8	2003 - 09 - 26 05：07：55.0	41.8	144.0	33	7.1	日本北海道地区
9	2003 - 09 - 26 03：50：04.0	42.2	144.1	33	8	日本北海道地区
10	2003 - 09 - 22 02：16：12.2	19.8	95.2	33	7.2	缅甸
11	2003 - 08 - 21 20：12：53.6	-45.2	166.5	10	7	新西兰南岛近海
12	2003 - 08 - 04 12：37：18.5	-60.6	-43.4	10	7.5	大西洋
13	2003 - 07 - 16 04：27：47.0	-3.1	67.3	33	7.7	卡尔斯伯格海岭
14	2003 - 06 - 23 20：12：39.0	51.5	176.4	33	7	拉特群岛
15	2003 - 06 - 20 21：30：41.8	-30.4	-72.0	33	7	中智利海岸
16	2003 - 05 - 27 03：23：28.2	2.6	129.3	33	7	哈马黑拉岛以北地区
17	2003 - 05 - 26 17：24：26.1	38.7	141.9	33	7	日本本州近海
18	2003 - 03 - 18 00：36：11.4	51.6	177.9	33	7.2	拉特群岛
19	2003 - 01 - 22 10：06：45.4	18.8	-103.9	33	7.5	墨西哥哈利斯科州州近海
20	2003 - 01 - 20 16：43：13.9	-9.8	160.6	0	7.5	所罗门群岛

（4）2004 年世界 7 级以上地震资料

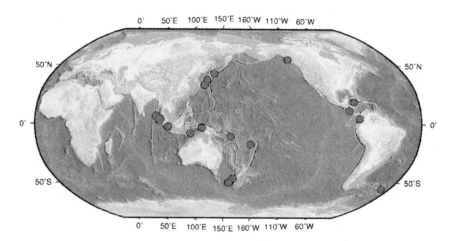

序号	发震时刻	纬度 （°）	经度 （°）	深度 （km）	震级 （M）	参考地区
1	2004－02－07 10：42：34.3	－3.3	135.3	15	7.5	印尼伊里安岛
2	2004－06－28 17：49：47.1	55	－134.4	15	7	美国阿拉斯加州东南部
3	2004－07－15 12：27：11.3	－17.3	－179	540	7	汤加群岛
4	2004－07－25 22：35：19.0	－2.3	104.1	600	7.3	印尼苏门答腊
5	2004－09－05 22：57：20.5	33.1	136.8	15	7.4	日本本州南部近海
6	2004－09－05 18：07：06.0	33.1	137	15	7.2	日本本州南部近海
7	2004－09－06 20：43：02.0	－55.6	－29.2	20	7	南乔治亚岛地区
8	2004－10－08 16：27：52.0	－10.7	162.1	33	7	所罗门群岛
9	2004－10－10 05：26：56.2	11.5	－86.6	33	7.4	尼加拉瓜
10	2004－10－23 16：56：06.0	37.3	139	33	7	日本
11	2004－11－12 05：26：45.0	－8.1	124.8	33	7.4	印度尼西亚帝汶岛
12	2004－11－15 17：06：58.8	4.6	－77.5	33	7.4	哥伦比亚西海岸近海
13	2004－11－23 04：26：25.0	－46.6	164.8	15	7.3	新西兰南岛西海岸远海
14	2004－11－26 10：25：06.0	－3.4	135.6	33	7.1	印度尼西亚
15	2004－11－29 02：32：11.6	42.9	145.2	45	7.1	日本北海道
16	2004－12－15 07：20：19.3	19.1	－81.1	10	7.1	加勒比海
17	2004－12－23 22：59：08.0	－50.1	160.3	10	7.8	麦夸里岛以北地区
18	2004－12－26 12：21：27.4	6.8	92.8	33	7.5	尼科巴群岛
19	2004－12－26 08：58：55.2	3.9	95.9	33	8.7	印度尼西亚苏门答腊 岛西北近海

（5）2005 年世界 7 级以上地震资料

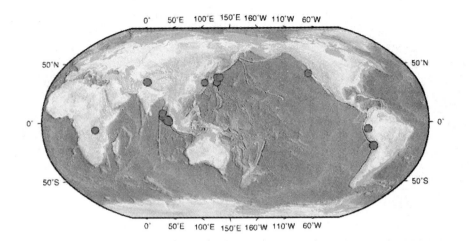

序号	发震时刻	纬度 （°）	经度 （°）	深度 （km）	震级 （M）	参考地区
1	2005 - 01 - 01 14：25：47	5.2	92.3	33	7.0	苏门答腊以西海中
2	2005 - 01 - 19 14：11：26	33.8	142.1	15	7.0	日本本州以东海中
3	2005 - 03 - 20 09：53：43	33.8	130.1	15	7.0	日本
4	2005 - 03 - 29 00：09：35	2.2	97	33	8.5	苏门答腊北部
5	2005 - 03 - 31 00：19：40	3.1	95.4	33	7.0	北苏门答腊西海岸远海
6	2005 - 05 - 14 13：05：16	0.6	98.5	33	7.0	印尼苏门答腊地区
7	2005 - 05 - 19 09：54：53	2.1	97	33	7.1	印尼苏门答腊北
8	2005 - 06 - 14 06：44：32	-19.9	-69.2	96	8.1	智利北部
9	2005 - 06 - 15 10：51：00	41.4	-125.8	15	7.1	美国加利福尼亚北部远海
10	2005 - 07 - 05 09：52：05	2.1	97.2	33	7.3	印尼苏门答腊北
11	2005 - 07 - 24 23：42：03	8	92.2	10	7.5	尼科巴群岛
12	2005 - 08 - 16 10：46：28	38.2	142.2	33	7.1	日本本州东海岸近海
13	2005 - 09 - 26 09：55：34	-5.7	-76.4	96	7.6	秘鲁北部
14	2005 - 10 - 08 11：50：36	34.4	73.6	15	7.8	巴基斯坦
15	2005 - 11 - 15 05：38：55	38.2	144.7	33	7.1	日本本州以东海中
16	2005 - 12 - 05 20：19：56	-6.1	29.7	33	7.0	坦桑尼亚

（6）2006 年世界 7 级以上地震资料

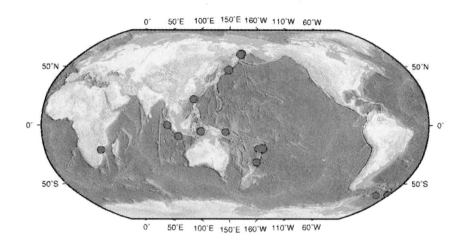

序号	发震时刻	纬度（°）	经度（°）	深度（km）	震级（M）	参考地区
1	2006 - 01 - 02 14：10：48	-60.8	-21.4	33	7.5	南桑威奇群岛东
2	2006 - 01 - 03 06：13：45	-20	-178.2	540	7.1	斐济
3	2006 - 01 - 28 00：58：50	-5.4	128.1	350	7.6	班达海
4	2006 - 02 - 23 06：19：10	-21.1	33.2	33	7.5	莫桑比克
5	2006 - 04 - 21 07：25：03	61	167.2	33	8.0	堪察加半岛东北地区
6	2006 - 04 - 30 00：58：08	60.6	167.4	15	7.3	俄罗斯堪察加半岛地区
7	2006 - 05 - 03 23：26：34	-20	-174.2	15	7.9	汤加
8	2006 - 05 - 16 23：28：25	0.1	97.2	15	7.2	印尼苏门答腊西南海中
9	2006 - 05 - 16 18：39：20	-31.6	-179.2	160	7.5	克马德克群岛以南地区
10	2006 - 05 - 22 19：12：01	60.6	165.8	33	7.3	俄罗斯堪察加半岛
11	2006 - 07 - 17 16：19：31	-9.4	107.4	33	7.3	印尼爪哇地区
12	2006 - 08 - 20 11：41：49	-61	-34.6	15	7.0	斯科舍海
13	2006 - 10 - 17 09：25：17	-5.9	151	33	7.0	巴布亚新几内亚
14	2006 - 11 - 15 19：14：18	46.6	153.3	33	8.0	千岛群岛
15	2006 - 12 - 26 20：26：19	21.9	120.6	15	7.2	南海

（7）2007年世界7级以上地震资料

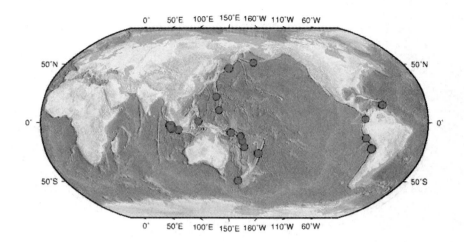

序号	发震时刻	纬度（°）	经度（°）	深度（km）	震级（M）	参考地区
1	2007－01－13 12：23：26	46.4	154.3	33	7.9	千岛群岛
2	2007－01－21 19：27：45	1.2	126.5	33	7.5	马鲁古海峡
3	2007－03－25 08：40：01	－20.6	169.4	33	7.1	洛亚尔提群岛地区
4	2007－04－02 04：39：55	－8.5	156.7	15	7.8	所罗门群岛
5	2007－08－02 01：08：55	－15.6	167.5	160	7.1	瓦努阿图
6	2007－08－09 01：04：58	－6.1	107.7	300	7.8	印尼爪哇岛以北近海
7	2007－08－16 07：40：58	－13.3	－76.5	33	7.8	秘鲁海岸近海
8	2007－09－02 09：05：16	－11.6	165.7	33	7.1	圣克鲁斯群岛
9	2007－09－10 09：49：15	3	－78.2	33	7	哥伦比亚沿岸
10	2007－09－12 19：10：24	－4.4	101.5	15	8.5	印尼苏门答腊南部海中
11	2007－09－13 11：35：22	－2.1	99.6	10	7.5	印尼苏门答腊南部海中
12	2007－09－13 07：49：06	－2.5	100.9	15	8.3	印尼苏门答腊南部海中
13	2007－09－28 21：38：53	22.1	142.8	223	7	北马里亚纳群岛
14	2007－09－30 13：23：38	－49.3	163.9	33	7.4	奥克兰群岛地区
15	2007－09－30 10：08：31	10.5	145.7	15	7	马里亚纳群岛以南地区
16	2007－10－25 05：02：44	－3.9	100.9	33	7	印尼苏门答腊西南海中
17	2007－11－14 23：40：50	－22.1	－69.7	33	7.9	智利
18	2007－11－15 23：06：01	－22.9	－70.1	33	7.1	智利

续表

序号	发震时刻	纬度 (°)	经度 (°)	深度 (km)	震级 (M)	参考地区
19	2007 – 11 – 30 03：00：21	15	– 61.3	150	7.3	向风群岛
20	2007 – 12 – 09 15：28：23	– 26.1	– 177.3	160	7.7	斐济以南地区
21	2007 – 12 – 16 16：09：18	– 22.6	– 70.1	33	7	智利北部
22	2007 – 12 – 19 17：30：28	51.3	– 179.6	33	7	安德烈亚诺夫群岛

（8）2008 年世界 7 级以上地震资料

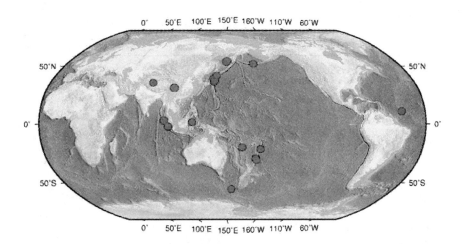

序号	发震时刻	纬度 (°)	经度 (°)	深度 (km)	震级 (M)	参考地区
1	2008 – 02 – 08 17：38：18	10.7	– 41.9	33	7.3	中大西洋海岭
2	2008 – 02 – 20 16：08：33	2.8	96	33	7.7	印尼苏门答腊
3	2008 – 02 – 25 16：36：35	– 2.4	100	33	7.6	印尼苏门答腊南部地区
4	2008 – 02 – 26 05：02：18	– 2.2	99.8	33	7	印尼苏门答腊南部地区
5	2008 – 03 – 21 06：33：03	35.6	81.6	33	7.3	中国新疆于田县
6	2008 – 04 – 09 20：46：20	– 20.2	168.9	96	7.3	洛亚尔提群岛
7	2008 – 04 – 12 08：30：12	– 55.6	158.4	15	7.1	麦夸里岛地区
8	2008 – 05 – 02 09：33：36	52	– 177.6	33	7	安德烈亚诺夫群岛
9	2008 – 05 – 08 00：45：07	36.1	141.6	33	7.1	日本本州东海岸近海
10	2008 – 05 – 12 14：28：04	31	103.4	14	8	中国四川汶川县

续表

序号	发震时刻	纬度 (°)	经度 (°)	深度 (km)	震级 (M)	参考地区
11	2008 – 06 – 14 00：00：00	39.1	140.8	10	7	日本本州东部
12	2008 – 07 – 05 10：12：05	53.9	153.1	610	7.6	鄂霍次克海
13	2008 – 07 – 19 10：39：27	37.5	142.3	33	7.3	日本本州东海岸近海
14	2008 – 09 – 11 08：20：51	41.8	144	30	7.1	日本北海道地区
15	2008 – 09 – 29 23：19：35	– 29.7	– 177.8	33	7.2	克马德克群岛地区
16	2008 – 10 – 19 13：10：33	– 21.7	– 173.8	33	7.1	汤加地区
17	2008 – 11 – 17 01：02：32	1.3	122.1	33	7.1	印度尼西亚米纳哈萨半岛
18	2008 – 11 – 24 17：02：57	54.2	154.3	520	7.2	鄂霍次克海
19	2008 – 12 – 09 14：24：00	– 31	– 176.9	30	7	新西兰克马德克群岛地区

（9）2009 年世界 7 级以上地震资料

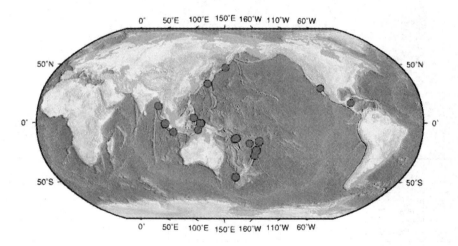

序号	发震时刻	纬度 (°)	经度 (°)	深度 (km)	震级 (M)	参考地区
1	2009 – 01 – 04 06：33：40	– 0.7	133.5	33	7.5	印度尼西亚巴布亚群岛 北部
2	2009 – 01 – 04 03：43：54	– 0.7	132.8	33	7.7	印度尼西亚巴布亚群岛 北部
3	2009 – 01 – 16 01：49：35	46.8	155.3	30	7.3	千岛群岛地区

续表

序号	发震时刻	纬度 (°)	经度 (°)	深度 (km)	震级 (M)	参考地区
4	2009 – 02 – 12 01：34：48	3.9	126.6	30	7.2	塔劳群岛
5	2009 – 02 – 19 05：53：46	−27.3	−176.3	33	7.3	克马德克群岛地区
6	2009 – 03 – 20 02：17：37	−23	−174.7	10	7.9	汤加地区
7	2009 – 05 – 28 16：24：41	16.8	−86.2	15	7.0	加勒比海
8	2009 – 07 – 15 17：22：32	−45.7	166.4	33	7.8	新西兰南岛西海岸远海
9	2009 – 08 – 04 02：00：00	29.3	−112.9	10	7.1	加利福尼亚湾
10	2009 – 08 – 09 18：56：00	33.1	138.2	320	7.2	日本本州以南地区
11	2009 – 08 – 11 03：55：41	14.1	92.9	33	7.5	安达曼群岛
12	2009 – 08 – 16 15：38：25	−1.5	99.5	50	7.0	印尼苏门答腊南部
13	2009 – 09 – 02 15：55：02	−7.8	107.3	60	7.3	印度尼西亚爪哇岛
14	2009 – 09 – 30 18：16：08	−0.8	99.8	60	7.7	印尼苏门答腊南部
15	2009 – 09 – 30 01：48：15	−15.5	−172.2	33	8.0	萨摩亚群岛地区
16	2009 – 10 – 08 16：28：45	−13.2	166.1	33	7.0	瓦努阿图
17	2009 – 10 – 08 06：18：42	−13.6	164.5	33	7.2	瓦努阿图
18	2009 – 10 – 08 06：03：13	−13	166.3	33	7.7	瓦努阿图
19	2009 – 10 – 24 22：40：45	−6.1	130.4	140	7.1	班达海
20	2009 – 11 – 09 18：44：55	−17.1	178.5	540	7.0	斐济群岛地区

（10）2010 年世界 7 级以上地震资料

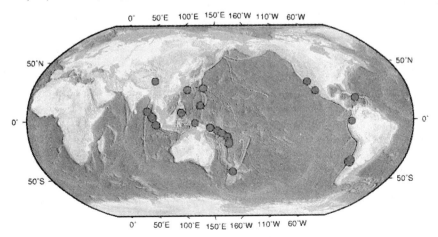

序号	发震时刻	纬度 （°）	经度 （°）	深度 （km）	震级 （M）	参考地区
1	2010 - 01 - 04 06：36：34	-8.9	157.3	33	7.2	所罗门群岛
2	2010 - 01 - 13 05：53：08	18.5	-72.5	10	7.3	海地地区
3	2010 - 02 - 27 14：34：16	-35.8	-72.7	33	8.8	智利
4	2010 - 02 - 27 04：31：02	25.9	128.6	33	7.2	琉球群岛
5	2010 - 03 - 06 00：06：58	-4	100.8	20	7.1	苏门答腊西南以远地区
6	2010 - 03 - 11 22：55：29	-34.2	-71.8	33	7.1	智利
7	2010 - 03 - 11 22：39：46	-34.2	-72	33	7.2	智利
8	2010 - 04 - 05 06：40：45	32.3	-115.1	33	7.1	墨西哥
9	2010 - 04 - 07 06：15：01	2.4	97.1	33	7.8	苏门答腊北部
10	2010 - 04 - 11 17：40：29	-10.9	161.3	50	7	所罗门群岛
11	2010 - 04 - 14 07：49：38	33.2	96.6	14	7.1	中国青海玉树藏族自治 州玉树县
12	2010 - 05 - 09 13：59：42	3.7	95.9	50	7.4	苏门答腊北部
13	2010 - 05 - 28 01：14：48	-13.7	166.5	40	7	瓦努阿图
14	2010 - 06 - 13 03：26：49	7.7	91.9	30	7.6	尼科巴群岛
15	2010 - 06 - 16 11：16：30	-2.1	136.5	30	7	印度尼西亚
16	2010 - 06 - 26 13：30：20	-10.6	161.4	40	7	所罗门群岛
17	2010 - 07 - 18 21：35：02	-6	150.5	40	7	新不列颠地区
18	2010 - 07 - 18 21：04：12	-6.1	150.6	50	7.2	新不列颠地区
19	2010 - 07 - 24 07：15：09	6.7	123.2	600	7.1	棉兰老岛附近海域
20	2010 - 07 - 24 06：51：12	6.5	123.6	590	7.2	棉兰老岛附近海域
21	2010 - 08 - 10 13：23：46	-17.5	168	40	7.4	瓦努阿图
22	2010 - 08 - 12 19：54：15	-1.3	-77.4	200	7.1	厄瓜多尔
23	2010 - 08 - 14 05：19：34	12.5	141.6	10	7	马里亚纳群岛
24	2010 - 09 - 04 00：35：45	-43.2	172.4	20	7.2	新西兰
25	2010 - 10 - 22 01：53：14	24.8	-109.2	10	7	加利福尼亚湾
26	2010 - 10 - 25 22：42：20	-3.5	100	10	7.3	苏门答腊西南
27	2010 - 12 - 22 01：19：45	27	143.7	20	7.4	小笠原群岛地区
28	2010 - 12 - 25 21：16：39	-19.7	168	20	7.6	瓦努阿图

（11）2011 年世界 7 级以上地震资料

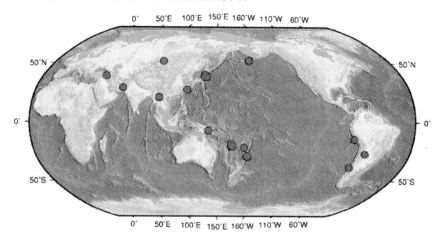

序号	发震时刻	纬度 （°）	经度 （°）	深度 （km）	震级 （M）	参考地区
1	2011 - 01 - 01 17：56：57.2	-26.8	-63.2	560	7.1	阿根廷
2	2011 - 01 - 03 04：20：18.0	-38.2	-73.3	30	7.1	智利中部
3	2011 - 01 - 14 00：16：42.0	-20.6	168.6	10	7.2	洛亚尔提群岛地区
4	2011 - 01 - 19 04：23：19.1	28.8	63.9	80	7.1	巴基斯坦
5	2011 - 03 - 09 10：45：16.0	38.5	142.8	10	7.3	日本本州东海岸近海
6	2011 - 03 - 11 14：25：52.1	38.1	144.5	30	7.3	日本本州东海岸附近海域
7	2011 - 03 - 11 13：46：21.0	38.1	142.6	20	9.0	日本本州东海岸附近海域
8	2011 - 03 - 24 21：55：13.8	20.8	99.8	20	7.2	缅甸
9	2011 - 04 - 07 22：32：42.3	38.2	142.0	40	7.2	日本本州东海岸附近海域
10	2011 - 05 - 10 16：55：11.2	-20.2	168.2	30	7.0	洛亚蒂群岛地区
11	2011 - 06 - 23 05：50：48.0	39.9	142.6	20	7.0	日本本州东海岸附近海域
12	2011 - 06 - 24 11：09：39.1	52.0	-171.8	40	7.3	福克斯群岛
13	2011 - 07 - 07 03：03：18.1	-29.2	-176.2	30	7.6	克马德克群岛地区
14	2011 - 07 - 10 08：57：07.1	38.0	143.4	30	7.1	日本本州东海岸附近海域

续表

序号	发震时刻	纬度 (°)	经度 (°)	深度 (km)	震级 (M)	参考地区
15	2011 - 08 - 21 02: 19: 24.5	-18.3	168.2	30	7.1	瓦努阿图
16	2011 - 08 - 21 00: 55: 04.2	-18.3	168.1	40	7.2	瓦努阿图
17	2011 - 09 - 02 18: 55: 52.8	52.2	-171.7	20	7.2	福克斯群岛
18	2011 - 09 - 04 06: 55: 36.0	-20.6	169.7	140	7.1	瓦努阿图
19	2011 - 09 - 16 03: 30: 59.0	-21.5	-179.3	590	7.0	斐济群岛附近海域
20	2011 - 10 - 22 01: 57: 17.0	-28.9	-176.1	40	7.6	克马德克群岛地区
21	2011 - 10 - 23 18: 41: 24.7	38.8	43.5	10	7.3	土耳其
22	2011 - 10 - 29 02: 54: 34.7	-14.5	-76.0	30	7.0	秘鲁附近海域
23	2011 - 11 - 08 10: 59: 06.8	27.2	125.9	220	7.0	东海海域
24	2011 - 12 - 14 13: 04: 56.2	-7.5	146.8	120	7.2	巴布亚新几内亚
25	2011 - 12 - 27 23: 21: 58.5	51.8	95.9	10	7.0	俄罗斯西伯利亚地区

（12）2012 年世界 7 级以上地震资料

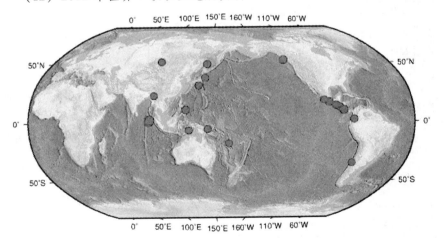

序号	发震时刻	纬度 (°)	经度 (°)	深度 (km)	震级 (M)	参考地区
1	2012 - 01 - 01 13: 27: 55.5	31.4	138.3	360	7.0	日本本州东部海域
2	2012 - 01 - 11 02: 37: 01.3	2.4	93.2	20	7.2	苏门答腊北部附近海域
3	2012 - 02 - 02 21: 34: 39.0	-17.7	167.2	10	7.0	瓦努阿图
4	2012 - 02 - 26 14: 17: 19.4	51.7	96.0	10	7.0	俄罗斯西伯利亚地区

续表

序号	发震时刻	纬度 (°)	经度 (°)	深度 (km)	震级 (M)	参考地区
5	2012－03－21 02：02：49.5	16.7	－98.2	20	7.6	墨西哥
6	2012－03－26 06：37：07.0	－35.1	－71.9	30	7.1	智利中部
7	2012－04－11 18：43：12.4	0.8	92.4	20	8.2	苏门答腊北部附近海域
8	2012－04－11 16：38：36.5	2.3	93.1	20	8.6	苏门答腊北部附近海域
9	2012－04－12 06：55：16.5	18.4	－102.7	60	7.0	墨西哥
10	2012－04－17 15：13：50.4	－5.5	147.1	200	7.0	巴布亚新几内亚东部 附近海域
11	2012－08－14 10：59：37.6	49.6	145.4	600	7.2	鄂霍次克海
12	2012－08－27 12：37：22.4	12.3	－88.6	50	7.2	萨尔瓦多附近海域
13	2012－08－31 20：47：33.4	10.8	126.8	30	7.6	菲律宾群岛附近海域
14	2012－09－05 22：42：09.1	10.0	－85.5	20	7.9	哥斯达黎加
15	2012－10－01 00：31：32.5	2.0	－76.3	160	7.4	哥伦比亚
16	2012－10－28 11：04：09.8	52.8	－131.9	20	7.7	夏洛特皇后群岛地区
17	2012－11－08 00：35：49.0	14.1	－92.0	30	7.3	危地马拉附近海域
18	2012－11－11 09：12：40.1	22.8	96.0	20	7.0	缅甸
19	2012－12－07 16：18：22.5	37.8	144.2	20	7.4	日本本州东海岸附近 海域
20	2012－12－11 00：53：08.0	－6.5	129.8	160	7.0	班达海

（13）2013 年世界 7 级以上地震资料

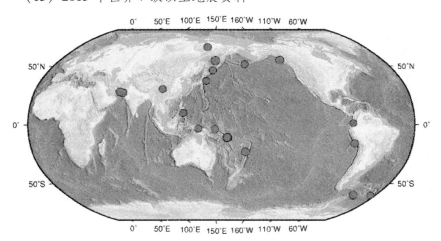

序号	发震时刻	纬度 (°)	经度 (°)	深度 (km)	震级 (M)	参考地区
1	2013 - 01 - 05 16：58：21	55.3	-134.7	10	7.8	阿拉斯加东南部海域
2	2013 - 02 - 06 09：12：25.6	-10.8	165.0	10	7.5	圣克鲁斯群岛
3	2013 - 02 - 06 09：23：20.0	-11.2	165.0	10	7.6	圣克鲁斯群岛
4	2013 - 02 - 06 09：54：14.6	-10.5	165.7	10	7.3	圣克鲁斯群岛
5	2013 - 02 - 08 19：12：12.4	-10.9	165.8	20	7.2	圣克鲁斯群岛
6	2013 - 02 - 08 23：26：39.8	-11.0	166.0	30	7.2	圣克鲁斯群岛
7	2013 - 02 - 09 22：16：05	1.1	-77.4	130	7.0	哥伦比亚
8	2013 - 02 - 14 21：13：56	67.6	142.6	10	7.3	俄罗斯
9	2013 - 04 - 06 12：42：37	-3.5	138.5	70	7.0	印度尼西亚
10	2013 - 04 - 16 18：44：13.3	28.1	62.1	20	7.7	伊朗、巴基斯坦交界地区
11	2013 - 04 - 19 11：05：53.1	46.2	150.9	100	7.0	千岛群岛
12	2013 - 04 - 20 08：02：46.0	30.3	103.0	13	7.0	中国四川雅安市芦山县
13	2013 - 05 - 24 01：19：00	-23.0	-177.1	150	7.6	汤加以南海域
14	2013 - 05 - 24 13：44：49	54.9	153.3	600	8.2	鄂霍次克海
15	2013 - 07 - 08 2：35：30	-3.9	153.9	380	7.2	新爱尔兰地区
16	2013 - 07 - 15 22：03：44.0	-60.8	-25.2	20	7.1	南桑威奇群岛地区
17	2013 - 08 - 31 00：25：03	51.7	-175.3	40	7.0	安德烈亚诺夫群岛
18	2013 - 09 - 24 19：29：49.0	27.0	65.5	40	7.8	巴基斯坦
19	2013 - 09 - 26 00：42：43.2	-15.8	-74.6	30	7.3	秘鲁附近海域
20	2013 - 09 - 28 15：34：08.0	27.3	65.6	20	7.2	巴基斯坦
21	2013 - 10 - 15 08：12：36.5	9.8	124.0	40	7.1	菲律宾
22	2013 - 10 - 26 01：10：16.7	37.2	144.7	20	7.1	日本本州东海岸附近海域
23	2013 - 11 - 17 17：04：55.0	-60.3	-46.4	10	7.8	斯科舍海

参考文献

[1] 保险与巨灾风险管理研究课题组：《保险在巨灾风险管理中的作用：国际视角和中国的现实选择》，中国发展研究基金会研究项目，2009 年。

[2] 财政部、国家税务总局：《关于保险公司农业巨灾风险准备金企业所得税税前扣除政策的通知》，《中国税务报》2012 年 5 月 7 日第 2 版。

[3] 曹倩：《中国农业巨灾保险模式研究》，硕士学位论文，山东大学，2009 年。

[4] 曹伟：《科技型中小企业融资体系问题研究》，硕士学位论文，中国海洋大学，2011 年。

[5] 陈海生：《巨灾风险分散机制研究》，硕士学位论文，苏州大学，2008 年。

[6] 陈虹、王志秋、李成日：《海地地震灾害及其经验教训》，《国际地震动态》2011 年第 9 期。

[7] 陈剑峰：《湿地生态旅游与生态环境和谐共生发展对策研究》，《当代经济管理》2008 年第 9 期。

[8] 陈倧：《坦桑尼亚矿业投资风险分析》，硕士学位论文，中国地质大学（北京），2013 年。

[9] 陈利、谢家智：《我国农业巨灾的生态经济影响与应对策略》，《生态经济》2012 年第 12 期。

[10] 陈利：《基于经济学视角的农业巨灾效应分析》，《经济与管理》2012 年第 12 期。

[11] 陈思宇：《建立我国巨灾保险分担机制的构想》，硕士学位论文，吉林大学，2009 年。

[12] 陈晓安：《国际财政支持农业保险的经验与借鉴》，《区域金融研究》2011 年第 7 期。

［13］程倩：《我国地震保险制度的构建》，硕士学位论文，西南财经大学，2009 年。

［14］程永涛：《我国农业保险经营模式研究》，硕士学位论文，西南大学，2007 年。

［15］程悠旸：《国外巨灾风险管理及对我国的启示》，《情报科学》2011 年第 6 期。

［16］代博洋、李志强、李晓丽：《基于物元理论的自然灾害损失等级划分方法》，《灾害学》2009 年第 3 期。

［17］邓国取、康淑娟、刘建宁等：《共生合作视角的农业保险企业农业巨灾风险分散行为——基于 72 家农业保险企业营销服务部或代办处的研究》，《保险研究》2013 年第 12 期。

［18］邓国取、罗剑朝：《美国农业巨灾保险管理及其启示》，《中国地质大学学报》（社会科学版）2006 年第 6 期。

［19］邓国取：《城市新城区建设进程中失地农民自我创业分析与评价——基于洛阳市洛南新区的调研与思考》，《城市发展研究》2009 年第 12 期。

［20］邓国取：《浅析巨灾及其实证分析》，《管理观察》2009 年第 1 期。

［21］邓国取：《中国农业巨灾保险制度研究》，博士学位论文，西北农林科技大学，2006 年。

［22］丁少群、王信：《政策性农业保险经营技术障碍与巨灾风险分散机制研究》，《保险研究》2011 年第 6 期。

［23］丁先军、杨翠红、祝坤福：《基于投入—产出模型的灾害经济影响评价方法》，《自然灾害学报》2001 年第 2 期。

［24］丁一汇主编：《中国气象灾害大典》，气象出版社 2008 年版。

［25］杜司赢：《我国上市寿险公司偿付能力影响因素研究》，硕士学位论文，兰州大学，2013 年。

［26］范军伟：《我国现行硕士、博士学位授权审核机制改革研究》，硕士学位论文，兰州大学，2010 年。

［27］范丽萍：《加拿大农业巨灾风险管理政策研究》，《世界农业》2014 年第 3 期。

［28］范丽萍：《西班牙农业巨灾风险管理制度研究》，《世界农业》2014 年第 4 期。

[29] 范丽萍：《政府在农业风险管理中的角色定位——OACD 国家的经验借鉴》，《世界农业》2013 年第 11 期。

[30] 房莉杰：《制度信任的形成过程——以新型农村合作医疗制度为例》，《社会学研究》2009 年第 3 期。

[31] 封立涛、刘再起：《自然灾害的直接与间接损失评估——基于"交换权力"与一般均衡理论的分析》，《生产力研究》2014 年第 2 期。

[32] 冯利华：《灾害损失的定量计算》，《灾害学》1993 年第 2 期。

[33] 冯文丽、林宝清：《美日两国农业保险模式的比较及我国的选择》，《中国金融》2002 年第 12 期。

[34] 冯文丽、奚丹慧：《我国农业巨灾风险管理模式选择及构建对策》，《上海保险》2011 年第 5 期。

[35] 冯文丽、杨美：《天气指数保险：我国农业巨灾风险管理工具创新》，《金融与经济》2011 年第 6 期。

[36] 冯志泽、胡政、何钧：《地震灾害损失评估及灾害等级划分》，《灾害学》1994 年第 1 期。

[37] 傅萍萍：《美国巨灾期权的运作及借鉴》，《宁波经济》2006 年第 6 期。

[38] 傅湘、王丽萍：《洪灾风险评价通用模型系统的研究》，《长江流域资源与环境》2000 年第 4 期。

[39] 甘佳虔：《纺织服装业结构调整》，硕士学位论文，东华大学，2010 年。

[40] 高雷、郭智慧、李跃：《巨灾保险管理研究探析》，《保险研究》2006 年第 8 期。

[41] 高庆鹏、周振、何新平：《政策性农业保险巨灾风险分担模式比较——以北京、江苏、安徽为例》，《保险研究》2012 年第 12 期。

[42] 高嵩：《亚洲风险中心：2017 年中国农险总保费约 80 亿美元》，中保网，http://xw.sinoins.com/2014－06/04/content_ 113833. htm，2014 年 6 月 4 日。

[43] 高涛、李锁平、邢鹂：《政策性农业保险巨灾风险分担机制模拟——以北京市政策性农业保险为例》，《中国农村经济》2009 年第 3 期。

[44] 高涛：《农业保险巨灾风险分散研究》，硕士学位论文，中国农业科

学院，2009 年。

[45] 龚晓莉：《重大交通基础设施建设项目的投资拉动效应分析——以铁路南京南站为例》，硕士学位论文，东南大学，2010 年。

[46] 谷洪波、郭丽娜、刘小康：《我国农业巨灾损失的评估与度量探析》，《江西财经大学学报》2011 年第 1 期。

[47] 谷洪波、郭丽娜：《农业巨灾损失及保险模式选择》，《商业研究》2010 年第 1 期。

[48] 顾振华：《基于投入产出模型的灾害产业关联性损失计量》，《河南工业大学学报》（社会科学版）2011 年第 2 期。

[49] 郭瑞祥：《重建我国巨灾损失补偿体系的构想》，《经济与管理研究》2009 年第 3 期。

[50] 郭晓林：《产业共性技术创新体系及共享机制研究》，博士学位论文，华中科技大学，2006 年。

[51] 国家地震局：《国家地震科学数据共享中心》，国家地震科学数据共享中心网，http：//data. earthquake. cn/index. html。

[52] 国务院：《关于加快发展现代保险服务业的若干意见》，新华网，http：//news. xinhuanet. com/politics/2014 – 08/13/c _ 1112064087. htm，2014 年 8 月 13 日。

[53] 韩锦绵、马晓强：《农业巨灾风险管理的国际经验及其借鉴》，《改革》2008 年第 8 期。

[54] 韩志英：《股权再融资对上市公司价值影响的研究》，硕士学位论文，中央民族大学，2009 年。

[55] 何自力、徐学军：《我国银企共生关系与银企共生模式分析——基于广东地区的实证》，《企业家天地》2006 年第 6 期。

[56] 胡浪多：《广东省政策性农业保险巨灾基金测算及管理模式分析》，《农村金融》2012 年第 6 期。

[57] 黄俊梅：《黑龙江省农业旱涝灾害经济损失评估研究》，硕士学位论文，东北林业大学，2010 年。

[58] 黄立锋：《隆平种业分公司管理控制模式优化研究》，硕士学位论文，湖南大学，2010 年。

[59] 黄梅波、王璐、李菲瑜：《当前国际援助体系的特点及发展趋势》，《国际经济合作》2007 年第 4 期。

［60］黄蔚、吴韧强：《巨灾风险证券化的发展与启示》，《浙江金融》
2008 年第 10 期。

［61］黄小敏：《建立我国环境巨灾风险损失补偿机制的路径选择》，《浙
江金融》2011 年第 5 期。

［62］黄英君、林俊文：《我国农业风险可保性的理论分析》，《软科学》
2010 年第 7 期。

［63］黄英君、史智才：《农业巨灾风险管理的比较制度分析：一个文献
研究》，《保险研究》2011 年第 5 期。

［64］加一：《中国减灾文化：跨越式发展的十年》，《中国减灾》2012 年
第 3 期。

［65］焦克源：《甘肃城乡一体化社会救助体系建设研究》，博士学位论
文，兰州大学，2011 年。

［66］解强：《极值理论在巨灾损失拟合中的应用》，《金融发展研究》
2008 年第 7 期。

［67］解伟、李宁、胡爱军等：《基于 CGE 模型的环境灾害经济影响评
估——以湖南雪灾为例》，《中国人口·资源与环境》2012 年第
11 期。

［68］金铭：《海关查验风险管理研究》，硕士学位论文，大连理工大学，
2007 年。

［69］金智新：《煤矿可持续发展工业生态共生系统研究》，《中国矿业》
2008 年第 5 期。

［70］孔哲：《农业巨灾风险分担机制探索——以山东省为例》，《当代经
济》2010 年第 7 期。

［71］兰俊荣：《我国农业保险发展问题研究》，硕士学位论文，湖南农业
大学，2006 年。

［72］冷志明、易夫：《基于共生理论的城市圈经济一体化机理》，《经济
地理》2008 年第 3 期。

［73］冷志明、张合平：《基于共生理论的区域经济合作机理研究》，《未
来与发展》2007 年第 6 期。

［74］黎卫：《基于过程的供应链风险管理研究》，硕士学位论文，上海交
通大学，2009 年。

［75］李保俊、袁艺、邹铭等：《中国自然灾害应急管理研究进展与对

策》，《自然灾害学报》2004 年第 3 期。

［76］李春华、张德琼：《基于 IO 模型的 2008 年冰雪灾害对湖南省经济影响的定量评估》，《中南林业科技大学学报》2012 年第 12 期。

［77］李丹婷：《论制度信任及政府在其中的作用》，《中共福建省委党校学报》2006 年第 8 期。

［78］李德峰：《论我国巨灾保险体系的建立》，《河北科技师范学院学报》2008 年第 3 期。

［79］李宏：《自然灾害的社会经济因素影响分析》，《中国人口·资源与环境》2010 年第 11 期。

［80］李江主编：《自然灾害与防治》，宁夏人民出版社 2011 年版。

［81］李明、赵世秀：《发达国家农业巨灾保险发展及对我国的启示》，《金融理论与教学》2013 年第 12 期。

［82］李琴英：《对我国农业保险发展的冷思考》，《河南教育学院学报》（哲学社会科学版）2007 年第 3 期。

［83］李琴英：《我国农业保险及其风险分散机制研究——基于风险管理的角度》，《经济与管理研究》2007 年第 7 期。

［84］李全庆、陈利根：《巨灾保险：内涵、市场失灵、政府救济与现实选择》，《经济问题》2008 年第 9 期。

［85］李婷、肖海峰：《我国农业保险发展现状分析与经营机制的完善——由 2008 年南方冰雪灾害引发的思考》，《金融理论与实践》2008 年第 11 期。

［86］李文芳：《湖北水稻区域产量保险精算研究》，硕士学位论文，华中农业大学，2009 年。

［87］李晓琳：《金融共生背景下的非正式金融制度演进》，硕士学位论文，吉林大学，2005 年。

［88］李学勤：《论我国巨灾保险法的构建》，《经济论坛》2006 年第 1 期。

［89］李瑶：《关于建立政策性农业保险大灾准备金的研究》，硕士学位论文，首都经济贸易大学，2008 年。

［90］李永、许学军、刘鹃：《当前我国巨灾经济损失补偿机制的探讨》，《灾害学》2007 年第 1 期。

［91］李永：《巨灾给我国造成的经济损失与补偿机制研究》，《华北地震

科学》2007 年第 1 期。

［92］刘春华：《巨灾保险制度国际比较及对我国的启示》，硕士学位论文，厦门大学，2009 年。

［93］邴红艳：《中国公司治理的路径依赖——理论与实证分析》，《中国工程科学》2004 年第 2 期。

［94］刘颜：《欧盟对外援助发展评析》，硕士学位论文，华东师范大学，2008 年。

［95］刘毅、柴化敏：《建立我国巨灾保险体制的思考》，《上海保险》2007 年第 5 期。

［96］刘增娟：《中、日重大自然灾害社会救助比较研究》，硕士学位论文，华东师范大学，2013 年。

［97］龙文军、张显峰：《农业保险主体行为的博弈分析》，《中国农村经济》2003 年第 5 期。

［98］龙文军：《农业保险行为主体互动研究》，博士学位论文，华中农业大学，2003 年。

［99］楼远：《非制度信任与非制度金融：对民间金融的一个分析》，《财经论丛》（浙江财经学院学报）2003 年第 12 期。

［100］路琮、魏一鸣、范英等：《灾害对国民经济影响的定量分析模型及其应用》，《自然灾害学报》2002 年第 3 期。

［101］吕思颖：《我国巨灾风险转移的思路与对策》，《经济纵横》2008 年第 3 期。

［102］吕志敏：《构筑市级气象灾害收集与评估平台》，中国气象学会2007 年年会天气预报预警和影响评估技术分会场论文集，北京，2007 年 8 月。

［103］马德富：《论农民灾害心理及行为选择的有限理性及对策》，《湖北社会科学》2010 年第 3 期。

［104］马千：《基于生态位理论的高校德育绩效评价研究》，博士学位论文，南京理工大学，2011 年。

［105］马小茹：《"共生理念"的提出及其概念界定》，《经济研究导刊》2011 年第 4 期。

［106］马晓强、韩锦绵：《我国巨灾风险分散机制构建探析》，《商业时代》2007 年第 8 期。

[107] 孟超:《农业保险:既要保住生产成本更要保证农民收入》,央广网,http://country.cwr.cn/cove/201405/20140505_5154309.shtml,2014 年 5 月 5 日。

[108] 孟杨:《我国巨灾保险体系完善措施》,《合作经济与科技》2009 年第 4 期。

[109] 民政部:《2013 年社会服务发展统计公报》,民政部网站,http://www.mca.gov.cn. article/zwgk/mayw/20140600654488.shtml,2014 年 6 月 17 日。

[110] 民政部:《2014 年上半年全国自然灾害灾情及救灾工作》,中新网,http://www.jionzai.gov.cn/DRublish/jzGdt/000000000004271.html,2014 年 7 月 25 日。

[111] 穆琳:《构建与完善我国巨灾风险分散机制研究》,硕士学位论文,天津财经大学,2009 年。

[112] 彭建仿、孙在国、杨爽:《供应链环境下龙头企业共生合作行为选择的影响因素分析——基于 105 个龙头企业安全农产品生产的实证研究》,《复旦大学学报》(社会科学版)2012 年第 3 期。

[113] 彭建仿、杨爽:《共生视角下农户安全农产品生产行为选择——基于 407 个农户的实证分析》,《中国农村经济》2011 年第 12 期。

[114] 彭建仿:《供应链环境下龙头企业与农户共生关系优化研究——共生模式及演进机理视角》,《经济体制改革》2010 年第 3 期。

[115] 钱振伟、张艳、王翔:《政策性农业保险模式创新及巨灾风险分散机制研究:基于对云南实践的调查》,经济科学出版社 2011 年版。

[116] 钱振伟:《农业保险市场的巨灾损失赔偿能力评估》,2013 China International Conference on Insurance and Risk Management,昆明,2013 年 7 月。

[117] 青海自治区人民政府:《青海省重大自然灾害救灾应急预案》,《青海政报》2005 年 4 月 30 日第 2 版。

[118] 邱宣:《深港区域创新体系研究》,博士学位论文,吉林大学,2011 年。

[119] 全国重大自然灾害调研组:《自然灾害与减灾——600 问》,地震出版社 1990 年版。

[120] 任鲁川:《灾害损失定量评估的模糊综合评判方法》,《灾害学》

1996 年第 4 期。

[121] 瑞士再保险:《去年全球灾害经济损失 2180 亿美元》,财经网,ht-tp://www.caijing.com.cn. 2011 - 03 - 30/11067916.html,2011 年 3 月 30 日。

[122] 陕西省人民政府:《陕西省自然灾害救助应急预案》,《中国减灾》 2004 年第 1 期。

[123] 上海市政府办公厅:《上海市农业保险大灾(巨灾)风险分散机制 暂行办法》,中国上海网,http://www.shanghai.gov.cn/shanghai/ node2314/node2319/node12344。

[124] 史培军:《中国综合减灾 25 年:回顾与展望》,《中国减灾》2014 年第 5 期。

[125] 舒丽清:《论我国巨灾保险制度的建立》,硕士学位论文,西南政 法大学,2011 年。

[126] 四川保监局课题组:《四川省农业保险服务体系建设研究》,《西南 金融》2013 年第 5 期。

[127] 苏龙:《浅谈巨灾风险证券化在我国的应用》,硕士学位论文,西 南财经大学,2006 年。

[128] 孙杰:《建设工程契约信用制度与体系构建》,博士学位论文,东 北财经大学,2007 年。

[129] 孙立成:《区域食物—能源—经济—环境—人口(FEEEP)系统协 调发展研究》,博士学位论文,南京航空航天大学,2009 年。

[130] 孙祁祥、郑伟、孙立明等:《中国巨灾风险管理:再保险的角色》, 《财贸经济》2004 年第 9 期。

[131] 孙蓉、黄英君:《我国农业保险的发展:回顾、现状与展望》,《生 态经济》2007 年第 2 期。

[132] 孙秀玲、周玉香、曹升乐等:《水灾灾度定量综合评价模型及应 用》,《山东大学学报》(工学版)2006 年第 12 期。

[133] 孙振凯、毛国敏:《自然灾害灾情划分指标研究》,《灾害学》1994 年第 2 期。

[134] 谭中明、冯学峰:《健全我国农业巨灾风险保险分散机制的探讨》, 《金融与经济》2011 年第 3 期。

[135] 谭宗耀:《伦理视角下的我国农村社会救助问题研究》,硕士学位

论文，南京林业大学，2011 年。

[136] 汤爱平、谢礼立、陶夏新等：《自然灾害的概念、等级》，《自然灾害学报》1999 年第 3 期。

[137] 唐红祥：《农业保险巨灾风险分担途径探讨》，《广东金融学院学报》2005 年第 5 期。

[138] 陶永谊：《互利：经济的逻辑》，机械工业出版社 2011 年版。

[139] 田玲：《承保能力最大化条件下我国巨灾保险基金规模测算》，《保险研究》2013 年第 11 期。

[140] 田玲：《巨灾风险债权运作模式与定价机理研究》，武汉大学出版社 2009 年版。

[141] 庹国柱、赵乐：《政策性农业保险巨灾风险管理研究——以北京市为例》，中国财政经济出版社 2010 年版。

[142] 庹国柱、王德宝：《我国农业巨灾风险损失补偿机制研究》，《农村金融研究》2010 年第 2 期。

[143] 庹国柱、王克、张峭等：《中国农业保险大灾风险分散制度及大灾风险基金规模研究》，《保险研究》2013 年第 6 期。

[144] 庹国柱：《加大财税支持力度，促进农业保险健康发展》，《中国城乡金融报》2013 年 12 月 11 日第 5 版。

[145] 庹国柱：《中国农业保险的政策及其调整刍议》，《保险职业学院学报》2014 年第 2 期。

[146] 王春晓、和丕禅：《信任、契约与规制：集群内企业间信任机制动态变迁研究》，《中国农业大学学报》（社会科学版）2003 年第 3 期。

[147] 王德宝：《我国农业保险巨灾风险分散机制研究》，硕士学位论文，首都经济贸易大学，2011 年。

[148] 王国敏、周庆元：《农业自然灾害风险分散机制研究》，《求索》2008 年第 1 期。

[149] 王和：《对建立我国巨灾保险制度的思考》，《中国金融》2005 年第 7 期。

[150] 王桔英：《我国银企共生关系分析》，硕士学位论文，湖南大学，2007 年。

[151] 王俊凤：《中国政策性农业保险立法问题研究》，硕士学位论文，

东北农业大学，2009 年。

[152] 王莉莉：《我国巨灾风险补偿及巨灾风险证券化研究》，硕士学位论文，上海师范大学，2008 年。

[153] 王平、史培军：《中国农业自然灾害综合区划方案》，《自然灾害学报》2000 年第 4 期。

[154] 王平：《中国农业自然灾害综合区划研究》，博士学位论文，北京师范大学，2004 年。

[155] 王蓉：《国际巨灾风险分散机制对我国的借鉴与启示》，《金融经济》2012 年第 2 期。

[156] 王彤：《创新我国巨灾保险的风险分散机制》，《开放导报》2011 年第 4 期。

[157] 王彤：《创新我国巨灾保险的风险分散机制》，《开放导报》2011 年第 8 期。

[158] 王小平：《农业保险应用足用好绿箱政策》，《中国金融》2013 年第 3 期。

[159] 王岩：《论汉语熟语的审美功能及其语用意义》，《汉字文化》2007 年第 12 期。

[160] 韦剑锋：《湖北省农业保险赔付率分布研究》，《农村经济与科技》2010 年第 4 期。

[161] 卫龙宝、阮建青：《城郊农民参与素质培训意愿影响因素分析——对杭州市三墩镇农民的实证研究》，《中国农村经济》2007 年第 3 期。

[162] 魏庆朝、张庆珩：《灾害损失及灾害等级的确定》，《灾害学》1996 年第 1 期。

[163] 魏婷：《农户灾害脆弱性及农户对减灾措施的响应行为研究综述》，《安徽农学通报》2011 年第 6 期。

[164] 温承革、王勇、杨晓燕：《组织内部协调机制研究》，《山西财经大学学报》2004 年第 6 期。

[165] 闻岳春、王小青：《我国农业巨灾风险管理的现状及模式选择》，《金融理论与实践》2012 年第 12 期。

[166] 吴定富：《科学规划保险业发展蓝图》，《中国金融》2006 年 1 月 21 日第 1 版。

［167］吴家灿、李蔚：《严重自然灾害后灾害景区对非灾害景区波及效应研究——以汶川大地震后四川境内的景区为例》，《旅游学刊》2013 年第 3 期。

［168］武翔宇、兰庆高：《利用气象指数保险管理农业巨灾》，《农村金融研究》2011 年第 8 期。

［169］席旭东：《矿区生态工业共生系统演化机理与模式研究》，《山东工商学院学报》2008 年第 4 期。

［170］夏楸：《企业社会责任与财务绩效的协同机理》，硕士学位论文，南京理工大学，2010 年。

［171］谢欢：《巨灾损失分担机制：理论研究与国际经验》，硕士学位论文，山东大学，2007 年。

［172］谢家智、周振：《基于有限理性的农业巨灾保险主体行为分析及优化》，《保险研究》2009 年第 7 期。

［173］谢家智：《我国农业巨灾保障体系构建的思考》，《中国农村信用合作》2008 年第 12 期。

［174］谢家智：《我国自然灾害损失补偿机制研究》，《自然灾害学报》2004 年第 4 期。

［175］谢坚：《向昌国共生模式在促进张家界市休闲农业可持续发展中的作用》，《湖南农业科学》2012 年第 11 期。

［176］谢世清、曲秋颖：《保险连接证券的最新发展动态分析》，《保险研究》2010 年第 7 期。

［177］谢世清：《"侧挂车"：巨灾风险管理的新工具》，《证券市场导报》2009 年第 12 期。

［178］谢世清：《加勒比巨灾风险保险基金的运作及其借鉴》，《财经科学》2010 年第 1 期。

［179］谢世清：《巨灾风险管理工具的当代创新研究》，《宏观经济研究》2009 年第 11 期。

［180］谢世清：《论巨灾互换及其发展》，《财经论丛》2010 年第 3 期。

［181］谢物：《西南 5 省大旱凸显农业保险的重要性》，《企业科技与发展》2010 年第 7 期。

［182］邢鹂：《中国种植业生产风险与政策性农业保险研究》，硕士学位论文，南京农业大学，2004 年。

［183］邢炜：《墨西哥　巴西农业保险对我国农险的启示》，《保险研究》1999 年第 2 期。

［184］熊海帆：《巨灾风险管理问题研究综述》，《西南民族大学学报》（人文社科版）2009 年第 2 期。

［185］徐怀礼：《国外灾害经济问题研究综述》，《经济学》2010 年第 11 期。

［186］徐竞：《保险风险证券化制度、财税激励与法律规制——以巨灾风险债券为例》，《财会通信》2008 年第 7 期。

［187］徐磊、张峭：《中国农业巨灾风险评估方法研究》，《中国农业科学》2011 年第 8 期。

［188］许飞琼：《巨灾、巨灾保险与中国模式》，《统计研究》2012 年第 6 期。

［189］许飞琼：《模糊理论在灾因评判分析中的应用》，《中国减灾》1997 年第 3 期。

［190］许飞琼：《中国新型灾害损失补偿制度的合理取向——从政府包办救灾走向以保险为主体的多维救灾机制》，《华中师范大学学报》（人文社会科学版）2011 年第 4 期。

［191］杨爱军、李云仙：《国外巨灾风险管理制度分析及启示》，《上海保险》2011 年第 11 期。

［192］杨华庭：《国家三委研究组完成经贸委下达的自然灾害分级标准研究》，《自然灾害学报》1994 年第 5 期。

［193］杨美：《我国农业巨灾风险管理工具创新研究》，硕士学位论文，河北经贸大学，2012 年。

［194］杨萍：《自然灾害对经济增长的影响——基于跨国数据的实证分析》，《财政研究》2012 年第 12 期。

［195］杨仕升：《应用灰色系统理论进行地震灾害等级划分和灾情分析比较》，《西北地震学》1997 年第 6 期。

［196］杨秀丽：《黑龙江省农业保险现状及对策研究》，《东北农业大学学报》（社会科学版）2007 年第 1 期。

［197］杨旭东：《基于共生理论的企业战略联盟协同机制研究》，硕士学位论文，哈尔滨工程大学，2011 年。

［198］杨永宁、刘家养：《巨灾风险分散模式的国际比较》，《卷宗》2013

年第 2 期。

[199] 姚庆海、毛路：《创建新型综合风险保障体系》，《中国金融》2011
年第 9 期。

[200] 姚庆海：《沉重叩问：巨灾肆虐，我们将何为——巨灾风险研究及
政府与市场在巨灾风险管理中的作用（之三）关于中国巨灾保险
制度建立和完善的政策建议》，《交通企业管理》2006 年第 11 期。

[201] 叶靖安：《国外巨灾保险制度及对我国的启示研究——以法国与英
国为例》，《现代商贸工业》2014 年第 2 期。

[202] 衣长军：《从金融共生理论看我国金融生态环境和谐发展》，《商业
时代》2008 年第 3 期。

[203] 尹福玖、孙宝舫：《知识经济时代企业知识型员工激励机制探讨》，
《辽宁工学院学报》（社会科学版）2006 年第 8 期。

[204] 尹贻梅、刘志高、刘卫东：《路径依赖理论研究进展评析》，《外国
经济与管理》2011 年第 8 期。

[205] 于庆东：《灾度等级判别方法的局限性及其改进》，《自然灾害学
报》1993 年第 2 期。

[206] 渝祥、杨宗跃、邵颖红：《灾害间接经济损失的计量》，《灾害学》
1994 年第 3 期。

[207] 郁志勤：《投资组合优化模型分析与算法实现》，硕士学位论文，
上海交通大学，2010 年。

[208] 袁纯清：《共生理论》，经济科学出版社 1998 年版。

[209] 袁金坤：《中小企业融资困境：本质解读与破解思路》，《企业活
力》2008 年第 11 期。

[210] 袁明：《我国农业巨灾风险管理机制创新研究》，硕士学位论文，
西南大学，2009 年。

[211] 原国家科委国家计委国家经贸委自然灾害综合研究组：《中国自然
灾害综合研究的进展》，气象出版社 2009 年版。

[212] 张方：《河南洪涝灾害灾后损失评估方法的研究》，《气象与环境科
学》2009 年第 9 期。

[213] 张飞：《基于 DIIM 模型的农业洪水灾害经济损失评估研究》，《中
南林业科技大学学报》2013 年第 6 期。

[214] 张皓、闫泓：《自我激励机制在高校人力资源开发中的有效建立》，

《福建论坛》（社科教育版）2008 年第 2 期。

[215] 张靖霞：《基于有效性的我国农业巨灾风险管理方式演进路径探析》，《北方经济》2009 年第 4 期。

[216] 张林源、杨锡金：《论有效减灾与自然灾变过程》，《中国地质灾害与防治学报》1994 年第 4 期。

[217] 张宁：《经营者人力资本与激励机制研究》，硕士学位论文，辽宁工程技术大学，2005 年。

[218] 张鹏、李宁：《基于投入产出模型的洪涝灾害间接经济损失定量分析》，《北京师范大学学报》（自然科学版）2012 年第 4 期。

[219] 张沁：《共生原理下民间金融生态秩序调整》，《中国证券期货》2012 年第 11 期。

[220] 张庆洪、葛良骥：《巨灾风险转移机制的经济学分析》，《同济大学学报》（社会科学版）2008 年第 4 期。

[221] 张喜玲：《国外农业巨灾保险管理及借鉴》，《新疆财经大学学报》2010 年第 1 期。

[222] 张显东、沈荣芳：《灾害与经济增长关系的定量分析》，《自然灾害学报》1995 年第 4 期。

[223] 张晓琴：《巨灾风险债券及其在我国的运用研究》，硕士学位论文，四川大学，2005 年。

[224] 张雪春：《巨灾损失评估与灾后重建资金保证的国际比较》，《金融发展评论》2010 年第 3 期。

[225] 张艳、范流通、卜一：《政策性农业巨灾保险偿付能力评估——基于云南试点的调查》，《保险研究》2012 年第 12 期。

[226] 张长利：《农业巨灾风险管理中的国家责任》，《保险研究》2014 年第 3 期。

[227] 张长利：《农业巨灾风险基金制度比较研究》，《农村经济》2013 年第 4 期。

[228] 张志明：《保险公司巨灾保险风险证券化初探》，《东北财经大学学报》2006 年第 3 期。

[229] 赵付民：《机构间网络与区域创新系统建设》，博士学位论文，华中科技大学，2005 年。

[230] 赵昕、王晓霞、李莉：《风暴潮灾害经济损失评估分析——以山东

省为例》，《中国渔业经济》2011 年第 3 期。

[231] 赵雄：《我国农业巨灾风险分散机制研究》，硕士学位论文，重庆大学，2013 年。

[232] 赵正堂：《巨灾保险证券化研究》，硕士学位论文，湖南大学，2002 年。

[233] 郑波：《农业保险巨灾风险分散制度的比较与选择》，《时代金融》2013 年第 6 期。

[234] 郑功成：《灾害经济学》，湖南人民出版社 1998 年版。

[235] 中共中央、国务院印：《关于全面深化农村改革加快推进农业现代化的若干意见》，新浪财经网，http：//finance. sina. com. cn/nongye/nyhgjj/20140120/084318009923. shtml，2014 年 1 月 21 日。

[236] 中国保险年鉴编委会：《2013 年中国保险统计年鉴》，中国统计出版社 2013 年版。

[237] 中国气象局：《1950—2013 年中国气象灾害统计年鉴》，气象出版社 1950—2013 年版。

[238] 中国人民银行玉树州中心支行课题组：《中国巨灾金融政策的供给与完善》，《青海金融》2012 年第 4 期。

[239] 中华人民共和国财政部：《农业保险大灾风险准备金管理办法》，中华人民共和国中央人民政府网站，http：//www. gov. cn/zwgk/2013 – 12/19/content_ 2550904. htm，2013 年 12 月 8 日。

[240] 中华人民共和国国家民政部：《国家综合减灾"十一五"规划》，民政部网站，http：//www. mca. gov. cn/article/zwgk/jhgh/200801/20080100009537. shtml，2008 年 1 月 2 日。

[241] 中华人民共和国国家统计局：《1950—2013 年中国统计年鉴》，中国统计出版社 1950—2013 年版。

[242] 中华人民共和国国务院：《关于加快发展现代保险服务业的若干意见》，新华网，http：//news. xinhuanet. com/politics/2014 – 08/13/c_ 1112064087. htm，2014 年 8 月 13 日。

[243] 中华人民共和国国务院：《国家综合防灾减灾规划（2011—2015 年)》，中国新闻网，http：//www. chinanews. com/gn/2011/12 – 08/3518900. shtml，2011 年 12 月 20 日。

[244] 中华人民共和国国务院：《中华人民共和国减灾规划（1998—2010

年)》，安全管理网，http：//www. safehoo. com/Laws/Notice/
200810/2679_ 2. shtml，1998 年 4 月 29 日。

[245] 中华人民共和国国务院：《中华人民共和国减灾规划（1998—2010
年)》，新华网，http：//news. xinhuanet. com/newscenter/2007 - 08/
14/content_ 6530351. htm，2007 年 8 月 14 日。

[246] 中华人民共和国国务院新闻办公室：《中国的减灾行动》，《人民日
报》2009 年 5 月 12 日第 4 版。

[247] 中华人民共和国国务院新闻办公室：《中国的减灾行动》，中华人
民共和国中央人民政府网站，http：//big5. gov. cn/gate/big5/
www. gov. cn/zwgk/2009 - 05/11/Content_ 1310227. htm，2009 年 5
月 1 日。

[248] 中华人民共和国民政部：《1978—2013 年中国民政统计年鉴》，中
国统计出版社 1978—2013 年版。

[249] 中华人民共和国民政部：《李立国部长赴泰国参加第六届亚洲减灾
部长级大会》，民政部网站，http：//www. mca. gov. cn/article/
zwgk/mzyw/201406/20140600659008。

[250] 中华人民共和国人民政府：《中华人民共和国保险法》，中华人民
共和国中央人民政府网站，http：//www. gov. cn/flfg/2009 - 02/28/
content_ 1246444. htm，2009 年 2 月 28 日。

[251] 钟升：《重庆市生产性服务业与装备制造业共生发展研究》，硕士
学位论文，重庆理工大学，2011 年。

[252] 钟伟、顾弦：《巨灾再保险市场的发展困境与对策研究》，《理论前
沿》2008 年第 9 期。

[253] 周振、边耀平：《农业巨灾风险管理模式：国际比较、借鉴及思
考》，《农村金融研究》2009 年第 7 期。

[254] 周振、谢家智：《农业巨灾与农民风险态度：行为经济学分析与调
查佐证》，《保险研究》2010 年第 9 期。

[255] 周振：《我国农业巨灾风险管理有效性评价与机制设计》，博士学
位论文，西南大学，2011 年。

[256] 周志刚：《风险可保性理论与巨灾风险的国家管理》，博士学位论
文，复旦大学，2005 年。

[257] 朱俊生：《"开启中国农业保险的明亮窗口"之中国农业保险的公

私合作》,《中国禽业导刊》2009 年 2 月 10 日第 1 版。

[258] 邹帆、邹若郢、鲁瑞正:《农业自然灾害的统计分析及灾害损失评估体系的构建》,《广东农业科学》2011 年第 5 期。

[259] 左臣伟:《我国农业巨灾风险基金数量问题研究》,硕士学位论文,山东农业大学,2009 年。

[260] 左斐:《中国财产保险业巨灾损失赔付能力实证分析》,《灾害学》2012 年第 1 期。

[261] Roy, A. D. , "Safety First and the Holding of Asset", *Econometrica*, No. 20, 1952, pp. 35 – 42.

[262] Albala – Bertrand and J. M. , *Political Economy of Large Natural Disasters*, Oxford: Clarendon Press, 1993.

[263] Alonso – Borrego, C. , "M. Arellano. Symmetrically Normalized Instrumental Variable Estimation Using Panel Data", *Journal of Business and Economic Statistics*, Vol. 17, No. 1, 1994, pp. 36 – 49.

[264] Arellano, M. , O. Bover, "Another Look at the Instrumental – Variable Estimation of Error – Components Models", *Journal of Econometrics*, Vol. 68, No. 1, 1995, pp. 29 – 52.

[265] Arellano, M. , S. Bond, "Some Tests of Specification for Panel Data: Montecarlo Evidence and an Application to Employment Equations", *Review of Economic Studies*, Vol. 58, No. 2, 1991, pp. 277 – 297.

[266] Azam, J. P. , "The Impact of Floods on the Adoption rate of Highyielding rice Varieties in Bangladesh", *Agricultural Economics*, No. 13, 1996, pp. 179 – 189.

[267] Beller, Kenneth etc. , "On Stock Return Seasonality and Conditional Heteroskedasticity", *The Journal of Financial Research*, Vol. 21, No. 2, 1998.

[268] Bingfan Ke, H. Holly Wang, "An Assessment of Risk Management Strategies for Grain Growers in the Pacific Northwest", *Agricultural Finance Review*, No. 62, 2002, pp. 117 – 133.

[269] Blundell, R. , S. Bond, "Initial Conditions and Moment Restrictions in Dynamic Panel Data Models", *Journal of Econometrics*, Vol. 87, No. 1, 1994, pp. 115 – 143.

[270] Bollerslev, Tim, "A Conditionally Heteroskedastic Time Series Model of Speculative Prices and Rates of Return", *Review of Economics and Statistics*, No. 69, 1987, pp. 542 – 547.

[271] Box, G., D. Pierce, "Distribution of Residual Autocorrelations in Autoregressive Moving Average Lime Series Models", *Journal of the American Statistical Associ ation*, No. 65, 1970, pp. 1509 – 1526.

[272] Christiaensen, L., K., Subbarao, "Towards an Understanding of Household Vulnerability in Rural Kenya", *Journal of African Economies*, Vol. 14, No. 4, 2005, pp. 520 – 558.

[273] Coble K. H., Knight T. O., Pope R. D. and Williams J. R., "Modeling Farm – level Crop Insurance Demand with Panel Data", *American Journal of Agricultural Economics*, No. 2, 1996, pp. 439 – 447.

[274] Cox Sammuel H., Fakchfld Joseph R. & Pedersen. Hal W., "Economic Aspects of Securitization of Risk", *Astin Bulletin*, Vol. 30, No. 1, 2004, pp. 165 – 193.

[275] CRED (Centre for Research on the Epidemiology of Disasters), "International Disaster Database", Centre for Research on the Epidemiology of Disasters, Universite of Catholique de Louvain, Brussels, EM – DAT, 2006.

[276] Dercon, S., "Growth and Shocks: Evidence from Rural Ethiopia", *Journal of Development Economics*, Vol. 74, No. 2, 2004, pp. 309 – 329.

[277] Dollar, D., A. Kraay, "Trade, Growth and Poverty", *Economic Journal*, Vol. 493, No. 114, 2004, pp. 22 – 49.

[278] Dwright M. Jaffee, Thomas Russell, "Should the Government Support the Private Terrorism Insurance Market?", WRIEC Conference, Salt Lake City, 2005.

[279] Eeckhoudt and L. & C. Gollier, "The Insurance of Lower Probability Events", *Journal of Risk and Insurance*, Vol. 66, No. 1, 1999, pp. 17 – 28.

[280] Epstein. R. A. Takings, "Private Property and the Power of Eminent Domain", *European Journal of Operational Research*, No. 122, 1993, pp. 452 – 460.

[281] FEMA (Federal Emergency Management Agency): *HAZUS 99 Estimated Annualized Losses for the United States*, Washington: Federal Emergency Management Agency, 2001.

[282] Georg Pflugb, Joanne Linnerooth – Bayerb, "Environmental Hazards Sovereign Financial Disaster Risk Management: The case of Mexico", *Victor Cardenasa, Stefan Hochrainerb, Reinhard Mechlerb*, Vol. 7, No. 1, 2007, pp. 40 – 53.

[283] Goodwin B. K., Mahul O., *Risk Modeling Concepts Relating to the Design and Rating of Agricultural Insurance Contracts*, Washington. DC: Washington University Press, 2004.

[284] Halliday, T., Carruthers, B., "The Moral Regulation of Markets: Professions, Privatization and the English Insolvency Act 1986", *Accounting, Organizations and Society*, No. 21, 1996, pp. 371 – 413.

[285] Holtz – Eakin, D. W. Newey, H. S., Rosen, "Estimating Vector Autoregressions with Panel Data", *Econometrica*, Vol. 56, No. 6, 1988, pp. 1371 – 1395.

[286] Howard Kunreuther, Mark V. Panly and Thomas Russell, "Demand and Supply Side Anomalies in Catastrophe Insurance Markets: The Role of the Public and Private Sectors", Paper Prepared for the MIT/LSE/Cornell Conference on Behavioral Economics, Wharton School University of Pennsylvania, 2004.

[287] Ilan Noy, "The Macroeconomic Consequences of Disasters", *Journal of Development Economics*, No. 88, 2009, pp. 221 – 231.

[288] J. David Cummins etc., "The Basis Risk of Catastrophic—loss Index Securities", *Journal of Financial Economics*, No. 71, 1993, pp. 77 – 111.

[289] J. David Cummins, and Mary A., Weiss, Analyzing Firm Performance in the Insurance Industry Using Frontier Efficiency Methods, Handbook of Insurance Economics, October 11, 2000.

[290] J. David Cummins, Mary A. Weiss and Hongmin Zi, "Organizational Form and Efficiency: The Coexistence of Stock and Mutual Property Liability Insurers", *Management Science*, Vol. 45, No. 9, 1999, pp. 1254 – 1269.

[291] J. David Cummins, Neil Dohert and Anita Lo, "Can insurers Pay for the Big One Measuring the Capacity of an Insurance Market to Respond to Catastrophic Losses", *Journal of Banking and Finance*, Vol. 56, No. 6, 2002, pp. 557 – 583.

[292] J. David Cummins, "Should the Government Providei Insurance for Catastrophes?", Federal Review Bank of ST, Louis Review, 2006.

[293] Jeffrey R. Stokes, William I. Nayda, Burton C. , "The Pricing of Revenue Assurance", *American Journal of Agricultural Economics*, No. 5, 1997, pp. 439 – 451.

[294] John Duncan and Robert J. Myers, "Crop Insurance under Catastrophic Risk", *American Journal Agricultural Economics*, No. 11, 2001, pp. 157 – 162.

[295] Joseph W. , "Risk Analysis and Management in an Uncertain World", *Risk Analysis*, No. 4, 2002, pp. 655 – 664.

[296] Jovel J. , "Natural Disasters and Their Economic and Social Impact", *CEPAL Review*, No. 38, 1989, pp. 133 – 145.

[297] Kenneth A. Froot, "The Evolving Market for Catastrophic Event Risk", NBER Working Paper, 1999.

[298] Kimberly A. Zeuli, "New Risk Management Strategies for Agricultural Cooperatives", *American Journal of Agricultural Economics*, Vol. 81, No. 5, 1999, pp. 1234 – 1239.

[299] Kunreuther. H. , Novemsky and N. &D. Kahneman, "Making Low Probability Usefu", *The Journal of Rrisk and Uncertainty*, Vol. 23, No. 2, 2001, pp. 105 – 118.

[300] Levine, R. , N. Loayza, T. Beck, "Financial Intermediation and Growth: Causality and Causes", *Journal of Monetary Economics*, Vol. 46, No. 1, 2000, pp. 31 – 77.

[301] Louis Eeckhoudt, Christian Gollier, Harris Schlesinger: *Economic and Financial Decisions Under Risk*, New Jersey: Princeton University Press, 2005.

[302] Neil A. Doherty, "Innovations in Managing Catastrophe Risk", *The Journal of Risk and Insurance*, No. 4, 1997, pp. 64 – 69.

[303] Norman Loayza, Eduardo Olaberría, Jamele Rigolini, Luc Christiaens-en, "Natural Disasters and Growth – Going Beyond the Averages", Policy Research Working Paper Series 4980, The World Bank, 2009.

[304] Paul K. Freeman, "Hedging Natural Catastrophe Risk in Developing Countries", *The Geneva Papers on Risk and Insurance*, No. 3, 2001, pp. 6 – 15.

[305] Paxson, C. H., "Using Weather Variability to Estimate the Response of Savings to Transitory Income in Thailand", *American Economic Review*, No. 82, 1992, pp. 15 – 33.

[306] Privatization and the English Insolvency Act 1986, *Accounting, Organizations and Society*, No. 21, 1996, pp. 371 – 413.

[307] Rasmussen, T. N., "Macroeconomic Implications of Natural Disasters in the Caribbean", IMF Working Paper, 2004.

[308] Sean Mc Govern: 《Managing the escalating risks of natural catastrophes in the United States》, LLODYS 官网, http://www. lloyds. com/, 2011 年 9 月 14 日。

[309] Sherrick B. J, Zanini F. C., Schnitkey G. D. and Irwin S. H., "Crop Insurance Valuation under Alternative Yield Distributions", *American Journal of Agricultural Economics*, No. 2, 2004, pp. 406 – 419.

[310] Skidmore, M., Toya, H., "Economic Development and the Impacts of Natural Disasters", *Economic Letters*, No. 94, 2007, pp. 20 – 25.

[311] T. L. Murlidharan, Economic Consequences of Catastrophes Triggered by Natural Hazards, Ph. D. of Dissertation, 2001.

[312] Thomas Russell, "Catastrophe Insurance and the Demand for Deductibles", APRIA in South Korea, 2004.

[313] Tol, R., Leek, F., "Economic Analysis of Natural Disasters", *Climate Change and Risk*, No. 5, 1995, pp. 308 – 327.

[314] Townsend, R., "Risk and Insurance in Village India", *Econometrica*, Vol. 62, No. 3, 1994, pp. 539 – 591.

[315] Udry, C., "Risk and Saving in Northern Nigeria", *American Economic Review*, Vol. 85, No. 5, 1994, pp. 1287 – 1300.

[316] Variable Estimation Using Panel Data, *Journal of Business and Econom-

ic Statistics, Vol. 17, No. 1, 1994, pp. 36 – 49.

[317] Yuri M. Ermoliev, Tatiana Y. Ermolieva, Gordon J. MacDonald, Vladimir I. Norkin, and Aniello Amendola, "A System Approach to Management of Catastrophic Risks", *European Journal of Operational Research*, No. 122, 1993, pp. 452 – 460.